国家“十二五”重点图书
规模化生态养殖技术丛书

规模化生态肉鸡养殖技术

黄仁录　陈　辉　主编

中国农业大学出版社
·北京·

图书在版编目(CIP)数据

规模化生态肉鸡养殖技术/黄仁录,陈辉主编.—北京:中国农业大学出版社,2012.12

ISBN 978-7-5655-0630-7

Ⅰ.①规… Ⅱ.①黄… ②陈… Ⅲ.①肉鸡-饲养管理 Ⅳ.①S831.9

中国版本图书馆 CIP 数据核字(2012)第 265282 号

书　　名	规模化生态肉鸡养殖技术		
作　　者	黄仁录　陈　辉　主编		
策划编辑	林孝栋　赵　中	**责任编辑**	李卫峰　张　玉
封面设计	郑　川	**责任校对**	陈　莹　王晓凤
出版发行	中国农业大学出版社		
社　　址	北京市海淀区圆明园西路 2 号	**邮政编码**	100193
电　　话	发行部 010-62818525,8625	**读者服务部**	010-62732336
	编辑部 010-62732617,2618	**出　版　部**	010-62733440
网　　址	http://www.cau.edu.cn/caup	**E-mail**	cbsszs@cau.edu.cn
经　　销	新华书店		
印　　刷	涿州市星河印刷有限公司		
版　　次	2013 年 1 月第 1 版　　2014 年 9 月第 4 次印刷		
规　　格	880×1 230　32 开本　9.875 印张　273 千字		
印　　数	45 901～52 900		
定　　价	18.00 元		

规模化生态养殖技术
丛书编委会

主　　编　黄仁录　陈　辉

副主编　李　巍

编写人员　王　洋　左玉柱　叶振合　李久熙
李军乔　李丽华　李　巍　邸科前
刘分红　刘颖丽　吴鹏威　杨战勇
杨　利　杨秋霞　陈盼到　陈　辉
张宏馨　张竞乾　周荣艳　郭小虎
高　杨　黄仁录　鲍惠玲　章文姣
葛　帅　白　康　贾淑庚　佟　跃
张楠楠　曹学冉　裴旭冬　张艳龙
侯辉艳　肖亚彬

总 序

改革开放以来，我国畜牧业飞速发展，由传统畜牧业向现代畜牧业逐渐转变。多数畜禽养殖从过去的散养发展到现在的以规模化为主的集约化养殖方式，不仅满足了人们对畜产品日益增长的需求，而且在促进农民增收和加快社会主义新农村建设方面发挥了积极作用。但是，由于我们的畜牧业起点低、基础差，标准化规模养殖整体水平与现代产业发展要求相比仍有不少差距，在发展中，也逐渐暴露出一些问题。主要体现在以下几个方面：

第一，伴随着规模的不断扩大，相应配套设施没有跟上，造成养殖环境逐渐恶化，带来一系列的问题，比如环境污染、动物疾病等。

第二，为了追求“原始”或“生态”，提高产品质量，生产“有机”畜产品，对动物采取散养方式，但由于缺乏生态平衡意识和科学的资源开发与利用技术，造成资源的过度开发和环境遭受严重破坏。

第三，为了片面追求动物的高生产力和养殖的高效益，在养殖过程中添加违禁物，如激素、有害化学品等，不仅损伤动物机体，而且添加物本身及其代谢产物在动物体内的残留对消费者健康造成严重的威胁。“瘦肉精”事件就是一个典型的例证。

第四，由于采取高密度规模化养殖，硬件设施落后，环境控制能力低下，使动物长期处于亚临床状态，导致抗病能力下降，进而发生一系列的疾病，尤其是传染病。为了控制疾病，减少死亡损失，人们自觉或不自觉地大量添加药物，不仅损伤动物自身的免疫机能，而且对环境造成严重污染，对消费者健康形成重大威胁。

针对以上问题，2010 年农业部启动了畜禽养殖标准化示范创建活动，经过几年的工作，成绩显著。为了配合这一示范创建活动，指导广大养殖场在养殖过程中将“规模”与“生态”有机结合，中国农业大学出版社策划了《规模化生态养殖技术丛书》。本套丛书包括《规模化生态蛋鸡养殖技术》、《规模化生态肉鸡养殖技术》、《规模化生态奶牛养殖技术》、《规模化生态肉牛养殖技术》、《规模化生态养羊技术》、《规模化生态养兔技术》、《规模化生态养猪技术》、《规模化生态养鸭技术》、《规模化生态养鹅技术》和《规模化生态养鱼技术》十部图书。

《规模化生态养殖技术丛书》的编写是一个系统的工程，要求编著者既有较深厚的理论功底，同时又具备丰富的实践经验。经过大量的调研和对主编的遴选工作，组成了十个编写小组，涉及科技人员百余名。经过一年多的努力工作，本套丛书完成初稿。经过编辑人员的辛勤工作，特别是与编著者的反复沟通，最后定稿，即将与读者见面。

细读本套丛书，可以体会到这样几个特点：

第一，概念清楚。本套丛书清晰地阐明了规模的相对性，体现在其具有时代性和区域性特点；明确了规模养殖和规模化的本质区别，生态养殖和传统散养的不同。提出规模化生态养殖就是将生态养殖的系统理论或原理应用于规模化养殖之中，通过优良品种的应用、生态无污染环境的控制、生态饲料的配制、良好的饲养管理和防疫技术的提供，满足动物福利需求，获得高效生产效率、高质量动物产品和高额养殖利润，同时保护环境，实现生态平衡。

第二，针对性强，适合中国国情。本套丛书的编写者均为来自大专院校和科研单位的畜牧兽医专家，长期从事相关课程的教学、科研和技术推广工作，所养殖的动物以北方畜禽为主，针对我国目前的饲养条件和饲养环境，提出了一整套生态养殖技术理论与实践经验。

第三，技术先进、适用。本套丛书所提出或介绍的生态养殖技术，多数是编著者在多年的科研和技术推广工作中的科研成果，同时吸纳了国内外部分相关实用新技术，是先进性和实用性的有机结合。以生态养兔技术为例，详细介绍了仿生地下繁育技术、生态放养（林地、山场、草场、果园）技术、半草半料养殖模式、中草药预防球虫病技术、生态驱蚊技术、生态保暖供暖技术、生态除臭技术、粪便有机物分解控制技术等。再如，规模化生态养鹅技术中介绍了稻鹅共育模式、果园养鹅模

式、林下养鹅模式、养鹅治蝗模式和鱼鹅混养模式等，很有借鉴价值。

第四，语言朴实，通俗易懂。本套丛书编著者多数来自农村，有较长的农村生活经历。从事本专业以来，长期深入农村畜牧生产第一线，与广大养殖场(户)建立了广泛的联系。他们熟悉农民语言，在本套丛书之中以农民喜闻乐见的语言表述，更易为基层所接受。

我国畜牧养殖业正处于一个由粗放型向集约化、由零星散养型向规模化、由家庭副业型向专业化、由传统型向科学化方向发展过渡的时期。伴随着科技的发展和人们生活水平的提高，科技意识、环保意识、安全意识和保健意识的增强，对畜产品质量和畜牧生产方式提出更高的要求。希望本套丛书的出版，能够在一系列的畜牧生产转型发展中发挥一定的促进作用。

规模化生态养殖在我国起步较晚，该技术体系尚不成熟，很多方面处于探索阶段，因此，本套丛书在技术方面难免存在一些局限性，或存在一定的缺点和不足。希望读者提出宝贵意见，以便日后逐渐完善。

感谢中国农业大学出版社各位编辑的辛勤劳动，为本套丛书的出版呕心沥血。期盼他们的付出换来丰硕的成果——广大读者对本书相关技术的理解、应用和获益。

中国畜牧兽医学会副理事长 

2012年9月3日

前　言

改革开放30多年以来，由于国家政策的调整、投入的增加以及科学养殖技术的普及，养禽业已成为我国畜牧业的重要组成部分，而肉鸡业则成为我国畜牧业中发展最快、最具活力的产业之一。随着我国畜牧业的发展，我国肉禽产业已经进入新的历史时期，人们生活水平有了质的飞跃，消费需求已由数量型向质量型转变。市场消费注重质量安全，对肉禽产品的营养水平、卫生要求、使用安全保障方面提出了更高的要求。我国加入WTO以后，质量安全对养鸡业的影响越来越大，安全、优质的禽、蛋产品成为国际国内市场的首选产品之一。目前，由于生态环境意识淡薄，养殖模式不完善，投入品监管滞后，我国禽产品质量安全问题日趋凸显，不仅对人们的身体健康造成影响，而且制约了肉鸡产业的健康、快速、稳定发展。

生态养殖作为养殖业发展的新方向，是在保护生态环境，维持生态平衡，保持可持续发展的前提下，因地制宜地规划、组织和进行规模化肉鸡养殖，实施生态养殖新技术，从而提高养殖经济效益，以及产品在国内外市场上的竞争力。为适应生态养殖业发展的要求，本书综合有关法律、法规、国家政策、相关院校科研成果以及企业生产经营成功经验，系统详细地从规模化生态养鸡鸡场建设、鸡种选择、孵化与育雏、肉鸡生产营养、疾病防治、日常饲养经营管理、生态饲料、生物安全与环境检测、动物福利等方面进行全面介绍，始终突出“生态养殖”这一主题，体现了新品种、新技术、新工艺的特色。

本书在编撰过程中，参阅了国内外肉鸡养殖的相关资料，在此一并致谢。由于编者水平有限，时间仓促，书中有不妥、不当、错误之处在所难免，恳请相关专家和读者批评指正。

编　者

2012年9月

前 言

目　录

第一章

肉鸡规模化生态养殖的概念与效益分析

导　读　本章在介绍生态农业特点的基础上引入肉鸡生态养殖概念，并对肉鸡规模化生态养殖的意义进行论述，比较分析不同肉鸡生态养殖模式生产成本与效益。

第一节　生态农业的概念与特点

一、生态农业的概念

生态农业的概念首先是由美国土壤学家 W. Albreche 于 1970 年提出的，1981 年英国农业学家 M. Worthington 将生态农业明确定义为“生态上能自我维持，低输入，经济上有生命力，在环境、伦理和审美方面可接受的小型农业”。“生态农业”概念自 20 世纪 70 年代末引入中国以来，经过不断的理论研究和实践总结，我国学者逐步形成了具有中国特色的生态农业概念——“运用生态学原理，按照生态规律，用系统工程的方法，因地制宜地规划、组织和进行农业生产，通过提高太阳能的利用率、生物能的转化率和废弃物的再循环率，以提高农业生产力，从而取得更多的农产品，做到合理开发利用自然资源，使农、林、牧、副、渔各业得到综合发展，保护生态环境，维护良好生态平衡，农业生产稳定持续发展”。

我国生态农业要求把发展粮食与多种经济作物生产，发展大田种植与林、牧、副、渔业，发展大农业与第二、三产业结合起来，利用传统农业精华和现代科技成果，通过人工设计生态工程，协调发展与环境之间、资源利用与保护之间的矛盾，形成生态上与经济上两个良性循环，经济、生态、社会三大效益的统一。我国生态农业的内涵可概括为以下几方面。

(1)生态农业是对农业生态本质的最充分表述，是生态型集约农业生产体系　它要求人们在发展农业生产过程中，以生态学和生态经济学原理为指导，尊重生态和经济规律，保护生态，培植资源，防治污染，提供清洁食物和优美环境，把农业发展建立在健全的生态基础之上。

(2)生态农业是一种科学的人工生态系统的科学化农业　因此，生态农业的本质是生态化和科学化的有机统一。它要求按照生态经济学原则和系统科学方法，把传统农业技术的精华和现代科学技术有机结合起来，对区域性农业进行整体优化及层层优化设计管理。在保持农业生态经济平衡的条件下，尽可能提高太阳能的利用率、生物能的转化率和废弃物的再循环率，以尽可能少的系统外投入来提高系统内生产力，生产出尽可能多的产品，实现高效的生态良性循环和经济良性循环，获得最佳的经济、生态、社会三大效益的有机统一。

(3)生态农业是现代农业发展的优化模式　生态农业的生态化和科学化有机统一的本质，决定了生态农业是以“生态为基础，科技为主导”的新型现代农业。它不是农业发展的一般类型，而是现代农业的优化模式，标志着现代农业发展进入一个崭新阶段。

概括地说，中国生态农业是根据我国国情和各地实情，运用现代科

学技术与传统农业精华相结合，因地制宜，充分发挥区域资源优势，运用生态经济学原则和系统科学原理对区域农业进行整体设计和全面规划，合理组织农副业生产，实现高产、优质、低耗、高效、持久和稳定提高，是按生态工程原理组装起来的促进生态与经济良性循环的农业实用技术体系，是协调农业和农村全面发展，协调人口、资源、环境关系及解决发展与保护矛盾的系统工程，是一个有序的和能实现社会、经济、生态三大效益高效循环统一的生态经济系统。

二、生态农业的特点

生态农业强调发挥整体功能作用，同时又要最高效率地充分利用各种资源，保持资源的可持续发展，其特点可以总结为以下几方面。

（1）综合性　生态农业强调发挥农业生态系统的整体功能，以大农业为出发点，按“整体、协调、循环、再生”的原则，全面规划，调整和优化农业结构，使农、林、牧、副、渔各业和农村一、二、三产业综合发展，并使各业之间互相支持，相得益彰，提高综合生产能力。

（2）多样性　生态农业针对我国地域辽阔，各地自然条件、资源基础、经济与社会发展水平差异较大的情况，充分吸收我国传统农业精华，结合现代科学技术，以多种生态模式、生态工程和丰富多彩的技术类型装备农业生产，使各区域都能扬长避短，充分发挥地区优势，各产业都根据社会需要与当地实际协调发展。

（3）高效性　生态农业物质循环和能量多层综合利用及系列化加工，实现经济增值，实行废弃物资源化利用，降低农业成本，提高效益，为农村大量剩余劳动力创造农业内部就业机会，保护农民从事农业的积极性。

（4）持续性　发展生态农业能够保护和改善生态环境，防止污染，维护生态平衡，提高农产品的安全性，变农业生产和农村经济的常规发展为持续发展，把环境建设同经济发展紧密结合起来，在最大限度地满足人们对农产品日益增长的需求的同时，提高生态系统的稳定性和持续性,增强农业发展后劲。

三、中国生态农业自身的特点

中国作为一个农业古国和农业大国,有着悠久的传统农业文明和现实具体国情,这就决定了中国生态农业必然具有自身的一些突出特点。

(一)内容的综合性

西方的生态农业一般只针对单个农户或小农场进行某种农业生产的生态设计,而中国生态农业强调综合、整体、协调发展。强调发挥农业生态系统的整体功能、以发展大农业为出发点,按“整体,协调、循环、再生”的原则,对整个农业乃至农村系统进行合理布局和设计,使农、林、牧、副、渔各业和农村第一、第二、第三产业综合发展,并使各产业之间相互支持,相得益彰,提高综合生产能力。

(二)形式的多样性

我国地域辽阔、各地自然条件、资源基础、经济与社会发展水平差异较大,决定了中国生态农业不可能是全国同一个面孔。在指导思想一致的基础上,针对我国农业劳动力过剩的现实,可以发展多种多样的劳动密集型农业模式。中国生态农业以多种生态模式和丰富多彩的技术类型装备农业生产,使各区域都能扬长避短,较好地发挥地区优势。

(三)方法的兼容性

中国生态农业注意继承本国精耕细作,用地、养地相结合等优良农业传统,同时,它又吸收世界上其他国家的科学经验,并将这些传统与现代农业科学技术相结合,是一种兼容并蓄的综合运行方法。从方法论上而言,它能做到宏观与微观相结合,定性与定量相结合,静态与动态相结合,典型与一般相结合。从技术操作上而言,注重传统农业技术

和现代技术的结合。许多农业生态工程模式实质上是劳动力密集与技术密集相结合的产物，是多项硬技术与管理软技术相结合的产物。从组织行为而言，是自下而上的自发群众活动与自上而下的政府行为的结合。

(四)结果的持续高效性

中国生态农业以发展大农业为出发点，遵照“整体、协调、循环、再生”的原则进行运作。一方面，要提高农业效益，降低成本，通过物质循环和能量多层次综合利用实现经济的迅速增值，提高农业的产量和质量，提高农民收入，实现农村繁荣；另一方面，要变农业生产和农村经济的常规发展为可持续发展，把经济建设与环境建设紧密结合起来，做到环境、经济、社会协调发展，在最大限度向市场提供安全农产品的同时，又提高生态系统的稳定性与持续性，增强农业发展的后劲。

综上所述，中国生态农业这一概念虽源自西方，但它不同于西方的生态农业，不是西方生态农业的简单引入，而是在深厚的传统有机农业的背景和基础上展开并具有自身的一些突出特点的新型农业，因此中国生态农业是对西方生态农业的扬弃。正是由于中国生态农业具有上述特点，因此它适合我国的国情，是我国实现农业可持续发展的必然选择。生态农业的发展必将促进我国农村经济、生态、社会协调持续发展，从而推动整个社会的可持续发展。

四、生态农业的发展必须遵循的基本原理

(一)生态效益与经济效益统一原理

生态农业是人类的一种经济活动，目的是增加产出和经济收入，而在生态经济系统中经济效益和生态效益的关系是多重的，既有同步关系，又有背离关系，还有同步与背离相互结合的关系。在生态农业中，为了同时取得高的经济效益和生态效益，就必须遵循：

(1)资源合理配置原则　应充分合理利用国土,这是生态农业的一项重要任务。

(2)劳动力资源充分利用原则　在农村生产劳动力过剩的情况下,一部分农民从事农产品加工业和农村服务业,与土地分离。

(3)经济结构合理化原则　既要符合生态要求,又要适合经济发展和消费的要求。

(4)专业化,社会化原则　生态农业只有突破了自然经济的范畴,才可能向专业化和商品化过渡。

(二)生物与环境协同进化原理

生态系统中的生物和环境不是孤立存在的,它们之间有着密切的相互联系和复杂的物质、能量交换关系。环境为生物的存在提供了必要的物质条件,生物为了生存和繁殖必须从环境中摄取物质与能量。与此同时,在生物生存、繁殖和活动过程中,也不断地通过释放、排泄及其他形式把物质归还给环境,环境影响生物,生物也影响环境,而受影响改变的一方又反过来影响另一方,如此反复进行从而使两方不断地相互作用、协同进化。遵循这一原理,因地因时制宜,合理布局,种养结合。

(三)生物之间链索式的相互制约原理

生态系统中的众多生物通过食物营养关系相互依存、相互制约,例如,从绿色植物到食草动物再到食肉动物,通过捕食与被捕食的关系构成食物链,多条食物链相互交错、连接构成了复杂的食物网,由于它们相互连接,其中一个链节的变化都可能影响其他的链节,甚至会影响到整个食物网。

(四)能量多级利用与物质循环再生原理

生态系统中的食物链既代表了能量的流动、转化关系,也代表了物

质的流动、转化关系，从经济上来看还是一条价值增值链。根据能量物质逐级转化 10∶1 的关系，食物链越短、结构越简单，它的净生产力越高。在农业生态系统中，由于人类对生物和环境的调控及对产品的期望不同，必然有着不同的表现和结果。例如，对秸秆的利用，直接返回土壤的话，它经过很长时间发酵分解才能发挥肥效，参与再循环，而如经过糖化或氨化过程使之成为家畜饲料，利用家畜排泄物培养食用菌，生产食用菌后的残菌床又用于繁殖蚯蚓，最后将蚯蚓利用后的残余物返回农田作肥料，使用于生物食物和排泄未能参与有效转化的部分能得到利用、转化，从而使能量转化效率大大提高。

(五)结构稳定性与功能协调性原理

自然生态系统中，经过长期的相互作用，在生物与生物、生物与环境之间，建立了相对稳定的结构，具有相应的功能。生态农业要提供优质高产的农产品，必须建立稳定的生态系统结构。为此，要遵循：

(1)发挥生物共生优势的原则　如利用蜜蜂采蜜和传授花粉的优势，把果树栽培与养蜂结合起来，以及稻田养鱼，鱼、稻共生，都可以在生产上和经济上起到互补作用。

(2)利用生物相克、以趋利弊害的原则　如白僵菌防治措施等。

(3)利用生物相生相养的原则　如利用豆科植物的根瘤菌固氮、养地和改良土壤结构等。这种生物与生物、生物与环境之间相互协调组合保持一定比例关系而建成的稳定性结构，有利于系统整体功能的充分发挥。

生态农业是针对我国农业特点，包含众多优势的农业形式，未来我国农业的发展，必须走向生态化的道路。这就要求我国的农业生产和发展必须在相关生物及环境之间建立可以实现多环节物质循环利用和能量流动转化的生态系统，并在这种网络系统中实现农业生产的自我维持和自我调节，产出洁净食品，并保证资源的合理利用和永续利用，防止环境污染和退化，不再重蹈西方发达国家的覆辙。

第二节 肉鸡规模化生态养殖

一、生态养殖的概念

生态养殖是指按照生态学和生态经济学原理，应用系统工程方法，因地制宜地规划、设计、组织、调整和管理畜禽生产，以保持和改善生态环境质量，维持生态平衡，保持畜禽养殖业协调、可持续发展的生产形式。在合理安排粮食生产的情况下，种草养畜，以畜禽的粪便养地，种养结合，实现养殖业可持续发展。

二、规模化生态养鸡的概念

规模化生态养鸡就是从农业可持续发展的角度，根据生态学、生态经济学的原理，将传统养殖方法和现代科学技术相结合，根据不同地区特点，利用林地、草场、果园、农田、荒山等资源，实行放养和舍养相结合的规模养殖。以自由采食野生自然饲料为主，即让鸡自由觅食昆虫、嫩草、腐殖质等，人工科学补料为辅，严格限制化学药品和饲料添加剂等的使用，禁用任何激素和抗生素。通过良好的饲养环境、科学饲养管理和卫生保健措施等，实现标准化生产，使肉、蛋产品达到无公害食品乃至绿色食品、有机食品标准。同时，通过生态养鸡控制植物虫害、减少或杜绝农药的使用，利用鸡粪提高土壤肥力，实现经济效益、生态效益、社会效益的高度统一。这是一种农林牧结合的新型生态产业，具有广阔的市场前景。

三、规模化生态养鸡与传统散养土鸡模式的区别

规模化生态养鸡不同于传统的土鸡散养形式。与土鸡散养相比，规模生态养鸡不是一家一户十只八只的零星散养，而是以规模养殖为基础，上百只养殖为起点的群体饲养；规模生态养鸡的饲料不是完全靠鸡到外面自由采食，而是天然饲料和人工饲料相互补充，植物饲料、动物饲料和微生物饲料合理搭配；规模生态养鸡不是粗放管理，只放不养，而是根据鸡的生物学特性，放养地的环境条件、季节气候等因素设计严格的管理方案，实行精心管理。

规模化生态养鸡在肉、蛋生产中要兼顾“优质、高效、安全、生态”，建立起规模化生态养鸡技术体系和生产体系。技术方面要解决鸡种优选、饲养管理、营养补饲、设施条件、健康保健、标准制定、生产模式等问题，形成一整套成熟的现代化生产技术；生产方面要建立和完善良种繁育、饲料供应、设备生产、防疫灭病、产品加工、储运营销、经营管理、环境保护等产业链条，实现现代化产业化生产。

四、规模化生态养鸡存在的主要问题

发达国家在环境控制和鸡的福利等方面做得比较周全和科学，而我国一些欠发达地区农村零星散养依然存在。有计划地进行规模化生态养鸡是一种新的生产方式，尚存在许多问题需要解决。

(一)生态放养地的饲料状况主要受气候变化影响

我国北方春、夏、秋季野外有青饲料、昆虫、草籽等可供放牧鸡自由觅食，冬季则基本一片荒芜。实际生产中即使在盛草期也应对放养鸡适量补饲。而在不同季节、不同饲养方式和不同管理条件下对放养鸡补饲的种类、配比、补饲量、补饲营养水平和补饲方式目前研究很少。

(二)农村放养地和田间棚舍不易彻底消毒,防疫比较困难

传染病和寄生虫病的感染机会多。一些农户的鸡舍通风透气差,鸡直接在地面歇息,鸡的病死率高。鸡舍和放养场地消毒措施不当,大多数农户大小鸡群混合放养,地面遇有阴雨不断的天气,鸡舍地面会阴冷潮湿,更有利于病原微生物及寄生虫的生存。调查中发现,作物地、林果园养鸡的支气管炎、大肠杆菌病及球虫病等时有发生。若无针对性强的合理的免疫程序和预防措施,放养失败的可能性很大。同时,户外放养时鼠、兽伤害等意外伤亡时有发生,一些养殖户没有经验,死亡率往往较高。

(三)饲养管理欠科学

目前生态养鸡育雏一般采用集约化育雏方式,到放养期则模拟传统散养方式,尚欠科学,很不规范。规模化生态养鸡以较大的群体在户外饲养,需要因地制宜地提供补料、饮水、保暖、防雹、避雨、遮阳、用电等的配套设施,目前需要提出相对价格低廉、坚固适用的设施建设方案。规模化生态养鸡不同于笼养和散养,其整个生产环节不同时期的饲养管理及其配套技术尚待研究和全面总结。

五、规模化生态养鸡完善措施

规模化生态养鸡有其独特的生产、销售规律。如何利用植物生长季节、市场需求变化、市场价格的时间差和地区差有效组织生产和销售,需要认真探索,可以从以下几方面加以完善。

(一)完善良种繁育体系

自然环境对山场养鸡的影响很大,要求鸡的适应性、抗逆性和觅食能力比较强,因此搞好育种,培育优良品种,提供适合规模化生态放养鸡的优质鸡种是基础。对于放养,应以兼用型、肉用型繁育为主。我国

优质肉鸡的育种已经经历了以地方良种为主适度杂交、引进外来鸡种级进杂交、系统选育和利用地方良种制种三个阶段。近年来重点是为地方鸡培育配套母系，新培育的北京矮脚肉鸡就是生态地方品种鸡理想的配套品系。用北京的油鸡、河南的固始鸡、江西的崇仁麻鸡、泰和的丝毛乌骨鸡、江苏的鹿苑鸡、福建的尤溪麻鸡、广西的霞烟鸡等作为父本，以北京矮脚肉鸡作母系，解决了地方品种繁殖率低、耗料多、早期生长慢等缺陷，并由专业公司开展了产业化生产。

(二)不断完善生产技术体系

规模化生态放养鸡不能沿用传统技术，也不能照搬现代鸡种的饲养管理模式，而要实行传统饲养和现代工艺的有机结合。在种鸡管理、孵化、育雏、防疫和饲料配制等环节主要吸纳现代养鸡工艺的精华，而在优质鸡肉、蛋商品生产环节则以经过改进的传统放养方式为主。规模化生态放养鸡生产技术体系在不断完善主要包括以下几部分。

(1)利用地方鸡优势，生产绿色产品　近年来，饲料、兽药残留已成为严重制约我国禽产品发展的障碍，广大养鸡户应严格把好苗种选择、防疫消毒关，实行生态饲养，加强土鸡生产全过程的安全控制，使其产品的各项指标符合国际规范。

(2)开发利用与合理保护并重，提高环保意识　由于山地养鸡成本低、见效快，许多农户盲目围山围坡扩大养鸡规模，虽然眼前利益可观，但长期大面积养殖将对周边植被生长不利，造成水土流失，对生态环境势必造成不良影响，殃及子孙后代。建议各地发展山地养鸡应以开发房前屋后的荒山荒坡及旧屋舍为主，从而确保养鸡业可持续发展，优化环境。鼓励城市各部门各单位以带乡、联村、联户的方式投资建鸡舍，帮助农户发展养鸡业。

(3)提高山场养鸡饲养管理技术　放牧养鸡实行以放牧为主、补饲为辅的饲养方式。生产中需进一步探讨不同山场放养地的饲养管理水平下鸡的生长性能及不同补饲量对鸡产蛋期生产性能和蛋品质的影响，不同饲料原料和配方对放养鸡生产性能和蛋品质的影响，以及鸡在放牧中采食行为，采食量的变化特点及规律，这对鸡蛋、肉质的提高均具有重要意义。

(三)产业化程度逐渐提高

专业化、标准化生产是现代畜牧产业化的发展趋势。生态放养鸡适应社会发展、市场需求，因其产品质量好、经济效益佳而不再是一种可有可无的家庭副业，必然要走区域化布局、规模化饲养、标准化生产、市场化经营的现代化产业之路。

产业化生产从一定意义上讲就是集团式生产，从鸡种繁育、孵化育雏、育成育肥、肉蛋运销、产品加工、生产资料供应、技术服务、特色餐饮旅游开发等不同环节进行专业化分工和协作，延伸、完善产业化链条。从生产形式来看，是以龙头企业为主导，以基地加农户为主体，以合作服务组织和专业市场为中介，以利益互补的形式将鸡肉、鸡蛋产品的产前、产中、产后连接起来，建立农、工、贸一体化的经济运行机制，实现规模化生态养鸡业的可持续发展。

规模化生态放养鸡发展较好的地方，无一例外都建立了良种繁育体系、饲料加工体系、家禽保健体系、设备加工维修体系、产品加工体系和生态环境保护体系。此外，还建立了涵盖产地环境、生产过程、产品质量、包装储运、专用生产资料等环节的技术标准体系；树立从农田到餐桌全过程的质量控制，以保护生态环境，提高产品质量，保障食品安全，为社会提供无公害食品、绿色食品乃至有机食品；树立品牌意识，注重创立、经营品牌，提高市场竞争力。我国华东、华中、华北地区已经发展了一些龙头企业，如温氏集团、三高集团等，他们开发的管理模式代表了我国规模化生态以及产业化发展的方向。

第三节　肉鸡规模化生态养殖意义

改革开放以来，随着农村生产的迅速发展，广大人民生活水平的不断提高，市场需要更多更优质的畜产品。我国的畜牧业已经逐渐由家庭副业养殖方式向规模化、产业化、商品化生产的方向变革，走入市场经济轨道。在东部沿海发达地区及大、中城市近郊，规模化养殖发展迅速。近年来肉鸡的养殖技术水平不断提高，向规模化、集约化方向得到较大发展，养鸡生产效益得到提高。规模化养鸡已经成为养鸡业发展的必然趋势。

同时，随着人们的生活质量不断提高，人们对自身健康和食品安全也提出了新的要求，为了满足消费者的需求，势必要求安全、绿色、无公害观念全面进入养殖业的各个环节，以真正生产出安全、无公害的有机食品，真正把当前的禽产品市场由过去的数量、价格型竞争转变为安全、绿色、环保型的以质量品质为中心的市场竞争上来。推广生态养殖，走“农牧结合”、“林牧结合”、“果牧结合”等生产形式，崇尚纯自然的生产方式，摒弃人为干扰和贪婪的掠夺式生产，维持动物、微生物与人的持续共存，从鸡的品种、饲料、饲养和疫病防治等方面加强管理，建立环保型畜牧业，不仅符合社会发展和人们生活的需求，同时也体现了21世纪畜牧业“高产、优质、高效、无污染”的发展方向。鸡的饲养实行规模化生态养殖使资源得到有效利用，并最低限度地减少对环境的污染，保障食品安全和提高其产品国际竞争力，并能产生良好的经济效益、社会效益和生态效益。发展肉鸡规模化生态养殖的意义在于：

(一)肉鸡规模化生态养殖有利于提高经济效益

传统的家庭散养型已经不适应现代肉鸡业发展的需要，并且抵御市场风险的能力弱，不利于现代科学技术的推广，综合效益十分低下。

通过规模化生态饲养的方式可以较大限度地降低成本，提高劳动生产率，便于采用规范的饲养管理措施，使良种遗传潜力得到有效发挥，从而产生较好的生态效益，产品质量可以得到有效保障。

(二)肉鸡规模化生态养殖有利于保护、改善生态环境

随着农业产业结构调整的进一步深入，各地兴建了许多示范养殖小区和养殖重点村，养殖规模逐年扩大，经济效益稳步提高，增加了农民收入，优化了农村环境，发展了农村经济。但我国目前仍有大量散户养殖，环境意识淡薄，粪便随意堆放、污水肆意流淌的现象比较普遍。粪尿排泄物中含有大量的氮、磷、悬浮物及致病菌，污染物数量大而且集中，尤其以水质污染和恶臭对环境造成的污染最为严重。大量的病原微生物、寄生虫卵以及滋生的蚊蝇，会使环境中病原种类增多、菌量增大，出现病原菌和寄生虫的大量繁殖，畜禽传染病的蔓延，尤其是人畜共患病时，会发生疫情，给人畜带来灾难性危害。养殖户为保证畜禽生产和控制疾病，使用提高动物生产力和抗病力的饲料添加剂、加大治疗用药量等措施来减少发病率和死亡率。造成畜产品药物残留过高、安全性差，影响了市场消费和生产以及消费者的生命安全。因此，为了更好地保护生态环境和人类健康，实现畜禽生产的经济效益、社会效益、和生态效益最大化，必须改变现有的养殖模式，实行生态养殖，促进畜牧业的可持续发展。

生态养殖是以生态和环境建设为基础，坚持绿化环境与生产绿色食品相结合。注重农业生产经营与生态状况的协调、互补，净化水质、土壤、空气，突出节、净、绿的特点。生态养殖是动物产品消费安全的有效保障，对维护公共健康和公共安全具有十分重要的作用。生态养鸡的饲料安全、空气新鲜、土壤没有污染、烈性传染病少，肉、蛋产品安全性指标达到无公害乃至绿色食品标准；通过科学的饲养管理，充分利用自然资源并使资源和环境得到有效保护，同时缓解林木和农牧用地矛盾；生态养鸡为农田、果园、草场除虫灭蛾，降低虫害发生率，减少农药用量，降低环境污染，提高农、林、牧的综合生产能力，实现生态型畜牧

业可持续发展。

(三)肉鸡规模化生态养殖有利于充分利用资源

生态养殖充分运用生态位原理,食物链原理和生物共生原理,强调生态系统营养物质的多级利用,循环再生,提高了资源的利用率。同时,生态养殖考虑系统内全部资源的合理利用,对人力资源、土地资源、生物资源和其他自然资源等合理利用,进行全面统筹规划,因地制宜,合理布局,并不断优化其结构,使其相互协调,相互发展,从而有效地利用资源。

以山场、林地、草地放养鸡替代放牧牛羊,实现鸡上山,牛羊入圈,可以实现资源合理利用,林牧矛盾缓解。同时能缓解草场的放牧压力、有效保护和科学利用草场。工厂化笼养鸡场大部分在平原农区,所建禽舍要占用大量农用耕地,加重了土地资源紧张的问题。而生态放养鸡不占用耕地,是发展生产、保护耕地的有效措施。

生态养鸡自由采食植物性饲料(草籽、嫩草等)和动物性饲料(蝗虫、螟虫等),在夏秋季节适当补料即可满足其营养需要,节省1/3的饲料。并且生态养鸡鸡舍建筑简易,无需笼具,投资较小,能够充分地利用自然资源。

总之,发展规模化生态养鸡,是经济效益、社会效益和生态效益的高度统一。可以提高产品竞争力,还可以增加就业机会,繁荣农村经济。建立协作组织、完善产业链,形成产、供、销一条龙,牧、工、商一体化,通过营销网络,面向国内外市场。从总的发展趋势来看,既有重大的现实意义,又具有深远的历史意义。

第四节 生产效益分析及预测

规模化生态肉鸡养殖是近年来新兴的一种养鸡模式,还处在发展阶段。肉鸡生产经过20多年的发展，随着市场的调整，已经度过了高利润、大波动阶段，生产逐步走向平稳。所以，只有懂技术，同时又善经营、会管理、生产条件完善的养殖户才能有利可图。因此，生态肉鸡生产者首先要了解肉鸡市场状况、价格走向、未来市场潜力，才能考虑上马。上马后还要根据市场变化情况调整生产规模及进雏时间，以便适应市场变化的脉搏，在市场竞争中站稳脚跟。

一、肉鸡生态养殖生产成本分析

肉鸡生产的成本包括租地费、建筑成本、设备费、工人工资、药品费、垫料费、饲料费、鸡苗费、水电费、供暖费和其他费用11个科目。

1. 租地费

不管是租用的还是自己的土地都应该将其折算成成本。每饲养1 000只肉鸡，大约需要土地面积300米^2。依此计算租地的面积和租金数额。

2. 建筑成本

如果鸡场是租用的，则按年租赁费加维修费计算成本；如果是自己建设的鸡场，则应按建筑费的贷款利息加建筑费的20%（简易建筑使用寿命按5年计，其中维修费与5年后建筑报废残值相抵。质量较高的鸡舍建筑使用年限可更长，则年折旧率应低些）。每批1 000只肉用仔鸡，需要建筑面积为100～120米^2，每年建筑成本约需0.5万元。

每年建筑成本＝建筑费×（贷款年利率＋20%）

3. 设备费

设备寿命通常按2年计，则：

年设备费＝设备费×（贷款年利率＋50%）

4. 工人工资

肉鸡场每人可负责饲养2 000～5 000只肉用仔鸡。

年工人工资＝工人总人数×工人月工资×年内实际生产月数

5. 药品费

药品费包括消毒剂、疫苗、防病治病用药。每生产1只肉用仔鸡大约需要消毒费、预防治疗药品费、疫苗费共0.8元左右。卫生条件越好，则所用的药品费越少。药品费约占总成本的5%。

6. 垫料费

每生产1 000只肉用仔鸡需15～20米^{3}的垫料。

7. 饲料费

饲料费是肉鸡生产的主要成本，约占总成本的65%。快大型肉鸡出栏体重一般为2.35千克左右，约需要5千克配合饲料。

8. 鸡苗费

快大型肉用仔鸡鸡苗费一般为1.5～3元/只，约占总成本的15%。

9. 电费

如果用红外线灯或电热保温伞，每1 000只鸡第一周内用电量为200～300千瓦时(度)，照明用电量(连续光照)150千瓦时左右(只在夜间补光，用电量约80千瓦时)。电费较高的地方，应尽可能不采用电供暖。部分采用电热育雏和昼夜连续光照，电费约占总成本的2%。

10. 供暖费

供暖费受保温条件、鸡舍高度、季节(气温)影响，在温暖季节供暖时间在14～21天。严寒的冬季则可能要全期供暖，所以供暖费变化较大。

11. 其他费用

如消毒用品、注射器、运输及低值易耗品费用。

以上费用在年终结算时，将作为成本开支，以精确计算肉鸡场的盈利。

二、肉鸡生态养殖生产收入

肉鸡生态养殖生产收入主要有下面三种：

第一，肉鸡销售收入。

第二，鸡粪或废垫料销售收入。

第三，其他收入，如种植蔬菜、树木、花草、生产化肥收入。

三、每生产 1 只肉鸡的成本及利润估算

肉鸡生产过程中，迅速计算出每生产 1 只鸡的成本，可以尽快判断肉鸡生产是否有利可图。详细准确地计算往往有较大的难度，因为有些成本通常在年底成本汇总后才能确定。因为饲料成本在肉鸡生产总成本中占的比重较大，总成本受饲料成本影响最大，所以用饲料成本估算总成本较为合理。在饲养管理良好的情况下，饲料成本约占总成本的 65%，则：

每生产 1 只肉鸡成本＝每只鸡耗料量×饲料价格÷65%

或每生产 1 只肉鸡成本＝1.54×每只鸡耗料量×饲料价格

商品肉鸡饲料一般分两个阶段，前期（第 1 至第 28 天）和后期（第 29 天至出栏）。在计算饲料成本时，前后两期耗料量分别占总耗料量的 35%和 65%（共饲养 49 天），那么肉鸡饲料平均价格应为：

肉鸡饲料平均价格＝0.35×前期料价格＋0.65×后期料价格

例：肉鸡前期浓缩料价格为 2.3 元/千克，玉米、浓缩料配比为 40∶60；后期浓缩料价格为 2.2 元/千克，玉米、浓缩料配比为 33∶67；玉米价格为 1.1 元/千克。每只肉鸡耗料量为 5 千克，49 日龄出栏体重为 2.3 千克，肉鸡销售价格为 5.8 元/千克。则：

饲料平均价格＝0.35×(0.4×2.3＋0.6×1.1)＋0.65×(0.33×2.2＋0.67×1.1)＝1.504(元/千克)

每生产 1 只肉鸡成本＝1.54×5×1.504＝11.58(元)

每生产 1 只肉鸡利润＝肉鸡价格×肉鸡平均体重－每生产 1 只肉鸡的成本＝5.8×2.3－11.58＝1.76(元)

四、肉鸡价格波动及对策

由于肉鸡的高繁殖力以及短的生产周期，使肉鸡的价格波动周期较其他畜产品生产要短得多，4～6 个月为一个波动周期。应该注意的是，肉鸡价格波动周期并不是十分明显的。在很多情况下，在价格高峰或价格低谷经 2～3 个月即走向另一面，即低谷或高峰。肉鸡价格波动目前还没有一个衡量低谷和高峰的方法。可将饲料价与肉鸡价比作为参考的判定标准。料、鸡价比 1∶4 左右时为高峰期，料鸡价比 1∶2.5 左右时为低谷期。肉鸡市场没有明显的年度周期，但每年的 4～5 月份通常行情较差，6 月份和 10 月份行情较好。这只是大致情况，市场千变万化，有时一个月内行情就有很大的起伏。在一般月份(即无重大节日)，料、鸡价比超过 1∶5，通常 2 个月左右行情就会发生逆转。

肉鸡生产的鸡舍、设备投资较蛋鸡业和养猪业要低些，所以在行情较差的时候，可以少安排甚至不安排生产，以便躲避风险。从事肉鸡生产者应注意收集肉鸡行情信息，分析肉鸡市场走向。对一年各月份的行情状况进行记录，根据节日分布、消费趋向、当前行情等信息，来分析市场走势。当肉鸡行情达到最高峰，如无其他影响因素(如节日或其他肉类产品出现安全问题等)，就应减少生产量，或间隔 1～2 批的时间不安排生产。例如每 21 天 1 批时，则 42 天不安排进雏。这样有可能避过行情最低阶段，把损失程度降到最低。

五、肉鸡规模化养殖生产效益分析与预测

鸡粪是一种优质有机肥(1 吨鸡粪相当于硫酸铵 55～82 千克、过磷酸钙 88～96 千克、硫酸钾 12～17 千克)，直接排泄在果园内，可以改良园土，培肥地力，提高果树产量。因此，果园、林地、山场、稻田等生态养鸡可以获得超出养殖效益之外的经济效益。

(一)林地养鸡

选择林冠较稀疏、冠层较高(4～5 米以上)的林场,透光和通气性能较好,而且林地杂草和昆虫较丰富,有利于鸡苗的生长和发育。家庭式小养鸡场设在桉树林内,其他林分如相思林、灌木林、杂木林等因枝叶过于茂密,遮阴度大,不适合林地养鸡。另外,橡胶林也是很好的养鸡场所。目前橡胶林多采取宽行密株经营方式,虽然树冠浓密,透光度小,但行距大,树冠高(3 米以上),林内宽隙较大。许多农场工人在橡胶林内办养鸡场,也获得良好效果。广东、广西群众则多在马尾松林以及荔枝、芒果等林内养殖,也很成功。

林内养鸡的鸡舍应选在透光度较大、通风透气条件较好的平缓地段。一般养 2 批后即搬迁,故多用简易材料如油毡纸(沥青纸)、石棉瓦、竹木等建竹木结构鸡舍。一般来说,一人每批养鸡约 4 000 只,鸡舍大小为 30～50 米^2,其中养殖人生活区 6～7 米^2,小鸡舍 6～10 米^2,大鸡舍 10～25 米^2。养殖场大小根据规模而定。林内养鸡,肉鸡多在鸡舍附近 50 米^2 范围内活动,很少超过 100 米^2。

鸡舍建成后,用 1%～3%福尔马林等消毒即可养鸡。鸡苗开始用小鸡饲料在小鸡舍内喂养 20 天,然后在大鸡舍内喂养,并逐渐开始放养。一般早放寻食,午、晚喂饲料,以弥补天然饲料的不足。

第一次成鸡出栏后,彻底清除栏(圈)内及其周围鸡屎及杂物,并用福尔马林等消毒药液消毒,3 天后再进鸡苗喂养。若第三次喂养,则与第二次一样清扫消毒后再喂养。一般每个林段喂养 2 次后搬迁,最多不超过 3 次,以免导致鸡瘟的发生和蔓延。

效益分析:对于农户家庭或专业户而言,养鸡的主要目的是通过出售获得经济效益,自己食用占很少部分。林内养鸡可减少饲料 10%,成本降低 10%～20%,鸡因跑动肉质提高,市场售价比圈养者高 10%～20%,比家养鸡(放养)鸡低 50%以上。据广州地区调查,家养鸡每千克 25～30 元,半放养(林地放养)鸡每千克 12～15 元,全饲料鸡每千克 8～10 元,价格差异显著。

由于价格涨落起伏较大，尤其夏、秋之际，价格最低，冬季价格最高。最低时每只鸡纯收入仅 2～3 元，高时每只鸡收入 10 元左右。一般每只鸡出栏时重 1～1.5 千克。出栏价每千克 10 元左右（整批出售），则每只鸡 1.2 千克收入 12 元。批养 4 000 只，出栏率 90%计，盈利 7 200 元。一般每年养 4 批，全年收入 2.88 万元。如果喂养较好，鸡价较高时，年收入可达 4 万～5 万元。农户由于需要忙农活，一般每年养 3～4 批。可见林内养鸡是一条较为理想的脱贫致富之路。尽管如此，在决定养鸡之前必须进行鸡的市场调查，必须有较好的交通条件和销售市场，养鸡才能盈利，否则不宜喂养。

林地养鸡不仅为富余劳力提供出路，活跃农村市场经济，还改善林地状况，由于林内小气候条件的改善，有利于鸡苗生长发育；反过来，鸡粪可以肥林，促进林木生长，鸡和林木之间互相利用和依存关系，形成了资源利用的良性循环。并且可增加有机肥料，每批鸡获得 100～150 千克干鸡粪，给农业生产提供了优质的有机肥料，不仅减少了农户购买化肥的开支，而且由于施用有机肥料增多，减少了化肥污染，改善了农业生态环境，促进林木生长发育。

尽管林地养鸡很有发展潜力，但因乡村农户经营，交通不便或缺乏运输工具，加之农民缺乏销售经验和商品意识，销售渠道有限，难以推销。因此，在农村发展林地养鸡最大的障碍是市场问题，若销售渠道打通，则这种模式发展潜力大，甚而有可能替代其他养鸡场。

（二）稻田养肉鸡

稻田养鸡是以改善田间生态环境，提高水稻抗病能力，培肥地力为初衷；以增加水稻产量，提高经济收入为目标；使水稻垄系栽培及其养鸡的综合附加值每公顷超过 3 000 元。

垄系栽培的水稻有效分蘖终止后进入湿润灌溉始期即是放入小鸡的最佳时期。据试验，每公顷垄系栽培水稻田放养小鸡 300 只较为适宜，小鸡从入田至收获约 50 天，因垄沟宽阔，鸡在田内活动自如，极其有利于取食叶片上下层次的害虫，且非常利其生长。每只小鸡在这 50

天内平均增重800克，如能提早育雏放养体重500克以上的大鸡雏，增重比例更大。按历年散养鸡市场平均价每500克5元计，平均每只鸡田间毛利润可达8元，扣除材料费500元（护网200元，鸡雏300元），实际上300只鸡在稻田生长期内可增长纯利润1 900元。值得一提的是，小鸡在田间除虫准确、及时，效果远高于药剂灭虫，不但节省农药费用且环保功能显著，鸡粪肥田的后续效应也十分明显。

综合效益分析：

①按节水30%计，每公顷可节省提水柴油款或电费400多元。

②按省肥25%计，每公顷节约肥料款350多元。

③按增产7.9%计，每公顷产水稻7 500千克时可增产稻谷592千克，即增加收入592千克×1.5元=888元。

④每公顷300只鸡的纯收入1 900元。

实施垄系栽培和测土平衡施肥的水稻，由于其田间环境的改善，化肥用量的减少，农药用量的减少，使稻米品质显著提高，且不计提高品质的大米能增值多少，仅就节水、省肥、增产和养鸡的附加效益而言，每公顷垄系水稻栽培就已经为稻农节支增收3 538元。垄系栽培稻田养殖成龄鸡可使产蛋率提高20%以上已是事实，而其生产的绿色鸡蛋会大幅度提升商品价值，为稻农创造更高经济收入。

（三）果园大棚养土鸡

果园大棚养鸡可以提高劳动生产率，降低饲养成本。根据对果园套养土鸡和单纯水果种植大户用工情况的调查，养鸡劳动用工成本仅是正常的1/3。以51亩果园为例，原饲养2 500只土鸡5个月上市需劳动用工成本2 500元，现仅需830多元，每只鸡可降低成本0.67元。果园放养土鸡外表美观、体形不大、皮薄肉嫩、蛋香黄多，不但销路不成问题，其售价比普通鸡高4元/千克，每只鸡可增收4～6元。果园放养既可除草，又可为果树提供优质肥源，改良土壤，是改造低产低效果园为优质高产果园行之有效的措施。另外还可以改善饲养环境，增加社会效益。果园放养每亩仅40～50只，而且都是在野外，加上定期翻耕

土壤,几乎没有异味,对净化水土、空气是一种切实有效的方法,社会效益显著。

1. 投入成本

生态肉鸡育成费雏鸡苗 2.5 元、饲料费 9.75 元、疫苗费 1.5 元、兽药费 0.5 元、死淘鸡平摊到每只折合损失 1 元,共计 15.25 元,淘汰鸡平均每只可售 7.5 元,减掉死淘率 10%后剩余 6.75 元,这样每只鸡投入 8.5 元。

2. 收益

据调查,绿色生态养鸡一般饲养 150 天上市,饲料费用平均0.07～0.08 元/(天·只)。鸡体重 1.4～2.3 千克/只,成活率 95%以上,市场销售批发价 12～16 元/千克(零售价 18～24 元/千克),扣除饲料、鸡苗、疫苗、药品和 5%的死亡率费用,养鸡纯利润可达 11～22 元/只(鸡粪肥田、地的农用价值除外)。

(四)发酵床养肉鸡

以 200 米^2 面积发酵床为例,发酵床的建造成本约 1 万元,可以使用 6 年左右,饲养 4 个月出栏的土鸡全部终身饲养在发酵床上,每批可以饲养 1 000～1 300 只鸡,鸡苗和饲料成本需要 18 元/只左右,小本初次创业仅需投资 20 000～25 000 元即可,1 年饲养 3 批,由于发酵床养鸡效益要好于规模化饲养,每只利润一般有 5 元左右,最低年利润可达 15 000～20 000 元,扣除 1 年 1 650 元的折旧费(建造成本 1 万元使用 6 年均摊计算),如果结合廉价的发酵饲料、优质牧草、农家饲料,利润更可观。

如果饲养阉鸡,200 米^2 面积可以养殖 1 000 只左右,年出栏两批,每只综合成本约 27 元,每只利润 10 元左右,如果结合低成本养殖效益更加可观。

(五)草场放牧养肉鸡

以饲养 1 000 只为例,鸡苗成本为 2 000 元,饲料成本为(全价料

850 元,杂粮 4 360 元)5 210 元,兽药疫苗成本为 158 元,其他 568 元,合计费用 7 936 元;收入为 10 元/千克×908 只×1.8 千克=16 344 元,只平均纯收入为 9.26 元/只(纯利总额为 8 408 元)。

放牧养鸡的社会效益:国家实行退耕还林政策后,在原耕地上种上牧草,既改良了植被,又减少土壤流失。实行放牧养鸡后,为山区农民脱贫致富提供了一条新的致富门路,同时为广大消费者提供了大量优质的绿色禽蛋产品,此法应大力推广。

思考题

1.如何理解生态农业,生态农业有哪些特点?

2.肉鸡规模化生态养殖的内涵是什么?

3.肉鸡规模化生态养殖有何意义?

4.如何对肉鸡规模化生态养殖进行效益分析与预测?

第二章 肉鸡生态养殖的优良品种与引种

导　　读　本章介绍国内、国外主要肉鸡品种，并对各品种生产性能特点等进行比较。

第一节　国内优良肉鸡品种

一、我国优质肉鸡概况

优质肉鸡具有生态型地方良种鸡特征、特性、特色；外貌美观，生理机制协调，结构匀称；鸡肉的风味、滋味、口感、营养上乘，56～91 日龄体重在 1 300～1 500 克；产蛋性能好，繁殖率高；抗逆性强，适应性好；适合传统工艺加工，深受市场青睐。其中酷似生态型地方良种鸡的为优质精品肉鸡；而其中某些脚较短、颈较短、胸较宽的鸡为优质极品肉鸡。这是具有中国特色的而国际少有的独特产品。

近年来我国优质肉鸡生产规模不断扩大，品种日益丰富，2007 年中国饲养各种类型的黄羽肉鸡约 40 亿只，产肉量约为 360 万吨，约占 2006 年全国禽肉产量的 24%，占肉类总产量的 4.5%。目前黄羽肉鸡已经成为最具中国特色的家禽产业，并且在国际市场具有较强的竞争力，优势地位明显。

我国的这些优质肉鸡品种不少，常以肉质鲜美、皮脆骨细、鸡味香浓著称。按照生长速度，优质鸡可分为 3 种类型，即快速型(快长型、快大型)、中速型(仿优质型)和优质型(慢速型、特优质型、珍味型)，呈现多元化的格局，不同的市场对外观和品质有不同的要求。①快速型：以上海、江苏、浙江和安徽等地为主要市场。要求 49 日龄公母平均上市体重 1.3～1.5 千克，1 千克以内未开啼的小公鸡最受欢迎。该市场对生长速度要求较高，对"三黄"特征要求较为次要，黄羽、麻羽、黑羽均可，胫色有黄、有青也有黑。②中速型：以香港、澳门和广东珠江三角洲地区为主要市场，内地市场有逐年增长的趋势。港、澳、粤市民偏爱接近性成熟的小母鸡，当地称之为"项鸡"。要求 80～100 日龄上市，体重 1.5～2.0 千克，冠红而大，毛色光亮，具有典型的"三黄"外形特征。③优质型：以广西、广东湛江地区和部分广州市场为代表，内地中、高档宾馆饭店及高收入人员也有需求。要求 90～120 日龄上市，体重 1.1～1.5 千克，冠红而大，羽色光亮，胫较细，羽色和胫色随鸡种和消费习惯而有所不同。这种类型的鸡一般未经杂交改良，以各地优良地方鸡种为主。

二、我国优质肉鸡品种介绍

(一)北京油鸡

北京油鸡原产于北京北侧的安定门和德胜门外的近郊一代，以朝阳区所属的大屯、洼里两个乡最为集中。北京油鸡在清朝中期就已经出现，距今至少有 250 多年的历史。北京近郊的农民逐渐积累了鸡的

繁殖、选种、饲养管理和疾病防治等经验，经过长期的选择和培育，从而形成这一外貌、肉蛋品质兼优的地方优良品种，其以肉味鲜美、蛋质佳良著称。

在新中国成立初期，北京油鸡所剩不多，濒于绝种。20 世纪 50 年代初期，北京农业大学曾以油鸡为母本，开展了杂交育种工作。20 世纪 70 年代以来，中国农业科学院和北京市农林科学院畜牧兽医研究所相继从民间搜集油鸡的种鸡，进行繁殖、培育、生产性能测定和推广工作。现在部分地方已经形成一定规模，并输出到东欧一些国家。

产肉性能：北京油鸡生长缓慢，平均活重 12 周龄 959.7 克，20 周龄公鸡 1 500 克，母鸡 1 200 克。肉质细嫩，肉味鲜美，适合多种传统烹调方法。

繁殖性能：就巢性强。公母配比 1∶(8～10)，受精率 93.2%，受精蛋孵化率 82.7%。

(二)惠阳胡须鸡

惠阳胡须鸡又名胡子鸡、龙岗鸡、龙门鸡、惠州鸡，原产于广东省东江中下游一代的惠阳、惠东、龙门、河源等地区，分布较广。惠阳胡须鸡为著名的肉用型地方品种，皮薄肉嫩，味鲜质佳。以胸肌发达，早熟易肥、肉质特佳而成为我国活鸡出口量大、经济价值较高的传统商品。与杏花鸡、清远麻鸡一起，被誉为广东省三大出口名鸡，在港澳市场久负盛名。惠阳胡须鸡是我国比较突出的优良地方肉用鸡种。由于产区地处广州、香港地区两大消费城市之间，对活鸡的需求量大，且优质优价，促进了产区的养鸡育肥技术和鸡贩业的发展。广东省农科院畜牧兽医研究所从 1975 年开始对该品种鸡进行纯种选育工作，对进一步提高惠阳胡须鸡的生产性能起到了一定作用。

惠阳胡须鸡总的特点可概括为 10 项：黄羽、黄喙、黄脚、胡须、短身、矮脚、易肥、软骨、白皮、玉肉(又称玻璃肉)。公鸡分有、无主尾羽的两种。主尾羽颜色有黄、褐红和黑色，而以黄色居多，腹部羽色比背部稍浅。母鸡全身羽毛黄色，主翼羽和尾羽有紫黑色，尾羽不发达。惠阳胡须鸡育肥性能良好，在放养条件下，6～7月龄体重达1～1.1千克时开始育肥，经半个月，可增重0.4～0.5千克。成年体重公鸡2.1～2.3千克，母鸡1.5 ～1.8千克。

（三）清远麻鸡

清远麻鸡属小型肉用型品种，俗称清远鸡，因母鸡背侧羽毛有细小黑色斑点而得名，故称麻鸡。清远麻鸡原产于广东省清远县，以皮黄、嘴黄、脚黄、毛色黄中带麻点的三黄麻鸡为正宗。素以皮色金黄、肉质嫩滑、皮爽、骨软、肉鲜红味美、风味独特而驰名广东省和港澳市场。以体型小、皮下和肌间脂肪发达、皮薄骨软而著名，素为我国活鸡出口的小型肉用名鸡之一。

该品种典型特征是“一楔、二细、三麻”，即母鸡体型像楔形，前身紧凑、后躯圆大；头细脚细；被羽主要有麻黄、麻棕、麻褐3种颜色。公鸡体质结实灵活，结构匀称，属肉用体型。

该鸡在农家饲养放牧为主，天然食饵丰富的条件下生长速度较快，120日龄公鸡体重1.25千克，母鸡体重1千克。该品种具有肥育性能良好、屠宰率高的特点。未经育肥的仔母鸡半净膛屠宰率平均为85%，全净膛屠宰率为75.5%，阉公鸡半净膛屠宰率为83.7%，全净膛屠宰率为76.7%。

（四）杏花鸡

杏花鸡是广东省地方优良鸡种之一，原产于封开县杏花、罗董、渔捞等地，当地称为“米仔鸡”，属小型肉用鸡种。具有早熟、易肥、皮下和肌间脂肪分布均匀、骨细皮薄、肌纤维细嫩等特点。其体型特征可概括为“两细”（头细、脚细），“三黄”（羽黄、皮黄、胫黄）、“三短”（颈短、体躯短、脚短）。雏鸡以“三黄”为主，全身绒羽淡黄色。公鸡头大，冠大直立，冠、耳叶及肉垂鲜红色，虹彩橙黄色。羽毛黄色略带金红色，主翼羽和尾羽有黑色，脚黄色。母鸡头小，喙短而黄。单冠，冠、耳叶及肉垂红色，虹彩橙黄色。体羽黄色或浅黄色，颈基部羽多

有黑斑点(称“芝麻点”),形似项链。主、副翼羽的内侧多呈黑色,尾羽多数有几根黑羽。

成年体重公鸡平均为1.95千克,母鸡平均为1.59千克。112日龄屠宰测定:公鸡半净膛屠宰率为79%,全净膛屠宰率为74.7%,母鸡半净膛屠宰率为76.0%,全净膛屠宰率为70.0%。杏花鸡性成熟早,公鸡60日龄有20%开啼,80日龄性征明显,但一般在150日龄开始利用。母鸡在150日龄时有30%开产。在群养及人工催醒的条件下,年平均产蛋量为95个,蛋重为45克左右,蛋壳褐色。公母配种比例,农家放养的为1∶15,种蛋受精率为90%以上;群养的为1∶(13～15),种蛋受精率为90.8%,受精蛋孵化率为74%。

(五)霞烟鸡

霞烟鸡原名下烟鸡,又名肥种鸡,原产于广西容县石寨乡下烟村,属肉用类型。霞烟鸡体躯短圆,腹部丰满,胸宽、胸深与骨盆宽三者长度相近,整个外形呈方形,属肉用类型,雏鸡的绒羽以深黄色为主,喙黄色,胫黄色或白色成年鸡头部较大,单冠,肉垂、耳叶均鲜红色。虹彩橘红色,喙尖浅黄色。颈部显得粗短,羽毛略为疏松,骨骼粗,皮肤白色或黄色。公鸡羽毛黄红色,梳羽颜色较胸背羽为深,主、副翼羽带黑斑或白斑,有些公鸡蓑羽和镰羽有极浅的横斑纹,尾羽不发达。性成熟的公鸡腹部皮肤多呈红色、母鸡羽毛黄色,胸宽,龙骨略短,腹部丰满。临近开产的母鸡,耻骨与龙骨末端之间已能并容3指,也是该鸡种的重要特征。成年体重公鸡平均为2.18千克,母鸡平均为1.92千克。6月龄屠宰测定:母鸡半净膛屠宰率为87.89%,全净膛屠宰率为81.2%;公鸡半净膛屠宰率为82.4%,全净膛屠宰率为69.2%;阉鸡半净膛屠宰率为84.8%,全净膛屠宰率为75%。170～180日龄开产,年产蛋110枚左右,平均蛋重为43.6克。

(六)桃源鸡

桃源鸡又称桃源大种鸡,原产湖南桃源县三阳港和深水港一带,属

肉用型鸡种。桃源鸡体型硕大，单冠，青脚，羽色金黄或黄麻，羽毛蓬松，呈长方形。公鸡姿态雄伟，勇猛好斗，头颈高昂，尾羽上翘；母鸡体稍高，生性温顺，活泼好动，后躯浑圆，近似方形。

桃源鸡生长缓慢，特别是早期生长发育迟缓。雏鸡出壳后绒羽较稀，长羽速度迟缓。主、副翼羽一般要3周龄才能全部长出。同时成年羽生长速度也比较慢，因此在育成阶段常表现为光背、裸腹、秃尾和胸部袒露。该鸡体重较大，成年公鸡平均体重3.34千克，母鸡2.94千克。90日龄公、母鸡平均体重分别为1 093.45克、862.00克。肉质细嫩，肉味鲜美，富含脂肪。半净膛屠宰率公、母鸡分别为84.9%、82.06%。桃源鸡开产日龄平均为195天，年产蛋100～120个，平均蛋重51克，蛋壳浅褐色。公、母比例一般为1∶(10～12)，种蛋受精率83.93%，受精蛋孵化率83.81%。

(七)溧阳鸡

溧阳鸡是江苏省西南丘陵山区的著名鸡种，当地也称为“三黄鸡”或“九斤黄”，属于大型肉用品种。该鸡体型较大，体躯略呈方形。羽毛、喙和脚有黄色、麻黄和麻栗色几种，但多为黄色。雏鸡以快生羽为主，出壳毛色呈米黄色，部分有条状黑色的绒羽带。公鸡单冠直立，耳叶、肉垂较大，颜色鲜红。背羽为黄色或橘黄色，主翼羽有黑色和半黑半黄色之分，副翼羽为黄色和半黑，主尾羽黑色，胸羽、梳羽金黄色或橘黄色，有的羽毛有黑镶边。母鸡鸡冠有单冠直立和倒冠之分。眼大，虹彩呈橘红色，全身羽毛平贴体躯，绝大多数羽毛呈草黄色，少数麻黄色。

一般放养条件下生长速度比较慢，成年公鸡平均体重3.3千克，母鸡2.6千克。90日龄公鸡半净膛屠宰率为82.0%，全净膛屠宰率为71.9%；母鸡半净膛屠宰率为83.2%，全净膛屠宰率为72.4%。成年公鸡半净膛屠宰率为87.5%，全净膛屠宰率为79.3%；母鸡半净膛屠宰率为85.4%，全净膛屠宰率为72.9%。

(八)河田鸡

河田鸡原产于福建省西南地区,该鸡属于优良的肉用型品种,具有肉质细嫩、肉味鲜美的特点。河田鸡具有黄羽、黄喙、黄脚的“三黄”特征。体型近似方形,颈粗、躯短、胸宽、背阔,有大型与小型之分,但大型鸡较少,多数是小型鸡,两者体型外貌相同,仅有体重、体尺的区别。大型鸡羽毛生长慢,性成熟比小型鸡迟1个月左右。公鸡单冠直立,冠齿约5个,冠叶前部为单片,后部分裂成叉状冠尾,颜色鲜红,无明显皱纹。耳叶椭圆形,红色。喙基部褐色,喙尖呈浅黄色。公鸡羽色较杂,头、颈羽棕黄色,背、胸、腹羽淡黄色,尾羽黑色。母鸡冠部基本与公鸡相同,但是比较矮小。羽毛以黄色为主,颈羽的边缘呈黑色,颈部深黄色,腹部丰满。

该品种具有屠体丰满、皮薄骨细、肉质细嫩、肉味鲜美的特点。但是生长速度缓慢,150日龄公、母鸡体重分别为1.3千克和1.1千克。同时屠宰率低,据测定,120日龄屠宰,公鸡半净膛屠宰率为85.8%,全净膛屠宰率为68.64%;母鸡半净膛屠宰率为87.08%,全净膛屠宰率为70.53%。

(九)新浦东鸡

新浦东鸡原产于上海市的黄浦江以东的广大地区,由上海市农林科学院育成。它以我国优良地方品种浦东鸡为基础,运用杂交育种的方法,保留了浦东鸡体型大、肉质鲜美的特点,并克服了生长慢和长羽迟的缺点。该鸡外貌多为黄羽、黄嘴、黄脚,故群众又称它为“九斤黄”。

新浦东鸡体型较大、呈三角形,偏重产肉。公鸡单冠直立,冠齿多为7个。羽色有黄胸黄背、红胸红背和黑胸红背3种,尾羽、镰羽上翘,与地面呈45°角。母鸡单冠,较小,有的冠齿不清,全身黄色,有深浅之分,羽片端部或边缘常有黑色斑点,因而形成深麻色或浅麻色,尾羽较短，稍上翘，主尾羽不发达。生长速度早期不快，长羽也较缓慢，特别是公鸡，通常需经 3～4 月龄全身羽毛才长齐。

产肉性能：新浦东肉用仔鸡的生长速度为 28 日龄公鸡平均 432.7 克，母鸡平均体重为 395 克。在一般的饲养条件下，70 日龄的公、母平均体重都可达到 1.5 千克以上。70 日龄半净膛率达到 85%以上。

产蛋性能：新浦东鸡的开产日龄平均为 184 天，入舍母鸡 300 日龄的产蛋量平均为 78 枚，500 日龄为 163 枚。年产蛋量 177 枚，平均蛋重 60.5 克。蛋壳浅褐色。

繁殖性能：配种期间公母配比 1∶(12～15)，种蛋受精率达 90%以上，孵化率达 80%以上，70 日龄成活率 92%以上。

新浦东鸡主要生产性能见下表 2-1。

表 2-1　新浦东鸡主要生产性能

项目	生产性能	项目	生产性能
70 日龄平均体重/克	1 500～1 750	平均受精率/%	90
开产周龄(5%)/周	26	受精蛋孵化率/%	80
产蛋高峰周龄/周	31	70 日龄以前死亡率/%	5
平均产蛋率/%	44.8	70 日龄耗料增重比	(2.6～3.0)∶1
500 日龄产蛋量/枚	140.0～152.2	料蛋比	5.3∶1

(十)固始鸡

固始鸡是我国著名的地方鸡种，原产河南的固始县一带，分布甚广，以固始县境内的水亭子、茶庵等地生产的较佳。固始鸡是在特殊的生态环境和饲养条件下，经过长期闭锁繁衍自然形成的。

固始鸡有以下突出的优良性状：一是耐粗饲，抗病力强，适宜野外放牧散养；二是肉质细嫩，肉味鲜美，汤汁醇厚，营养丰富，具有较强的滋补功效；三是母鸡产蛋较多，蛋大，蛋清较稠，蛋黄色深，蛋壳厚，耐贮运。

固始鸡全身羽毛丰满，单冠，冠叶分叉有鱼尾状，体型中等，体躯呈

三角形，外观清秀，体态匀称。母鸡毛色有黄、麻、黑等不同色，公鸡毛色多为深红色或黄色，羽毛带有黑色或青铜光泽，尾羽多为黑色，尾形有佛手尾、直尾两种，以佛手尾为主，尾羽卷曲美观。鸡喙呈青色或青黄色，腿、脚都是青色。固始鸡如果与其他品种杂交，青嘴、青腿的特征就会消失，因此，青嘴、青腿是固始鸡的防伪标志。冠、肉垂、耳叶、脸均为红色。固始鸡肉质中的可溶性蛋白、游离氨基酸、不饱和脂肪酸等含量均高于对照品种（表 2-2），因此其具有较强的营养保健功效和加工利用价值。

表 2-2　固始鸡主要营养成分定量分析测定表　　　%

项目	固始鸡	三黄鸡	爱拔益加肉鸡
可溶性蛋白	6.73	3.81	2.79
游离氨基酸	0.50	0.22	0.14
谷氨酸	0.05	0.02	0.02
不饱和脂肪酸	7.23	5.06	4.23
牛磺酸	0.20	0.11	0.07

固始鸡从体形上分大、小两种类型。大型公鸡体重 2.5 千克左右，母鸡 1.75～2.25 千克。小型公鸡体重 2 千克左右，母鸡 1.25～1.5 千克，产蛋量较低，蛋较大，蛋壳深褐色。

固始鸡的活鸡及鲜蛋在明清时期为宫廷贡品，作为珍贵的地方品种资源，固始鸡备受国内畜牧界的推崇和青睐。农业部已将固始鸡列入国家级种子工程，专门投资在固始县建立固始鸡原种场，对固始鸡进行保种和选育研究。

（十一）鹿苑鸡

鹿苑鸡又名鹿苑大鸡，因产于江苏省沙洲县鹿苑镇而得名。该地是鱼米之乡，主产区饲养量达 15 万余只。常熟等地制作的“叫化鸡”以它做原料，保持了香酥、鲜嫩等特点。该鸡体型高大，体质结实，胸部较深，背部平直。头部冠小而薄，肉垂、耳叶亦小。眼中等大，瞳孔黑色，虹彩呈粉红色，喙中等长、黄色，有的喙基部呈褐黑色。全身羽毛黄色，紧贴体躯，且使腿羽显得比较丰满。颈羽、主翼羽和尾羽有黑色斑纹。公鸡羽毛色彩较浓，梳羽、蓑羽和小镰羽呈金黄色，大镰羽呈黑色，皆富有光泽、胫、趾黄色，两腿间距离较宽，无胫羽。雏鸡绒羽黄色。公鸡羽毛色彩较浓，梳羽、蓑羽和小镰羽呈金黄色，大镰羽呈黑色并富光泽，胫、趾为黄色。成年公鸡体重 3.1 千克，母鸡 2.4 千克。90 日龄公、母鸡活重分别为 1.48 千克、1.20 千克。半净膛屠宰率 3 月龄公、母鸡分别为 84.94％和 82.6％。经选育后，70 日龄活重鹿苑 1 系和 2 系公、母鸡平均体重分别为 1.20 千克、1.21 千克。屠体美观，皮肤黄色，皮下脂肪丰富，肉味浓郁。母鸡开产日龄 180 天，开产体重 2 000 克，年产蛋平均 144.72 枚，蛋重 55 克。公、母鸡性别比例为 1∶15，种蛋受精率 94.3％，受精蛋孵化率 87.23％，经选育后受精率略有下降。鹿苑鸡生产性能指标见表 2-3。

表 2-3　鹿苑鸡生产性能指标

父母代	商品代
成年公鸡体重：2.9～3.0 千克 成年母鸡体重：1.8～1.9 千克 5％开产周龄：20 周 开产体重：1.6 千克 高峰产蛋率：87％ 68 周入舍母鸡产种蛋：190 枚	63 日龄体重：1.3 千克 “四黄”特征，冠大，髯红 饲料转化率：2.5∶1 饲养成活率：97％

（十二）石岐杂鸡

石岐杂鸡是以广东惠阳鸡、清远鸡和石岐杂鸡等地方良种为基础，用新汉夏、白螺壳、科什尼和哈巴德等外来品种进行杂交改良育成的一种商品肉鸡。该肉鸡既提高了生长速度和产蛋性能，又保留了“三黄”的特征及骨细肉嫩、味道鲜浓等特点，体型与惠阳鸡相似，其生产性能见表 2-4。

表 2-4　石歧杂鸡生产性能

项目	生产性能	项目	生产性能
入舍母鸡 72 周龄产蛋量/枚	175	商品鸡 105 日龄体重/千克	1.65
蛋重/克	40～55	商品鸡成活率/%	98
成年体重/千克	2.2～2.4	耗料增重比	3.0

(十三)寿光鸡

寿光鸡属肉蛋兼用品种。寿光鸡原产于山东省寿光县稻田乡一带，以慈家村、伦家村一带出产的寿光鸡个体大而优良，故又称慈伦鸡。寿光鸡有大型和中型两种，还有少数是小型。大型寿光鸡外貌雄伟，体躯高大，体型近似方形。成年鸡全身羽毛黑色，有的部位呈深黑色并闪绿色光泽。单冠，公鸡冠大而直立，母鸡冠形有大小之分，颈、趾灰黑色，皮肤白色。初生重为 42.4 克，大型成年体重公鸡为 3 609 克，母鸡为 3 305 克，中型公鸡为 2 875 克，母鸡为 2 335 克。据测定，公鸡半净膛屠宰率为 82.5%，全净膛屠宰率为 77.1%，母鸡半净膛屠宰率为 85.4%，全净膛屠宰率为 80.7%。开产日龄大型鸡 240 天以上，中型鸡 145 天，产蛋量大型鸡年产蛋 117.5 枚、中型鸡 122.5 枚，大型鸡蛋重为 65～75 克，中型鸡为 60 克。蛋形指数大型鸡为 1.32，中型鸡为 1.31，蛋壳厚大型鸡 0.36 毫米，中型鸡 0.358 毫米。壳色褐色，蛋壳厚度为 0.36 毫米，蛋形指数为 1.32。

(十四)萧山鸡

萧山鸡产于浙江省萧山市，又称沙地大种鸡、越鸡。萧山鸡体型较大，外形近似方而浑圆。初生雏羽浅黄色，较为一致。公鸡体格健壮，羽毛紧密，头昂尾翘。红色单冠、直立、中等大小。肉垂、耳叶红色。眼球略小，虹彩橙黄色。喙稍弯曲，端部红黄色，基部褐色。全身羽毛有红、黄两种，两者颈、翼、背部等羽色较深，尾羽多呈黑色。母鸡体态匀称，骨骼较细。全身羽毛基本黄色，但麻色也不少。颈、翼、尾部间有少量黑色羽毛;单冠红色,冠齿大小不一;肉垂、耳叶红色,眼球蓝褐色,虹彩橙黄色,喙、胫黄色。

母鸡的开产日龄平均为185.4天,开产体重为1.86千克;年产蛋量为110个左右,平均蛋重56克;蛋壳褐色,蛋壳厚度为0.31毫米,蛋形指数为1.39,蛋白占55.80%,蛋黄占32.44%,蛋壳占11.76%。公母配种比例通常为1∶12,种蛋受精率为84.85%,入孵蛋孵化率可达81.43%。母鸡就巢性强,平均每年就巢约4次,高的达8次之多,每次就巢10～30天,对产蛋的影响较大。雏鸡30日龄成活率为86%～90%。

(十五)丝羽乌骨鸡

丝羽乌骨鸡以其体躯披有白色的丝状羽,皮肤、肌肉及骨膜皆为乌(黑)色而得名。原产我国,主要产区以江西省泰和县及福建省泉州市、厦门市和闽南沿海等县较为集中。它在国际上被承认为标准品种,称丝羽鸡,日本称乌骨鸡。在国内则随不同产区而冠以别名,如江西称泰和鸡、武山鸡,福建称白绒鸡,两广称竹丝鸡等。丝羽乌骨鸡由于体型外貌独特,曾在1915年送往巴拿马万国博物展览会展出,从此誉满全球。

丝羽乌骨鸡在国际标准品种中列入观赏鸡。头小、颈短、脚矮、体小轻盈,具有"十全"特征,即桑葚冠、缨头(凤头)、绿耳(蓝耳)、胡须、丝羽、五爪、毛脚(胫羽,白羽)、乌皮、乌肉和乌骨。除了白羽丝羽乌骨鸡外,江苏省家禽研究所等单位还培育出了黑羽丝羽乌骨鸡。丝羽乌骨鸡成年公、母鸡平均体重分别为1.81千克、1.66千克。成年体重(福建)公鸡为1.81千克,母鸡为1.66千克。屠宰测定:成年公鸡半净膛屠宰率为88.35%,母鸡屠宰率为84.18%,全净膛公鸡屠宰率为75.86%,母鸡为69.5%。开产日龄(福建)170～205天,年产蛋量(福建)120～150枚,平均蛋重为37.56～46.85克,蛋形指数1.34～1.36。

(十六)狼山鸡

狼山鸡是我国著名的兼用型地方鸡种，驰名世界，曾参与育成了诸如黑奥品顿、澳洲黑等国际知名鸡种，列入美、英各国家禽图谱，为国际标准鸡种。狼山鸡体格健壮，头昂尾翘，具有典型的U字形特征，羽毛紧密、美观，行动灵活。按羽色可分黑、白、黄3种。单冠直立，有5～6个冠齿。耳垂和肉髯均为鲜红色。身披虹彩，以黄色和黄浑者居多，少数褐色。喙黑褐色，尖端颜色较淡。全身毛黑色，紧贴身上，并有绿色光泽。胫、趾部均呈黑色，皮肤为白色。初生雏头部黑白毛，俗称大花脸，背部为黑色绒羽，腹、翼尖部及下颚等处绒羽为淡黄色，也是狼山黑鸡有别于其他黑色鸡种之处。白色狼山鸡雏鸡羽毛为灰白色，成鸡羽毛洁白。狼山鸡生长较快，个体较大，屠宰率较高。成年公鸡2.6～3.1千克，成年母鸡2.2～2.7千克，半净膛屠宰率达80%以上，全净膛屠宰率达70%以上，且随性别、年龄、饲料而异。狼山鸡产肉性能较好，早期生长速度较快，100日龄耗料增重比达3∶1。鸡肉质地鲜美，黑鸡屠体洁白美观。育肥生产后，7周龄、8周龄体重可达0.65千克和0.8千克，第15周龄可达1.6千克，即可上市出售。狼山鸡繁殖力较强，产蛋性能较好，5个月左右性成熟，5%的母鸡150日龄左右可产蛋，年均产蛋150枚。新鸡开产蛋重50.23克，成鸡蛋重平均为54.04克。蛋壳中等厚，呈褐色和淡褐色。产蛋持久性较好，一般盛产期可连续产蛋10～15个，料蛋比(3.3～4.5)∶1。种蛋受精率达94%左右，孵化率88%，有一定的就巢性。生活力较强，成活率达98%。

(十七)茶花鸡

茶花鸡产于云南省西双版纳自治州，是热带、亚热带地区分布广、数量多的小型肉蛋兼用鸡种。茶花鸡雄性啼声似“茶花两朵”而得名。具有生长发育快、肉嫩味美等特性。该鸡头小而清秀，多为平头，亦有少数凤头。冠多为单冠，少数为豆冠，喙黑色，少数黑中带黄或瓦灰色。眼大有神，虹彩黄色居多，也有褐色及灰白色。耳垂、肉垂红色。腹部白色者居多,少数浅黄、粉色。脚以瓦灰色为多,少数粉色、浅黄色,多光脚、偶有毛脚。30 日龄大多数公鸡已开始下髯,鸡冠发育可达0.2~0.5 毫米。最早开啼 30 日龄,90 日龄左右性成熟,性欲旺盛,配种能力强。母鸡平均开产日龄 145 天,最早 130 天,最迟 150 天,产蛋高峰期在产蛋的 2~3 个月,初产蛋平均重(29.9±3.9)克,蛋壳颜色呈米色,壳色偏白的极少,壳细而光滑。24 周龄产蛋率达到 65%,高峰期维持较短,平均蛋重(34.5±3.2)克,蛋料比 1:4.22。种蛋平均受精率86%,受精蛋孵化率 90%。

(十八)汶上芦花鸡

汶上芦花鸡俗称“芦花鸡”,属蛋肉兼用型品种。因产地在山东汶上县境内而得名。分布于汶上县相邻的一些市、县。芦花鸡耐粗饲,抗病力强,产蛋较多,肉质好,深受当地群众喜爱。芦花鸡颈部挺立,稍显高昂。前躯稍窄,背长而平直,后躯宽而丰满,腿较长,尾羽高翘,体形呈元宝状。全身大部分羽毛呈黑白相间、宽窄一致的斑纹状。在农村一般饲养条件下,年产蛋 130~150 个,在较好的饲养条件下,可达180~200 个,平均蛋重 45 克。蛋壳颜色多为粉红色,少数为白色。性成熟期为 150~180 天,公母比例 1:(12~15),种鸡受精率 90%以上。就巢性母鸡占 3%~5%,持续 20 天左右。成年鸡换羽时间一般在每年的 9 月份以后,换羽持续时间不等,高产个体在换羽期仍可产蛋。公、母鸡全净膛屠宰率为 71.21%和 68.9%。饲养管理该鸡要求饲养条件不高,适合一般农户散养,但生产性能较低,若改用小群舍饲,配制符合营养标准的饲料,可提高产蛋量和蛋重。

(十九)大骨鸡

大骨鸡属蛋肉兼用型品种,因产于辽宁省庄河市,故又名庄河鸡,分布于东港、凤城、金县、新金、复县等地。大骨鸡体型大,胸深宽广,背宽而长,腿高粗壮,腹部丰满。公鸡羽毛棕红色,尾羽黑色并带绿色光泽。母鸡多呈麻黄色,头颈粗壮,眼大而明亮。公鸡单冠直立,母鸡单

冠，冠齿较小。冠、耳叶、肉垂呈红色，喙、胫、趾均呈黄色。成年公鸡体重为2.9千克，成年母鸡为2.3千克，6月龄公鸡达成年体重的76.67%，母鸡达77.59%。大骨鸡产肉性能较好，皮下脂肪分布均匀，肉质鲜嫩。其半净膛屠宰率公鸡为77.80%，母鸡为73.45%，全净膛屠宰率公鸡为75.69%，母鸡为70.88%。大骨鸡平均年产蛋为160枚，蛋重62～64克，高的达70克以上。在较好的饲养条件下，可达180枚。蛋壳呈深棕色，壳厚而坚实，破损率低。蛋料比为1∶(3.0～3.5)。公鸡6月龄性成熟，体重达2.2千克左右，母鸡180～210天开产，公、母配种比例为1∶(8～10)。种蛋受精率为90%，受精蛋孵化率为80%，60日龄育雏率为85%以上。

(二十)华北柴鸡

华北柴鸡是在国内著名育种专家指导下，由河北省内大专院校、科研部门经过多年的选育，培育出来的肉蛋兼用品种，已基本形成以种鸡场为龙头，辐射宁晋、赞皇等各县(市)的柴鸡产业化雏形。

华北柴鸡外观体形清秀，头尾上翘，羽毛紧凑，羽色有深麻、浅麻、黑色、浅花，偶尔也有白色和其他一些杂色羽毛，其中以深麻、浅麻为主。冠为单冠，冠形大小中等，厚实、直立。脸、耳叶均为红色，胫上无毛，颜色有青色和白色两种，皮肤为白色。成年母鸡体重1.5千克左右，公鸡体重2.5千克左右。华北柴鸡习性活泼，觅食性强，适合散养。鸡蛋颜色为浅粉色，蛋形较长，小头较尖，近似30°左右的圆锥形，蛋重较小，一般开产蛋重33克左右，高峰后蛋重45克左右，蛋清黏稠，蛋黄为杏黄色，颜色较深，卵黄膜韧性较强，一般打开后可用筷子夹起蛋黄而不散。华北柴鸡120天见蛋，开产日龄130天左右，开产体重1.2千克左右，达50%产蛋率时间为160天左右，高峰产蛋率可达80%，维持时间3个月左右，年产蛋量200枚。

第二节 引进的肉鸡品种

近年来我国从国外引进的肉鸡品种有 20 多个，其中引进后在国内饲养量比较大的有以下几个鸡种。

一、星布罗肉鸡

星布罗肉鸡是加拿大雪佛公司家禽育种场育成的四系配套肉鸡。我国于 1978 年引入曾祖代，分别在上海新杨种禽场和东北农学院两地饲养。它是我国引进的首套肉用原种鸡，由 A、B、C、D 四个系组成，A、B 为科尼斯型，作为父系，C、D 为白洛克型，作为母系。其商品代肉用仔鸡羽毛为白色，早期生长发育速度快，饲料转化率高，屠体品质好。种鸡生产性能良好，繁殖性能稳定，全期平均产蛋率可维持在 40%～60%的水平，种鸡按 1∶8 公母比例配种，种蛋受精率可达 85%～90%以上，出雏率为 85%～90%，8 周龄育雏成活率在 90%以上，肉用仔鸡生产性能良好，41 日龄平均体重 1.6 千克，49 日龄达 1.9 千克，56 日龄达 2.3 千克。

二、艾维茵肉鸡

艾维茵肉鸡原产地美国，是美国艾维茵国际禽场有限公司培育的三系配套杂交鸡。1986 年由北京家禽育种有限公司引进后，建立了曾祖代场和祖代场，进行选育和繁殖，目前在全国 28 个省(市、自治区)都有艾维茵种鸡饲养场。该鸡体型较大，商品代肉用仔鸡羽毛白色，皮肤黄色而光滑，增重快、饲料利用率高，适应性强，49 日龄成活率达 98%以上。艾维茵肉鸡商品代的生产性能见表 2-5。

表 2-5　艾维茵肉鸡商品代生产性能

周龄	周末体重/克			耗料增重比		
	公鸡	母鸡	全群平均	公鸡	母鸡	全群平均
1	145	136	141	1.14	1.16	1.15
2	381	345	363	1.29	1.31	1.30
3	653	572	612	1.42	1.46	1.44
4	980	853	916	1.58	1.62	1.60
5	1 393	1 175	1 284	1.72	1.78	1.75
6	1 837	1 520	1 678	1.85	1.91	1.88
7	2 268	1 860	2 064	1.96	2.04	2.00
8	2 713	2 200	2 457	2.08	2.16	2.12
9	3 162	2 517	2 840	2.18	2.28	2.23

三、爱拔益加肉鸡

爱拔益加肉鸡也被简称为 AA 肉鸡，系美国爱拔益加种鸡公司培育而成的白羽四系配套肉用鸡品种。我国于 1980 年引进，该品种特点是体型较大，商品代肉用仔鸡羽毛为白色，生长快、耗料少、耐粗饲、适应性和抗病力强，49 日龄成活率达 98%。商品肉用仔鸡生产性能见表 2-6。

表 2-6　爱拔益加(AA)肉鸡商品代生产性能

周龄	周末体重/克			耗料增重比		
	公鸡	母鸡	全群混养	公鸡	母鸡	全群混养
1	133	133	136	1.11	1.11	1.11
2	294	276	285	1.21	1.22	1.21
3	614	544	579	1.31	1.35	1.32
4	942	832	889	1.48	1.52	1.49
5	1 313	1 134	1 222	1.60	1.64	1.62
6	1 723	1 464	1 591	1.73	1.79	1.76
7	2 156	1 823	1 987	1.89	1.95	1.92
8	2 621	2 406	2 406	2.03	2.12	2.07
9	3 111	2 561	2 842	2.18	2.28	2.23

四、塔特姆肉鸡

塔特姆肉鸡是美国乔治亚州塔特姆公司培育的四系配套肉用种鸡，1986 年由沈阳市肉鸡示范场引进。其肉用仔鸡羽毛白色，黄腿，生长迅速，饲料转化率高，适应性强。24 周龄育成率为 94.5%，66 周龄入舍母鸡产蛋总数 177 枚，种蛋 170 枚，饲料转化率 85%。其生产性能见表 2-7。

表 2-7　塔特姆肉鸡商品代生产性能

周龄	周末体重/克	耗料增重比	周龄	周末体重/克	耗料增重比
1	136	0.67	2	304	1.05
3	545	1.33	4	817	1.47
5	1 135	1.68	6	1 498	1.83
7	1 884	1.90	8	2 270	2.00
9	2 588	2.15			

五、罗曼肉鸡

罗曼肉鸡是由联邦德国罗曼动物育种公司育成的四系配套杂交肉鸡。1982 年北京华都公司引进祖代种鸡，现在全国各地均有饲养。该肉鸡体型较大，商品代羽毛为白色，胸部和腿部肌肉丰满，产肉性能好，幼龄时期生长速度快，饲料转化率高，适应性强，产肉好。63 周龄入舍鸡产蛋 155 枚，出雏 131 只，孵化率 85%以上，7 周龄商品代活重 2.0 千克，耗料增重比 2.05∶1。其生产性能见表 2-8。

表 2-8　罗曼肉鸡商品代生产性能

周龄	每日增重/克	周末体重/克	每只日耗料量/克	耗料增重比
1	16	150	21	0.98
2	29	350	42	1.26
3	39	624	64	1.43
4	47	950	89	1.59
5	50	1 300	103	1.74
6	50	1 650	123	1.90
7	50	2 000	139	2.05
8	50	2 350	155	2.20
9	50	2 700	172	2.36

六、彼得逊肉鸡

彼得逊肉鸡是由美国彼得逊国际育种公司育成的四系配套杂交肉鸡。1987 年由辽宁省抚顺肉鸡公司引进祖代鸡，现已推广。其商品代肉用仔鸡羽毛为白色，能快慢羽自别雌雄，体型大，生长速度快，适应性强，成活率高。商品代生产性能见表 2-9。

表 2-9　彼得逊肉鸡商品代生产性能

周龄	周末体重/克			耗料增重比
	公鸡	母鸡	公母混合群	
1	131	122	127	0.98
2	331	303	317	1.27
3	603	530	567	1.41
4	952	844	898	1.54
5	1 353	1 179	1 265	1.71
6	1 782	1 501	1 642	1.85
7	2 154	1 746	1 950	1.99
8	2 558	2 063	2 313	2.12
9	2 875	2 304	2 590	2.23

七、伊沙明星肉鸡

伊沙明星肉鸡是法国伊沙育种公司培育的五系配套白羽肉鸡品种，1985 年我国上海、江西等地引进该品种祖代、父母代种鸡。该品种在选育过程中引入了矮小型基因，故与其他品种相比，具有体型小 30%，饲料耗料低 20%左右，而饲养密度提高 20%～30%的特点。其商品仔鸡羽毛为白色，早期生长速度快，饲料转化率高，适应性强，出栏成活率高，其生产性能见表 2-10。

表 2-10 伊沙明星肉鸡商品代生产性能

周龄	周末体重/克	耗料增重比	周龄	周末体重/克	耗料增重比
4	820	1.51	5	1 180	1.66
6	1 560	1.80	7	1 950	1.95
8	2 340	2.10	9	2 730	2.28

八、罗斯 308 肉鸡

罗斯 308 肉鸡是由罗斯育种公司培育而成，该鸡为四系配套杂交的优良品种。该鸡羽毛为白色，共有四个系，A、B、D 三系为快羽，C 系为慢羽，商品代鸡为黄脚、黄皮肤，公鸡慢羽，母鸡快羽。该鸡种在良好的饲养管理条件下，基本达到公司所提供的生产要求。其生产性能见表 2-11。

表 2-11 罗斯 308 肉鸡商品代生产性能

周龄	周末体重/克			耗料增重比		
	公鸡	母鸡	全群混养	公鸡	母鸡	全群混养
7	2 105	1 770	1 940	1.79	1.87	1.33
8	2 625	2 135	2 370	1.91	2.03	1.97
9	3 135	2 505	2 320	2.05	2.20	2.12

九、印第安河肉鸡

印第安河肉鸡是美国印第安河公司培育的四系配套杂交商品肉鸡。辽宁省本溪市于 1985 年 9 月从美国引入我国，1992 年北京华牧育种中心从美国引进了祖代种雏并选育提高。该鸡羽毛为白色，生长发育速度快，每只平均耗料 0～24 周为 13 千克，25～65 周为 42 千克，商品代肉仔鸡 8 周龄体重达 1.36 千克。其生产性能见表 2-12。

表 2-12　印第安河肉鸡商品代生产性能

周龄	周末体重/克			耗料增重比
	公鸡	母鸡	公母混合群	
6	1 460	1 380	1 510	1.78
7	2 075	1 755	1 915	1.93
8	2 560	2 160	2 360	2.07
9	3 020	2 540	2 780	2.21

十、哈巴德肉鸡

哈巴德肉鸡是美国哈巴德公司培育的四套杂交肉用型鸡，1980 年由美国引入我国，该品种商品代羽毛白色，产蛋率高，孵化率好，胸肉率高，生长速度快，抗逆性强，而且具有快慢羽伴性遗传，可根据幼雏羽毛生长速度鉴别雌雄，母雏为快羽，公雏为慢羽。父母代种鸡产蛋期为 280 天，产蛋鸡成活率 93%。其生产性能见表 2-13。

表 2-13　哈巴德肉鸡商品代生产性能

周龄	周末体重/克			耗料增重比
	公鸡	母鸡	公母平均	
6	1 520	1 290	1 405	1.92
7	1 955	1 590	1 775	2.08
8	2 325	1 900	2 115	2.25
9	2 725	2 180	2 455	2.40

思考题

1.我国优质肉鸡有哪些特点?

2.我国优质肉鸡有哪些优良品种?

3.我国引进的肉鸡品种有哪些,其生产性能如何?

第三章

肉鸡的营养与常用饲料配方

导　读　本章主要介绍肉鸡的营养需要，重点介绍肉仔鸡的营养需要以及优质黄羽肉鸡的营养需要；并对常用生态饲料的选择、肉鸡的饲养标准、饲料配方设计、配合饲料加工、浓缩料的质量鉴别等进行介绍。

第一节　肉鸡的营养需要

鸡所需要的营养成分包括能量、蛋白质、矿物质、维生素及水分5大类，除了水以外，大都需由饲料来提供。这些营养成分对于维持鸡的生命活动、生长发育、产蛋和产肉各有不同的重要作用。只有当这些营养成分在数量、质量及比例上均能满足鸡的需要时，才能保持鸡体的健康，发挥其最大的生产性能。

一、肉种鸡的营养需要

(一)肉用种母鸡的能量需要

鸡所采食的食物主要部分用于能量。其对能量的需要包括维持的需要和产蛋的需要两部分。对能量需要的衡量单位普遍采用代谢能(千焦)。一只成年母鸡的基础代谢净能为345千焦/千克×$W^{0.75}$。以0.80作为代谢能用于维持的利用率(也有用0.82为系数的),则代谢能为430千焦/千克×$W^{0.75}$。体重为2.5千克的肉用种鸡的代谢能维持需要则为:

$$430\times2.5^{0.75}\times1.5(活动量)=1\ 282.4(千焦)$$

由于家禽活动量不同,维持需要也就不同。一般在平养鸡基础上增加50%,笼养鸡增加37%。一枚重50～60克的蛋含净能293～377千焦,一个中等大小的蛋含净能355千焦,代谢能用于产蛋的效率以0.65计,产一个蛋约需代谢能546千焦。当鸡产蛋率为80%,则产蛋需要能量为546×0.8=437千焦。若肉用种母鸡还增重,每增重1克约需代谢能12千焦。因此一只体重2.5千克、产蛋率为80%、日增重7克的肉用种母鸡每天的各项代谢能总和约为1 803千焦。影响肉用种母鸡产蛋能量需要的因素主要有产蛋率、限制饲养和环境温度等。

(二)肉用种母鸡的蛋白质需要

肉用种母鸡如果饲喂氨基酸平衡的蛋白质,产蛋高峰期每天每只需要23克,一般产蛋水平时,每天每只18～20克即可满足。NRC(美国饲养标准)(1994)规定肉用种母鸡蛋白质需要量为每天每只19.5克。生产中应注意氨基酸的平衡,避免粗蛋白食入过量,每天摄入量27克/只对孵化率有不良影响。实际生产中,补充氨基酸时摄入较少的蛋白质就足够了。饲喂理想的氨基酸混合物时,每天每只摄入

15.6～16.5 克粗蛋白就足够了。

特定氨基酸需要量，NRC 规定肉用种母鸡每只每天蛋氨酸、含硫氨基酸、赖氨酸的需要量分别为 400 毫克、700 毫克、765 毫克。

(三)肉用种母鸡的矿物质需要

(1)钙　肉用种母鸡的蛋壳强度随钙的升高而增加。平养时，每天钙供给量超过 3.91 克，不会进一步提高产蛋量和孵化率。确定钙最适需要量的最佳指标之一是测定蛋的比重，比重达到 1.080 或以上时孵化率较好(McDaniel 等，1979)。因为肉用种母鸡通常是在蛋壳明显沉积以前的早晨供给饲料，下午补充钙可提高蛋壳质量。如果钙全在下午供给，又会使蛋壳变厚，明显降低孵化率。NRC 规定肉用种母鸡每天钙需要量为 4.0 克/只。

(2)磷　每天总磷供应量从 532 毫克提高到 1 244 毫克(即每天每只 163～863 毫克非植酸磷)不会明显增加产蛋量、受精蛋孵化率或蛋的比重。喂给 718 毫克总磷(338 毫克非植酸磷)时每天的产蛋数增加。NRC(1994)推荐肉用种母鸡磷需要量为每只每天 350 毫克非植酸磷。

(3)钠和氯　肉用种母鸡每天摄入钠和氯的量在 154 毫克以上，不会再提高产蛋量、饲料利用率、蛋重、受精率以及孵化率。钠摄入量若超过 320 毫克，会降低受精率。NRC(1994)规定，肉用种母鸡每天每只对氯需要量为 185 毫克，钠为 150 毫克。

对于其他矿物质元素和微量元素对肉用种母鸡研究较少，可参考蛋鸡标准。

(1)肉用种母鸡的维生素需要量　对肉用种母鸡和种公鸡的维生素需要的研究较少，可参考单用型产蛋鸡的维生素需要量。

(2)肉用种母鸡的水需要量　肉用种母鸡对水的需要量不确定，与环境温度、相对湿度和日粮的成分以及生长和产蛋率等因素有关。

二、肉仔鸡的营养需要

肉用仔鸡的营养有三个显著特点。一是要求全价配合饲料，任何微量成分的不足或缺乏都可能出现病态反应；二是要求高能量、高蛋白质水平，只有这样才能获得最高的生长速度；三是要求日粮的各种营养素比例适当，以提高饲料转化率。

(一)肉仔鸡的能量需要

肉仔鸡的一切活动都离不开能量，了解肉仔鸡生长过程中对能量的需要，并精确掌握用于配制日粮的饲料所含的代谢能是养好肉仔鸡的基础。

肉仔鸡是一种生长快速的家禽，快大型肉仔鸡一般 7 周龄左右即可上市，平均体重达 2.0 千克左右。肉仔鸡饲养一般采用高能量、高蛋白质饲粮，自由采食，以充分发挥它的生长速度，提高饲料效率；反之，会造成生长缓慢，饲料效率降低。肉仔鸡饲养一般分为三个阶段，即 0～3 周龄，3～6 周龄，6～8 周龄。美国 NRC(1994)三个饲养阶段的能量标准均为 13.39 兆焦/千克。我国肉仔鸡饲养标准中采用两阶段饲养，即 0～4 周龄和 5 周龄以上，日粮代谢能水平为 12.13 兆焦/千克和 12.35 兆焦/千克，比 NRC 低 10%左右。但值得注意的是，肉仔鸡营养水平过高，生长太快，往往有不良影响，尤其在饲养管理条件、环境条件差，通风不良的情况下，肉仔鸡易发生猝死症和腹水症。因此，在生产中要根据饲料原料和成本等情况，适当降低营养水平，使饲料能量水平保持在 12.13～13.99 兆焦/千克。若代谢能在 12.6 兆焦/千克之内，采用玉米、豆粕和少量鱼粉加动植物油脂。

(二)肉仔鸡的蛋白质和氨基酸需要

蛋白质是构成机体的主要成分，是一切生命活动的基础。饲料中蛋白质的含量不足，会严重影响肉仔鸡的增重，降低饲料报酬。

当日粮代谢能为13.39兆焦/千克时，肉仔鸡在三个饲养阶段的日粮蛋白质含量分别为23.0%、20%、18%。我国肉仔鸡的饲养标准中规定肉仔期(0～4周龄)和后期(5周龄以上)日粮粗蛋白水平分别为21%和19%。肉仔鸡对蛋白质利用率较高，平均为60%左右，前期对蛋白质的要求高于后期。

蛋白质营养实际上是氨基酸的营养，蛋白质由20多种氨基酸组成，其中有些氨基酸在体内不能合成或合成速度较慢，不能满足机体的需要，必须有饲料供给，这种氨基酸叫必需氨基酸。肉仔鸡最重要的必需氨基酸主要是蛋氨酸和赖氨酸。肉仔鸡在三个饲养阶段中日粮蛋氨酸的需要量分别为0.50%、0.38%、0.32%；赖氨酸的需要量分别为1.10%、1.0%、0.85%。其他氨基酸的需要量可见肉鸡饲养标准。研究表明，肉仔鸡日粮蛋白质中必需氨基酸达到以下比例时能取得最佳效益，即精氨酸5%，组氨酸2%，异亮氨酸4%，亮氨酸6%，赖氨酸5%，蛋氨酸2%，胱氨酸1.6%，苯丙氨酸3.2%，酪氨酸3.2%，苏氨酸3.2%，色氨酸0.9%，缬氨酸3.2%。由于饲料中能量水平影响肉仔鸡的采食量，因而也影响日粮的蛋白质水平。但应注意，无论蛋白质水平如何变化，上述氨基酸的比例及种类必须得以保证。

(三)肉仔鸡的矿物质需要

肉仔鸡所需的矿物质元素有13种以上，即钙、镁、钾、钠、磷、氯、硫、铁、铜、钴、锰、锌、碘、硒等，它们是构成骨骼、蛋壳、羽毛、血液等必不可少的成分，对肉鸡的生长发育、生理功能和生殖系统具有重要作用。

(1)钙、磷　是肉鸡体内含量最多的矿物质元素。99%的钙和80%的磷参与构成骨骼，磷还是消化酶的组成成分，NRC(1994)推荐：肉仔鸡0～3周龄、3～6周龄、6～8周龄日粮中的钙含量分别为1.0%、0.90%、0.80%；非植酸磷含量分别为0.45%、0.35%、0.30%。我国肉仔鸡的饲养标准中规定：0～4周龄和5周龄以上日粮中钙含量分别为1.0%和0.9%，总磷为0.65%和0.65%；有效磷分别为0.45%

和0.40%。

(2)钠、钾、氯　对维持机体内酸碱平衡和细胞渗透压调节体液有重要作用;氯还参与胃酸的构成,保证胃蛋白酶作用所必需的pH值;钠和钾参与神经组织冲动的传递过程。NRC(1994)推荐,钠、氯在日粮中含量前、中、后期分别为0.20%、0.15%、0.12%。实际日粮中需补加氯化钠,一般钾不需要另外添加。

(3)锰　稻糠、麸皮、苜蓿粉、酒糟等含锰丰富,但可利用性低,无机锰盐可以被鸡利用。大多数日粮中含锰不足,且吸收明显不佳。锰分布于体组织中,是骨骼发育所必需的矿物质。肉仔鸡缺锰时,出现腿病,形成"滑腱症"。肉仔鸡对锰的需要量以每千克日粮100毫克为宜,肉仔鸡对锰的最大耐受水平为每千克日粮2 000毫克。

(4)锌　是碳酸酐酶的活性成分,参与维持体内酸碱平衡和在肺中释放二氧化碳。肉仔鸡缺锌时会使其生长受阻,羽毛发育异常,羽毛末端有磨损。腿骨粗短,跗关节肿大,出现皮炎。肉仔鸡对锌需要量为每千克日粮40毫克,最大耐受量每千克日粮为10 000毫克。

(5)铁　主要存在于血红蛋白中,参与氧的运输,也是很多酶的成分。肉仔鸡缺铁时,食欲减退,贫血,轻度腹泻,呼吸困难。每千克日粮饲料需要量为80毫克,最大耐受量为1 000毫克。

(6)铜　肉仔鸡体内铜含量每千克体重为1.5～2毫克,主要集中在肝脏。铜参与血红蛋白的形成,是很多酶的成分,与线粒体、胶原代谢及黑色素的形成有密切关系。肉仔鸡缺铜时,出现贫血,抑制生长,骨骼畸形,羽毛脱色,神经病变。肉仔鸡对铜的需要量每千克饲料为5～10毫克,最大耐受量为300毫克。给肉仔鸡施用高铜,每千克日粮100～250毫克,其促生长效果是不肯定的,可能受日粮蛋白质来源及锌、铁的影响。多数日粮无需补铜。

(7)硒　硒和维生素E均可防止渗出性素质病。肉仔鸡缺硒时,胰脏发生纤维变性,使之不能产生脂酸,因而导致甘油酸酯缺乏,因为后者是吸收维生素E的必需物质,从而使维生素吸收受阻。硒是谷胱甘肽过氧化酶的组成成分,此酶有抗氧化作用。肉仔鸡缺硒的主要症

状是渗出性素质病，心肌损伤，心包积水。日粮中含硒0.1～0.2毫克/千克，就能防止缺硒症的发生。硒是剧毒元素，每千克日粮含量超过5毫克时，肉仔鸡会出现生长受阻，羽毛蓬松，神经过敏，性成熟延迟。肉仔鸡日粮中硒的建议用量为每千克日粮0.15～0.5毫克。

(8)碘　碘是构成甲状腺激素的主要成分，参与调解基础代谢。当饲料中缺乏时，可引起肉仔鸡甲状腺肿大，生长变慢。肉仔鸡对碘的需要量每千克日粮为0.35毫克。

(9)砷和氟　目前有机砷制剂正以促生长添加剂在动物饲料中应用。肉仔鸡用量每千克日粮为50～100毫克，但砷是剧毒物质，对人体有致癌作用，而且含砷的粪便会造成环境污染。氟在机体内直接参与骨骼代谢，在一定pH条件下，适量的氟有助于钙、磷代谢，使骨骼强度增加，密度提高，但氟过量会导致钙吸收减慢，使骨骼钙化不良，出现骨质疏松、瘫痪、骨折等。目前多见于磷酸氢钙含氟超标造成危害，因此在使用此类产品时一定要慎重。

(四)肉仔鸡的维生素需要

维生素是维持肉鸡生长发育、新陈代谢必不可少的物质，虽然需要量仅占日粮的百万分之一以下，具有高度的生物学特性，其营养价值不亚于蛋白质、碳水化合物和矿物质等。维生素包括脂溶性维生素和水溶性维生素两大类。

1.脂溶性维生素

包括维生素A、维生素D、维生素E和维生素K。

(1)维生素A　对保证视觉、呼吸、消化功能有重要作用，如缺乏，易出现干眼病、失明，肠炎、下痢，肺炎等。在确定日粮中维生素A的水平时需考虑许多因素。维生素A在日粮中易氧化，故需要一种稳定的形式供给。肠道寄生虫对肠壁的损伤会影响维生素A的吸收。饲料的脂肪水平和脂肪吸收的最适生理条件(如胆汁、脂肪酶等)也影响维生素A的吸收。因而，饲粮中维生素A的含量应大大高于理想条件下鸡的最低需要量。

(2)维生素D　促进钙、磷吸收,具有在骨骼中沉积钙的作用,可用于佝偻病的防治。其需要量取决于日粮中钙、磷含量及比例。动物皮肤内的7-脱氢胆固醇经紫外线照射可产生维生素D_3,一般经常接受日光照射的鸡不易缺乏维生素D,但对肉仔鸡来讲,很难经常接受日光照射,所以应注意补充维生素D。另外,如饲料中含有霉菌毒素则维生素D的需要量会显著增加。

(3)维生素E　维生素E具有抗氧化作用,大剂量使用可增强机体免疫力,和硒共同作用可防止渗出性素质病。遇到酸败油脂、饲料制粒和铁盐,维生素E易受破坏,玉米贮藏一年以上,维生素E损伤严重。因此,肉仔鸡日粮中应添加维生素E。

(4)维生素K　参与凝血反应,在治疗球虫病时,在饲料或饮水中添加磺胺喹啉等药物时,对维生素K需要量增加,可多用苜蓿粉或直接补充维生素K。

2.水溶性维生素

包括维生素B_2、烟酸、泛酸、胆碱、维生素B_{12}。

(1)维生素B_2　参与脂肪酸、核酸等多种物质的代谢。肉仔鸡缺乏时出现腹泻,生长迟缓,跗关节着地,趾爪内曲等。大多数谷物类饲料中核黄素含量不足,而乳产品、肝粉或某些发酵产品中含核黄素丰富。一般各阶段肉仔鸡日粮多数添加维生素B_2。

(2)烟酸　烟酸是辅酶Ⅰ和辅酶Ⅱ的重要组分,与碳水化合物、脂肪和蛋白质代谢有关。肉仔鸡缺乏烟酸时食欲不振,生长停滞,羽毛发育不良,脚和皮肤发生炎症,关节肿大。小麦、酵母、麸皮中含烟酸丰富。

(3)泛酸　参与脂肪、糖和蛋白质的代谢。泛酸缺乏时,代谢紊乱,生长受阻,皮肤发炎,成活率低。糠麸中含有丰富的泛酸。

(4)胆碱　参与脂肪代谢,具有促进肉仔鸡生长的作用。胆碱不足易引起脂肪代谢障碍,同时缺锰时可引起肉仔鸡胫骨短粗症、滑腱症等。一般蛋白质饲料中含胆碱0.2%～0.4%,谷物类饲料含胆碱0.05%～0.1%。肉仔鸡对胆碱的需要量为0.13%。

(5)维生素 B_{12}　维生素 B_{12} 含有 4.5％的钴，所以又称其为谷维素。维生素 B_{12} 与叶酸作用相关联，影响体内生物合成所必需的活性甲基的形成。维生素 B_{12} 不足时影响蛋白质代谢，出现生长停滞，贫血，羽毛粗乱，发生肌胃黏膜炎症，肌胃糜烂等。

肉仔鸡每千克饲料中需要 9 微克维生素 B_{12}。除鱼粉外，一般饲料中几乎都不含有维生素 B_{12}，必须注意补充。

三、优质黄羽肉鸡的营养需要

关于饲料营养的基本原理，黄羽肉鸡与白羽肉鸡无明显的不同。但遗传和营养存在明显的交互作用，鸡的品种不同，其营养需要量也不同。黄羽肉鸡为我国所特有，其体型、增重速度、采食量、屠体性状等，既与白羽肉鸡差异很大，也与蛋鸡不同。而与白羽肉鸡相比，有关黄羽肉鸡需要量方面的研究明显滞后。我国 1986 年制定的《鸡饲养标准》只给出了地方黄鸡的能量和蛋白质需要(表 3-1)。国家"八五"、"九五"攻关期间对此都在研究。台湾的学者对黄羽肉鸡的营养参数也进行了大量的研究。黄羽肉鸡按生长速度和肉质来分，可分为优质型、普通型和快速型三类，在目前缺乏标准的情况下，其营养需要可参考白羽肉鸡和黄羽肉鸡的生长特点适当进行调整。目前黄羽肉鸡上市的体重为 1.4～1.5 千克，优质型生长期在 90 天以上，其营养需要与土鸡接近；快速型生长期为 60 天，日粮营养水平略低于白羽肉鸡水平；普通型黄羽肉鸡一般 70 日龄左右上市，日粮营养水平介于优质和快速型两者之间。当然也可参考地方黄鸡和台湾推荐的标准。见表 3-1 至表 3-4。

表 3-1　我国地方品种肉用黄鸡的饲养标准

周龄	0～5	6～11	≥12
代谢能/(兆焦/千克)	11.72	12.13	12.55
粗蛋白质/%	20.00	18.00	16.00
蛋白能量比/(克/兆焦)	17.06	14.84	12.74

注：①其他营养指标参考生长期蛋鸡和肉用仔鸡饲养标准折算。

②适用于广东等地方黄羽肉鸡，不适用于各种杂交肉用黄鸡。

黄羽肉鸡仔鸡、种鸡的营养需要参照表 3-2。

表 3-2 黄羽肉鸡仔鸡营养需要

营养指标	母 0～4 周龄 公 0～4 周龄	母 5～8 周龄 公 4～5 周龄	母＞8 周龄 公＞5 周龄
代谢能/(兆焦/千克)	12.12	12.54	12.96
粗蛋白质/%	21.00	19.00	16.00
赖氨酸能量比/(克/兆焦)	0.87	0.78	0.66
蛋白能量比/(克/兆焦)	17.33	15.15	12.34
赖氨酸/%	1.05	0.98	0.85
蛋氨酸/%	0.46	0.40	0.34
蛋氨酸＋胱氨酸/%	0.85	0.72	0.65
苏氨酸/%	0.76	0.74	0.68
钙/%	1.00	0.90	0.80
总磷/%	0.68	0.65	0.60
非植酸磷/%	0.45	0.40	0.35
钠/%	0.15	0.15	0.15
氯/%	0.15	0.15	0.15
铁/(毫克/千克)	80	80	80
铜/(毫克/千克)	8	8	8
锰/(毫克/千克)	80	80	80
锌/(毫克/千克)	60	60	60
碘/(毫克/千克)	0.35	0.35	0.35
硒/(毫克/千克)	0.15	0.15	0.15
亚油酸/%	1	1	1
维生素 A/(国际单位/千克)	5 000	5 000	5 000
维生素 D/(国际单位/千克)	1 000	1 000	1 000
维生素 E/(国际单位/千克)	10	10	10
维生素 K/(毫克/千克)	0.50	0.50	0.50
硫胺素/(毫克/千克)	1.80	1.80	1.80
核黄素/(毫克/千克)	3.60	3.60	3.00
泛酸/(毫克/千克)	10	10	10
烟酸/(毫克/千克)	35	35	25

续表 3-2

营养指标	母 0～4 周龄 公 0～4 周龄	母 5～8 周龄 公 4～5 周龄	母＞8 周龄 公＞5 周龄
吡哆醇/(毫克/千克)	3.5	3.5	3.0
生物素/(毫克/千克)	0.15	0.15	0.15
叶酸/(毫克/千克)	0.55	0.55	0.55
维生素 B_{12}/(毫克/千克)	0.010	0.010	0.010
胆碱/(毫克/千克)	1 000	750	500

注：黄羽肉鸡指《中国家禽品种志》及各省、市、自治区畜禽品种志所列的地方品种鸡，同时还包括还有这些地方品种鸡血缘的培育品系、配套系鸡种，包括黄羽、红羽、褐羽、黑羽、白羽等羽色。

表 3-3　黄羽肉鸡种鸡营养需要

营养指标	0～6 周龄	7～18 周龄	19 周龄至开产	产蛋期
代谢能/(兆焦/千克)	12.12	11.70	11.50	11.50
粗蛋白质/%	20.0	15.0	16.0	16.0
赖氨酸能量比/(克/兆焦)	16.50	12.82	13.91	13.91
蛋白能量比/(克/兆焦)	0.74	0.56	0.70	0.70
赖氨酸/%	0.90	0.75	0.80	0.80
蛋氨酸/%	0.38	0.29	0.37	0.40
蛋氨酸＋胱氨酸/%	0.69	0.61	0.69	0.80
苏氨酸/%	0.58	0.52	0.55	0.56
钙/%	0.90	0.90	2.00	3.00
总磷/%	0.65	0.61	0.63	0.65
非植酸磷/%	0.40	0.36	0.38	0.41
钠/%	0.16	0.16	0.16	0.16
氯/%	0.16	0.16	0.16	0.16
铁/(毫克/千克)	54	54	72	72
铜/(毫克/千克)	5.4	5.4	7.0	7.0
锰/(毫克/千克)	72	72	90	90
锌/(毫克/千克)	54	54	72	72
碘/(毫克/千克)	0.60	0.60	0.90	0.90
硒/(毫克/千克)	0.27	0.27	0.27	0.27
亚油酸/%	1	1	1	1

续表 3-3

营养指标	0～6 周龄	7～18 周龄	19 周龄至开产	产蛋期
维生素 A/(国际单位/千克)	7 200	5 400	7 200	10 800
维生素 D/(国际单位/千克)	1 440	1 018	1 620	2 160
维生素 E/(国际单位/千克)	18	9	9	27
维生素 K/(毫克/千克)	1.4	1.4	1.4	1.4
硫胺素/(毫克/千克)	1.6	1.4	1.4	1.8
核黄素/(毫克/千克)	7	5	5	8
泛酸/(毫克/千克)	11	9	9	11
烟酸/(毫克/千克)	27	18	18	32
吡哆醇/(毫克/千克)	2.7	2.7	2.7	4.1
生物素/(毫克/千克)	0.14	0.09	0.09	0.18
叶酸/(毫克/千克)	0.90	0.45	0.45	1.08
维生素 B_{12}/(毫克/千克)	0.009	0.005	0.007	0.010
胆碱/(毫克/千克)	1 170	810	450	450

注:适用于惠阳胡须鸡、清远麻鸡、杏花鸡等,不适用于石岐杂鸡以及各种肉用黄鸡型杂交型。

表 3-4　台湾省畜牧学会建议的快速生长型土鸡的营养需要量

周龄	0～4 周	4～10 周	10～14 周
粗蛋白质/%	20	18	16
代谢能/(兆焦/千克)	12.55	12.55	12.55
赖氨酸/%	1.0	0.9	0.85
含硫氨基酸/%	0.84	0.74	0.68
色氨酸/%	0.20	0.18	0.16
钙/%	1.0	0.8	0.8
有效磷/%	0.45	0.35	0.3

第二节　肉鸡饲养标准

一、饲养标准的含义、性质及局限性

（一）饲养标准的含义、性质

为了合理地养鸡，使鸡能正常生长发育，充分发挥产蛋和产肉的生产潜力，以最少或最经济的饲养消耗，获得最大的生产效益和经济收益，各国有关的部门根据研究成果和实践经验，对有关数据进行综合归纳，制定出便于养鸡生产应用的各种营养物质的需要量的标准，以便实际饲养时，制定饲料配方有所依据，这个标准就称为饲养标准。

饲养标准的制定以鸡的营养需要为基础，反映了动物生产对各种营养物质的客观要求，高度概括和总结了营养研究和生产实践的新进展，具有很强的科学性和广泛的指导性。它是动物生产计划中安排饲料供给，设计饲料配方和对动物实行标准化饲养的技术指南和科学依据。

（二）饲养标准的局限性

尽管饲养标准的制定可使动物饲养者做到心中有数而不盲目饲养，但其并不能保证动物饲养者能合理养好所有动物。在应用饲养标准时，因品种、日龄、体重、用途和生产水平不同而有差异，而且每一个标准都不是一成不变的，为此我们既要相信饲养标准科学性，同时要通过生产实践，使之与当地条件结合，就能用较少的饲料获得较高产量，才能取得最佳的饲养效果和经济利益。随着科学养禽业的发展，饲养标准也需要进行补充和修订，使之更加完善，因此制定饲养标准的工作不能一劳永逸，而是一项长期而繁重的任务。

二、饲养标准的表示方法

(一)能量

以代谢能(兆焦/千克)表示鸡对能量的需要。

(二)蛋白质

以粗蛋白质(含氮量×6.25)占饲料百分比表示。

(三)蛋白能量比

指每千克饲料中含有的粗蛋白质克数与代谢能兆焦数之比，用“克/兆焦”表示。为了满足鸡对能量的需要，按日粮的能量浓度调节它的采食量，即日粮能量在一定范围内与鸡采食量保持相对恒定，而日粮蛋白质浓度对鸡采食量没有影响。因此，粗蛋白质的百分比浓度随能量而变化。

(四)能量与必需氨基酸

蛋白质由多种氨基酸组成，因而鸡对蛋白质的需要，实际上就是对各种必需氨基酸的需要。饲粮中粗蛋白质的百分比浓度随能量而变化，所以必需氨基酸的浓度也随能量变化。在饲养标准中，氨基酸的需要量用占饲粮的百分比来表示；必需氨基酸与能量的比例关系用采食每兆焦代谢能所必需的必需氨基酸克数表示。

(五)矿物质与维生素

钙、磷的需要量用占饲粮的百分比表示；维生素 A、维生素 D、维生素 E 以每千克饲粮内的国际单位表示；其他矿物质、维生素以每千克饲粮内的毫克或微克数表示。

三、我国采用的饲养标准

饲养标准主要有三类，即我国发布的饲养标准、美国的 NRC 饲养标准及育种公司为各品种制定的饲养标准。

(一)我国的肉鸡饲养标准

《鸡的饲养标准》经国家农牧渔业部批准于 1986 年 10 月 1 日起施行，这是我国正式颁布的第一个鸡的饲养标准，包括蛋鸡和肉鸡的饲养标准。肉鸡的饲养标准中有肉仔鸡的代谢能、粗蛋白质、氨基酸、钙、磷、有效磷及食盐的需要量；各种维生素、微量元素及亚油酸的需要量；肉仔鸡的体重及耗料量；地方品种肉用黄鸡的代谢能、粗蛋白质的需要量；地方品种肉用黄鸡的体重及耗料量。具体见表 3-5。

表 3-5 肉仔鸡营养需要

营养成分	0～3 周龄	4～6 周龄	7 周龄以后
代谢能/(兆焦/千克)	12.54(3.00)	12.96(3.10)	13.17(3.15)
粗蛋白质/%	21.5	20.0	18.0
蛋白能量比/(克/兆焦)	17.14(71.67)	15.43(64.52)	13.67(57.14)
赖氨酸能量比/(克/兆焦)	0.92(3.83)	0.77(3.23)	0.67(2.81)
赖氨酸/%	1.15	1.00	0.87
蛋氨酸/%	0.50	0.40	0.34
蛋氨酸+胱氨酸/%	0.91	0.76	0.65
苏基酸/%	0.81	0.72	0.68
色氨酸/%	0.21	0.18	0.17
精氨酸/%	1.20	1.12	1.01
亮氨酸/%	1.26	1.05	0.94
异亮氨酸/%	0.81	0.75	0.63
苯丙氨酸/%	0.71	0.66	0.58
苯丙氨酸+酪氨酸/%	1.27	1.15	1.00
组氨酸/%	0.35	0.32	0.27

续表 3-5

营养成分	0～3 周龄	4～6 周龄	7 周龄以后
脯氨酸/%	0.58	0.54	0.47
缬氨酸/%	0.85	0.74	0.64
甘氨酸＋丝氨酸/%	1.24	1.10	0.96
钙/%	1.0	0.9	0.8
总磷/%	0.68	0.65	0.60
非植酸磷/%	0.45	0.40	0.35
氯/%	0.20	0.15	0.15
钠/%	0.20	0.15	0.15
铁/(毫克/千克)	100	80	80
铜/(毫克/千克)	8	8	8
锰/(毫克/千克)	120	100	80
锌/(毫克/千克)	100	80	80
碘/(毫克/千克)	0.70	0.70	0.70
硒/(毫克/千克)	0.30	0.30	0.30
亚油酸/%	1	1	1
维生素 A/(国际单位/千克)	8 000	6 000	2 700
维生素 D/(国际单位/千克)	1 000	750	400
维生素 E/(国际单位/千克)	20	10	10
维生素 K/(毫克/千克)	0.5	0.5	0.5
硫胺素/(毫克/千克)	2.0	2.0	2.0
核黄素/(毫克/千克)	8	5	5
泛酸/(毫克/千克)	10	10	10
烟酸/(毫克/千克)	35	30	30
吡哆醇/(毫克/千克)	3.5	3.0	3.0
生物素/(毫克/千克)	0.18	0.15	0.10
叶酸/(毫克/千克)	0.55	0.55	0.50
维生素 B_{12}/(毫克/千克)	0.010	0.010	0.007
胆碱/(毫克/千克)	1 300	1 000	750

注:引自 NY/T33—2004。

(二)NRC 建议的鸡营养需要

1994 年美国 NRC 建议的鸡营养需要分三个阶段,见表 3-6 至表 3-8。

表 3-6　肉用仔鸡营养需要量(0～3 周龄)

代谢能/(兆焦/千克)	13.39	有效磷/%	0.45
粗蛋白质/%	23.00	蛋氨酸/%	0.50
蛋氨酸+胱氨酸/%	0.90	赖氨酸/%	1.10
色氨酸/%	0.20	精氨酸/%	1.25
亮氨酸/%	1.20	异亮氨酸/%	0.80
苯丙氨酸/%	0.72	苯丙氨酸+酪氨酸/%	1.34
苏氨酸/%	0.80	缬氨酸/%	0.90
组氨酸/%	0.35	甘氨酸+丝氨酸/%	1.25
维生素 A/(国际单位/千克)	1 500	维生素 D_3/(国际单位/千克)	200
维生素 E/(国际单位/千克)	10.00	维生素 K_3/(毫克/千克)	0.50
硫胺素/(毫克/千克)	1.80	核黄素/(毫克/千克)	3.60
泛酸/(毫克/千克)	10.00	烟酸/(毫克/千克)	35.00
吡哆醇/(毫克/千克)	3.50	生物素/(毫克/千克)	0.15
胆碱/(毫克/千克)	1 300	叶酸/(毫克/千克)	0.55
维生素 B_{12}/(微克/千克)	10.00	亚油酸/%	1.00
钾/%	0.30	钠/%	0.20
氯/%	0.20	镁/%	0.060
铜/(毫克/千克)	8.00	碘/(毫克/千克)	0.35
铁/(毫克/千克)	80.00	锰/(毫克/千克)	60.00
锌/(毫克/千克)	40.00	硒/(毫克/千克)	0.15
钙/%	1.00		

表 3-7　肉用仔鸡营养需要量(3～6 周龄)

代谢能/(兆焦/千克)	13.39	有效磷/%	0.35
粗蛋白质/%	20.00	蛋氨酸/%	0.38
蛋氨酸+胱氨酸/%	0.72	赖氨酸/%	1.00
色氨酸/%	0.18	精氨酸/%	1.10
亮氨酸/%	1.09	异亮氨酸/%	0.73
苯丙氨酸/%	0.65	苯丙氨酸+酪氨酸/%	1.22
苏氨酸/%	0.74	缬氨酸/%	0.82
组氨酸/%	0.32	甘氨酸+丝氨酸/%	1.14
维生素 A/(国际单位/千克)	1 500	维生素 D_3/(国际单位/千克)	200

续表 3-7

维生素 E/(国际单位/千克)	10.00	维生素 K_3/(毫克/千克)	0.50
硫胺素/(毫克/千克)	1.80	核黄素/(毫克/千克)	3.60
泛酸/(毫克/千克)	10.00	烟酸/(毫克/千克)	30.00
吡哆醇/(毫克/千克)	3.50	生物素/(毫克/千克)	0.15
胆碱/(毫克/千克)	1 000	叶酸/(毫克/千克)	0.55
维生素 B_{12}/(微克/千克)	10.00	亚油酸/%	1.00
钾/%	0.30	钠/%	0.15
氯/%	0.15	镁/%	0.060
铜/(毫克/千克)	8.00	碘/(毫克/千克)	0.35
铁/(毫克/千克)	80.00	锰/(毫克/千克)	60.00
锌/(毫克/千克)	40.00	硒/(毫克/千克)	0.15
钙/%	0.90		

表 3-8　肉用仔鸡营养需要量(6～8 周龄)

代谢能/(兆焦/千克)	13.39	有效磷/%	0.30
粗蛋白质/%	18.00	蛋氨酸/%	0.32
蛋氨酸＋胱氨酸/%	0.60	赖氨酸/%	0.85
色氨酸/%	0.16	精氨酸/%	1.00
亮氨酸/%	0.93	异亮氨酸/%	0.62
苯丙氨酸/%	0.56	苯丙氨酸＋酪氨酸/%	1.04
苏氨酸/%	0.68	缬氨酸/%	0.70
组氨酸/%	0.27	甘氨酸＋丝氨酸/%	0.97
维生素 A/(国际单位/千克)	1 500	维生素 D_3/(国际单位/千克)	200
维生素 E/(国际单位/千克)	10.00	维生素 K_3/(毫克/千克)	0.50
硫胺素/(毫克/千克)	1.80	核黄素/(毫克/千克)	3.00
泛酸/(毫克/千克)	10.00	烟酸/(毫克/千克)	25.00
吡哆醇/(毫克/千克)	3.00	生物素/(毫克/千克)	0.12
胆碱/(毫克/千克)	750	叶酸/(毫克/千克)	0.50
维生素 B_{12}/(微克/千克)	7.00	亚油酸/%	1.00
钾/%	0.30	钠/%	0.12
氯/%	0.12	镁/%	0.060
铜/(毫克/千克)	8.00	碘/(毫克/千克)	0.35
铁/(毫克/千克)	80.00	锰/(毫克/千克)	60.00
锌/(毫克/千克)	40.00	硒/(毫克/千克)	0.15
钙/%	0.80		

（三）育种公司的饲养标准

由于全国育种公司较多，且品种各不相同，因此，各公司肉鸡的饲养标准以各公司的饲养标准为主，在此不一一赘述。

第三节　肉鸡常用生态饲料

生态饲料可以用公式表示为：生态饲料＝饲料原料＋酶制剂＋微生态制剂＋饲料配方技术。

(1)饲料原料型生态饲料　这种饲料的特点是所选购的原料消化率高、营养变异小、有害成分低、安全性高，同时，饲料成本低。如秸秆饲料、酸贮饲料、畜禽粪便饲料、绿肥饲料等。当然，以上的饲料并不能单方面起到净化生态环境的功效，它需要与一定量的酶制剂、微生态制剂配伍和采用有效的饲料配方技术，才能起到生态饲料的作用。

(2)微生态型生态饲料　在饲料中添加一定量的酶制剂、益生素，能调节胃肠道微生物菌落，促进有益菌的生长繁殖，提高饲料的消化率。具有明显降低污染的能力。如在饲料中添加一定量的植酸酶、蛋白酶、聚精酶等酶制剂能有效控制氮、磷的污染。

(3)综合型生态饲料　这种饲料综合考虑了影响环境污染的各种因素，能全面有效地控制各种生态环境污染，但这种饲料往往成本高。

一、肉鸡生态饲料的要求

（一）无公害禽饲料生产要求

①土壤中农药(如滴滴涕、六六六、乐果粉等化学药品)、化肥、有机污染物和重金属汞、镉、铅、砷、铬、硒等不能超过标准。

②水源。要求外观清澈、无色无味，水中(可溶性)总盐分(TDS)、硫酸盐、磷酸盐、硝酸盐、亚硝酸盐及铅、汞、砷等重金属、有机农药、氰化物等有毒物质，病原微生物特别是大肠杆菌、寄生虫(卵)、有机物腐败产物等不能超标。

③养殖场环境中一氧化碳、尘埃、病原微生物等不能超标。

(二)饲料的使用

①饲料原料。饲料原料必须符合无公害食品标准的要求，饲料添加剂、配合饲料、浓缩饲料和添加剂预混合饲料应色泽一致，无发酵霉变、结块及异味、异臭，有害物质及微生物允许量符合 GB 13078《饲料卫生标准》，禁止使用工业合成的油脂、畜禽粪便作饲料。

饲料原料中含有添加剂应做相应说明，饲料中使用的营养性饲料添加剂和一般性饲料添加剂产品应是《允许使用的饲料添加剂品种》目录所规定的品种，饲料添加剂产品应是取得饲料添加剂产品生产许可证的正规企业生产的、具有产品批准文号的产品。饲料添加剂的使用应遵照产品标签所规定的用法、用量使用。药物饲料添加剂的使用应按照《药物饲料添加剂使用规范》执行，且规定制药工业副产品不应用作肉鸡饲料原料。配合饲料、浓缩饲料和添加剂预混合饲料中不应使用违禁药物，且砷制剂如阿散酸(对氨基苯砷酸)和洛克沙砷不可用作饲料添加剂。

②饲料生产企业的工厂设计与设施卫生、工厂卫生管理和生产过程的卫生应符合 GB/T 16764《配合饲料企业卫生规范》的要求。

③工厂必须设置与生产能力相适应的卫生质量检验机构，配备经专业培训、考核合格的检验人员。检验机构应设置检验室或化验室，并应具备检、化验工作所需要的仪器、设备。检、化验室应按标准检验方法进行原料和产品检验，凡不符合标准的原料不准投产，不符合标准的产品一律不得出厂。

二、影响饲料安全的因素

(一)饲料自身因素

在饲料的生长、运输、加工、贮藏过程中,饲料本身固有的或自然形成的某些有毒有害成分物质大体可分为饲料毒物、抗营养因子和新饲料资源中的未知因素。

(1)饲料毒物(feed toxicants)　饲料毒物是影响饲料安全的重要因素。它作为饲料的天然成分,产生于饲料的各个环节,如棉籽中含有棉酚色素及其衍生物,菜籽饼中含有硫氰酸酯噁唑烷硫酮等,当动物采食到一定量时,即可发生机体的机能性和器质性病理变化,从而导致其生产性能下降,表现某些特征中毒症状,严重时造成部分或大批动物死亡。

(2)抗营养因子(antinutritional factors,ANFs)　抗营养因子是降低或破坏饲料中的营养物质,影响机体对营养物质的吸收和利用率,甚至能导致动物中毒性疾病的一类物质。如植酸、蛋白酶抑制因子、抗维生素因子、非淀粉多糖、脂氧合酶及植物凝集素、单宁等。抗营养因子和毒物之间没有明显的界限,统称有毒有害物质。毒性效应可表现为直接影响动物对饲料养分的吸收和代谢,也可表现为间接影响内分泌、免疫、生殖系统及神经传递的生理障碍。

(3)未知因素　在新饲料资源的开发利用过程中,应注意其安全性。某些蛋白质含量较高的饲料如棉籽粕、菜籽粕、油籽粕、箭舌豌豆、银合欢和黄芪属植物等含有不同的有毒有害物质,动物大量采食后,可能出现急、慢性毒性作用。

(二)自然与环境因素

饲料作物长期生长在自然环境中,通过不同方式与土壤和空气进行物质交换,体内成分必然受到自然与环境因素的影响。大部分土壤中金属元素分布很不均衡,往往导致饲料中各种元素的含量上的差异。从而影响到采食动物的健康。由于气候、季节和温湿度的作用,各种微生物在不同种类的饲料中生长繁殖并产生有毒有害物质,如有害细菌、霉菌及其毒素常引起动物的细菌性、霉菌性或/和毒素中毒性疾病,不仅使饲料品质下降,而且导致大批动物产品的质量和数量下降,造成重大经济损失。这些现象多伴有明显的地区性或季节性特点。

(三)人为因素

在饲料生产的各个环节,离不开人类活动的参与或干涉,由于人为作用造成的饲料卫生不良现象时常发生。如不合理的施肥、处方、杀虫、加工、贮藏等,均可能导致饲料成分及质量的改变,从而影响饲料的营养价值和安全性,引起动物机体的机能性或器质性病理变化,发生中毒性疾病。新农药和其他化学品的不断合成,其中有的尚未完成安全性试验即大量投放市场,甚至滥用或不合理地使用都会影响饲料质量和动物健康。随着工业化的迅速发展,工业三废(废水、废气和废渣)处理不当而污染环境和饲料,导致畜禽中毒性疾病的事件与日俱增。近年来,饲料添加剂的品种和产量大增,用之得当则可改善饲料品质,提高饲料报酬,预防或治疗畜禽疾病,促进畜禽生长,提高畜禽产品质量;如果配比不当,添加过量,无标准使用等必然产生事与愿违的后果。

三、生态饲料原料

(一)青绿饲料

青绿饲料是指天然水分含量在60%以上的饲料。青绿饲料具有营养成分全面、容易消化、来源广泛、成本低廉的优点,是目前生态养鸡常用的一类优良、经济的饲料。在放牧或饲喂过程中,应该注意的问题有四方面:①放牧或采集青绿饲料时,要了解青绿饲料的特性,有毒的和刚喷过农药的果园菜地、草地严禁采集和放牧,以防中毒。②含草酸

多的青绿饲料，如菠菜、糖菜叶等不可多喂，以防引起雏鸡佝偻病或瘫痪，母鸡产薄壳蛋和软壳蛋。③某些含皂素多的豆科牧草喂量不宜过多，如有些苜蓿草品种皂素含量高达2%，过多的皂素会抑制雏鸡的生长。④青绿饲料要现采现喂（包括打浆），不可堆积或用喂剩的青草浆，以防产生亚硝酸盐中毒。

另外，常有一些养殖户使用单一饲料或随便将几种饲料凑合在一起进行饲喂，这对生态放养鸡的生长发育很不利。科学的饲喂，应该能满足鸡群正常生长发育对蛋白质、能量、维生素、矿物质等营养成分的需要。在雏鸡阶段，应少量饲喂优质新鲜的青绿饲料，最多只能占饲料总量的10%，不宜过多，以免腹泻，而造成雏鸡的营养失调和生长发育受阻；当完全放牧饲养之后，随着日龄增长，青绿饲料的进食量能占到饲料总量的20%～30%。青年鸡生长迅速，要求健康无病。其营养要求特别要注意补充维生素和矿物质，日粮中粗蛋白的含量适当降低，代谢能和脂肪的含量也不可太高，粗纤维含量一般在5%左右，可加大草粉、糠麸和谷类饲料的喂量，如不添加维生素，青绿饲料要占到日粮的30%～50%。

(二)能量饲料

能量饲料是指饲料中粗纤维含量低于18%、粗蛋白低于20%的饲料。主要包括玉米、高粱、稻谷、糙大米、碎大米、小麦、大麦、燕麦、子粒苋子、小麦麸、细稻糠、油脂等。

鸡每日从吃进的饲料中获得能量，如果吃进饲料所含的能量不足，就要消耗体内脂肪，甚至把蛋白质转化成能量，这样利用饲料很不经济。所以，通过补充以上能量饲料满足能量需要和提供适当的蛋白质能量比，是相当重要的问题。鸡群在生态饲养过程中采食的营养物质以纤维和蛋白为主，而纤维素虽属碳水化合物，但不能被鸡只所利用，并导致能量摄取减少及降低蛋白质消化率，故鸡对纤维并无能量利用价值。虽然蛋白质也可供给能源，但不经济且营养效率低。鸡只由于生长发育、产蛋、运动、采食所消耗的能量较多，如果得不到充足的补饲，将过多的消耗自身的储备，机体处于半饥饿状态，严重影响鸡体的生长性能。

(三)蛋白质饲料

蛋白质饲料是指饲料中粗蛋白含量在20%以上，粗纤维小于18%的饲料。蛋白质饲料分为植物性蛋白质饲料和动物性蛋白质饲料。常用的植物性蛋白饲料主要有大豆饼(粕)、花生饼(粕)、棉仁饼(粕)、菜籽饼(粕)、向日葵饼(粕)、亚麻仁饼(粕)、芝麻饼(粕)、浓缩蛋白粉(粉丝尾水蛋白)、玉米淀粉蛋白、食用酒精糟、啤酒糟。动物性蛋白饲料主要有鱼粉、肉粉、肉骨粉、角蛋白粉(羽毛粉)、蚕蛹、单细胞蛋白饲料(饲料酵母、脱核酵母、啤酒酵母、酵母发酵饲料等)。

在利用这些蛋白饲料时要注意合理搭配，才能配制出科学的补充料。日粮营养水平对鸡的增重和耗料量有显著影响。在钙、磷、微量元素、维生素含量基本相同条件下，低蛋白高能量的低营养水平日粮影响地方品种鸡的增重。低蛋白(粗蛋白质为12.23%)、高能量(代谢能12.57兆焦/千克)、蛋白质能量比为9.7的日粮影响4～16周龄地方品种鸡的采食量和生长发育。广西三黄鸡、灵山麻鸡、固始鸡在生长阶段都不宜采用这种低蛋白高能量日粮。低蛋白高能量的日粮对地方品种鸡脚胫骨长度和胸骨长度无显著影响，而对胸部肌肉的生长发育影响明显，胸角度显著减小。建议4～10周龄以高蛋白含量18.3%的日粮为佳；11～16周龄以中营养水平日粮合适；从全期的生长情况看，用中营养水平日粮饲喂地方品种鸡完全可以达到甚至优于高营养水平日粮的饲养效果。即粗蛋白质15.28%、代谢能12.25兆焦/千克、赖氨酸0.84%、蛋氨酸0.39%的中营养水平日粮适合在4～16周龄全期使用。总之，对于生长慢速的地方品种鸡生长期不必用高蛋白日粮饲喂，但是这个营养水平是否为最佳营养水平尚待进一步探讨。

(四)矿物质饲料

生态养鸡在能量、蛋白质、赖氨酸和蛋氨酸等基本满足鸡体需要的

情况下，主要的问题在矿物质及微量添加剂的供应与各元素间的平衡方面。鸡群在放牧饲养条件下，能够采食到的饲料主要是青绿饲料和蛋白质饲料，而对于矿物质的采食则不够充分，这种情况下如果不注重矿物质的补饲，则会对鸡群的生长、骨骼发育造成一定的影响，甚至会影响鸡群的产蛋率，增加软、破畸形蛋的比率，所以必须要注重生态鸡的矿物质补饲。

常用的矿物质饲料有食盐、钙源饲料（石灰石粉、蛋壳粉等）、磷源饲料（磷酸一钙、磷酸二钙、磷酸三钙）。

（五）维生素饲料

一般来说，生态放养的鸡群在自由接触草地的环境中，能够满足自身对维生素的需要，不会出现维生素的缺乏。但在牧草生长后期或秋、冬季节以及草地资源相对匮乏的地区进行放牧饲养，就必须注重维生素的补充。维生素饲料一般以预混剂形式使用，除单体维生素外，更多的是复合维生素。

（六）添加剂饲料

在生态饲养过程中，经常会使用一些饲料添加剂，大体可以分为预防疾病的饲料添加剂、促生长添加剂、特殊目的的饲料添加剂（蛋黄着色剂、增香剂等）。但是，为了保证产品的生态和绿色，所使用的添加剂应选择以天然绿色物质为主（如中草药），禁用违禁药物和激素等。

常用的添加剂有碳酸氢钙、硫酸钙、天然增色剂（金盏菊、万寿菊、红辣椒、苜蓿、海藻粉、胡萝卜、玉米花粉、针叶粉、刺槐叶粉）、氨基酸、氯化胆碱等。

四、生态动物性蛋白质饲料

动物性蛋白质饲料对于提高鸡生长速度和生产性能具有良好效果，特别是在冬季补饲中作用更大。目前较好的动物蛋白生产来源是养殖蝇蛆、蚯蚓和黄粉虫等。

(一)蝇蛆的特点及营养价值

(1)家蝇的特点　在室温 20～30℃、相对湿度 60%～80%条件下，蛹经过 5 天发育变成成蝇。成蝇羽化 1 小时以后，展开翅膀开始吃食和饮水。家蝇在自然条件下，一般 1 年可繁殖 7～8 代。在人工饲养条件下，1 年可繁殖 25 代以上。卵期 1～2 天，幼虫期 4～6 天，蛹期约 5 天，成蝇寿命可达 1～2 个月，越冬蝇可长达 4～5 个月。苍蝇的 1 个世代约为 28 天。人工饲养条件下，完成 1 个世代约需 15 天，生产蝇蛆只需要 4～5 天。

成蝇白天活泼好动，夜间栖息，3 天后性成熟，雌雄开始交尾产卵，1～8 日龄为产卵高峰期，到 25 日龄基本失去产卵能力。蝇卵 4～8 小时孵化成蛆，蛆在猪、鸡粪中培育，一般第 5 天变蛹。温度及饵料养分对蛆的生长发育有很大影响，一般室温在 20～30℃，温度和营养含量越高，蛆生长发育越快，变成的蛹也越大。

(2)蝇蛆的营养价值　据分析，蝇蛆含粗蛋白质 59%～65%，脂肪 2.6%～12%，无论原物质或是干粉，蝇蛆的粗蛋白质含量都和鲜鱼、鱼粉及肉骨粉相近或略高。蝇蛆的营养成分较为全面，含有动物所需要的多种氨基酸，且每一种氨基酸含量都高于鱼粉，必需氨基酸总量是鱼粉的 2.3 倍，蛋氨酸含量是鱼粉的 2.7 倍，赖氨酸含量是鱼粉的 2.6 倍。同时，蝇蛆体内除钾、钠、钙、镁等常量元素外，还含有多种生命活动所需要的微量元素，如铁、锌、锰、钴、铬、镍、硼等。

谷类蛋白质的限制氨基酸一般为赖氨酸、蛋氨酸、苯丙氨酸、色氨酸，而在蝇蛆中这些氨基酸的含量都很丰富。蝇蛆体脂中不饱和脂肪酸占 68.2%，必需脂肪酸占 36%(主要为亚油酸)。虽然一般植物油中含有较多的亚油酸和亚麻酸，其营养价值比动物油脂高，但在蝇蛆这种动物中，所含必需脂肪酸均比花生油、菜籽油为高。另外，蝇蛆是一类品质极高的壳聚糖资源。同时，蝇蛆体内还含有脂溶性维生素 A、维生素 D 和水溶性 B 族维生素等。此外，据研究，蝇蛆中还含有多种生物

活性成分如抗菌活性蛋白、凝集素、溶菌酶等。

(二)黄粉虫的特点及营养价值

(1)黄粉虫的主要特点　黄粉虫俗称面包虫，是人工养殖最理想的饲料昆虫。其具有生长速度快，对饲料要求不高，失去飞翔能力，便于人工养殖等特点。

黄粉虫是完全变态的昆虫，有成虫、卵、幼虫、蛹4种变态。成虫，体长而扁，长1.4～1.8厘米，黑褐色具有金属光泽，成虫期为50天左右。成虫在羽化过程中，头、胸、足为淡棕色，腹部和鞘翅为乳白色，开始虫体稚嫩，不愿活动，4～5天后颜色变深，鞘翅变硬，灵活但不能飞行，爬行较快，经精心喂养后，成虫群体交尾、产卵。卵白色椭圆形，大小约1毫米，卵期8～10天。幼虫棕黄色，体长2～3厘米，体节较明显，有3对胸足，在第9腹节有1双尾凸，幼虫孵出时为黄白色，逐渐变为棕黄色。平均9天蜕1次皮，每蜕1次皮为1龄，共蜕7次皮，当最后1次蜕皮时在饲料表层即化蛹，幼虫期约为80天，蛹白色，后变白黄色，体节明显，蛹期为12～15天。成虫每次产卵2～4粒，每只雌虫约产卵300粒，散产于饲料底部的筛网上。

(2)黄粉虫的营养价值　黄粉虫营养丰富，幼虫含粗蛋白质51%～60%；各种氨基酸齐全，其中赖氨酸5.72%、蛋氨酸0.53 %；含脂肪11.99 %、钙1.02 %、磷1.11%、碳水化合物7.4%。另外还含有糖类、维生素、激素、酶及矿物质磷、铁、钾、钠等，营养价值高。能用于饲养蛙、鳖、蝎子、蜈蚣、蚂蚁、优质鱼、观赏鸟、药用兽、珍贵皮毛动物和稀有畜禽等。能加快生长发育，增强抗病抗逆能力，降低饲料成本，提高产出效益等。用3%～6%的鲜虫代替等量的国产鱼粉饲养肉鸡，增重率可提高13%，饲料报酬提高23%。

(三)蚯蚓的特点及营养价值

(1)蚯蚓的基本特性　蚯蚓又名地龙，为夜行性环节动物。人工饲养的蚯蚓多为陆栖蚓，喜潮湿，怕阳光，喜静和昼伏夜行。适宜生活在

15～25℃，湿度60%～70%，pH 6.5～7.5的环境中，10℃以下停止生长，4℃以下呈休眠状态，0℃以下死亡，30～33℃个体缩小，35℃以上如不采取措施，将成批死亡。

蚯蚓的食性很广，各种畜粪、污泥、腐烂的水果、果皮、蔬菜、作物秸秆、杂草、垃圾以及工业下脚料(如造纸厂、制糖厂、食品厂和酒厂的下脚料)等，经过充分发酵腐烂后，均可作为蚯蚓的饲料。蚯蚓为雌雄同体，异体交配。由于品种、地区、饲料和生活环境不同，生活周期也不一样。赤子爱胜蚓在室温22～30℃环境下，以发酵的马粪为饲料，湿度60%～70%，从产卵到孵化为21天。幼蚓孵出到性成熟56天，性成熟到开始产卵一般1～12天。整个生活周期最短47天，最长128天，平均2.5～3.5个月。

(2)蚯蚓的营养特点　蚯蚓的主产品是蚓体，副产品为蚓粪。蚯蚓可药用。我国利用蚯蚓药已有上千年的历史。本草纲目记述的历代验方有40多种。蚯蚓具有解热镇痛、通络平喘、解毒利尿的功能，能治疗多种疾病。蚯蚓富含蛋白质，干蚯蚓含蛋白66.5%。在蛋白质组成中，富含人体及动物需要的各种必需氨基酸。国内外报道，蚯蚓可饲喂多种动物，具有提高生产性能、降低饲料消耗、促进换羽、防病治病等作用。蚯蚓粪不仅是优质的肥料，也可作为动物的饲料。

五、酶制剂

(一)酶制剂的概念

酶制剂是指从生物中提取的具有酶特性的一类物质，主要作用是催化食品加工过程中各种化学反应，改进食品加工方法。

(二)酶制剂的种类

(1)淀粉酶类　淀粉酶水解淀粉生成糊状麦芽低聚糖和麦芽糖。以芽孢杆菌属的枯草芽孢杆菌和地衣形芽孢杆菌深层发酵生产为主，

后者产生耐高温酶。另外也用曲霉属和根霉属的菌株深层和半固体发酵生产，适用于食品加工。淀粉酶主要用于制糖、纺织品退浆、发酵原料处理和食品加工等。葡糖淀粉酶能将淀粉水解成葡萄糖，现在几乎全由黑曲霉深层发酵生产，用于制糖、酒精生产、发酵原料处理等。

(2)蛋白酶　使用菌种和生产品种最多。用地衣形芽孢杆菌、短小芽孢杆菌和枯草芽孢杆菌以深层发酵生产细菌蛋白酶；用链霉菌、曲霉深层发酵生产中性蛋白酶和曲霉酸性蛋白酶，用于皮革脱毛、毛皮软化、制药、食品工业；用毛霉属的一些菌进行半固体发酵生产凝乳酶，在制造干酪中取代原来从牛犊胃提取的凝乳酶。

(3)葡糖异构酶　20 世纪 70 年代迅速发展起来的一个品种。先用深层发酵取得链霉菌细胞，待固定化后，将葡萄糖液转化成约含果糖 50％的糖浆，这种糖浆可代替蔗糖用于食品工业。用淀粉酶、葡糖淀粉酶和葡糖异构酶等将玉米淀粉制成果糖浆已成为新兴的制糖工业之一。

(三)酶制剂在生产中的应用

酶制剂作为一种新型高效的饲料添加剂，可以提高畜禽生产性能和减少排泄物的污染，同时也为开辟新的饲料资源、降低饲料生产成本提供了有效的途径。

1. 玉米豆粕型日粮中应用酶的技术

(1)玉米豆粕型日粮中添加酶可提高饲料的能量、蛋白质的利用率

大量研究证明，饲料配方按照理想氨基酸平衡原理，可用豆粕等植物性蛋白质代替动物性蛋白质，保持畜禽正常的生产性能。但在玉米豆粕型日粮中存在抗营养因子问题，其中主要是非淀粉黏多糖(NSP)、蛋白酶抑制因子、植物凝集素、植酸、果胶、抗原蛋白等，这些抗营养因子一定程度上降低了饲料的消化利用率。研究证明，饲料中添加复合酶制剂可提高玉米豆粕型日粮的消化利用率。Siversides 等(1999)报道了巴西圣保罗和维克萨大学所作实验，采用回肠消化率测定法，在玉米豆粕型饲料添加酶制剂，结果提高了饲料的代谢能值($p<0.05$)和粗

蛋白质的消化率($p<0.05$)。

肉鸡日粮中添加复合酶制剂后,圣保罗大学试验中代谢能值提高2.5%,蛋白质消化率提高3.6%;维克萨大学试验两者分别显著提高2.2%和2.2%,差异显著,玉米在饲料中的用量一般在50%~70%,玉米的消化利用率与饲料的转化率直接相关。Noy等(1994)对4~21日龄的肉鸡测定了玉米淀粉回肠消化率,仅为82%~89%,远低于公认的95%,氨的消化在小肠中亦不完全,4日龄消化率为78%,21日龄时为92%,而添加淀粉酶等酶制剂后显著提高了小肠中养分的消化率。Summers(2001)报道,在玉米豆粕型日粮中添加复合酶制剂(淀粉酶、木聚糖酶和蛋白酶)后,能量利用率可提高2%~5%。因此,添加酶制剂可提高养分在小肠中的消化吸收率,同时提高了玉米豆粕型日粮中的表观代谢能(AME)和蛋白质利用率,从而提高畜禽的生产性能。

(2)添加饲料酶制剂可提高饲料转化率,降低饲料成本　合理利用酶制剂可提高饲料的消化利用率,降低饲料和养殖成本,提高经济效益。国内外研究表明:饲料添加酶制剂后,动物增重提高5%~15.2%,耗料增重比下降3%~8%,饲料转化率提高3.5%~10%,产蛋率提高5%~8%,采食量提高7%。蒋宗勇(1995)报道,仔猪饲料加入0.1%溢多酶,平均日增重提高10.09%,耗料增重比下降9.3%。柳卫国(1998)在蛋鸡玉米豆粕型常规基础日粮中添加0.1%复合酶,试验组较对照组产蛋率提高8.7%($p<0.05$),蛋重提高2%~3%,料蛋比降低9.4%($p<0.05$)。

饲料中添加酶制剂,最简单的方法是将酶制剂直接加入日粮中,这样无论从效果还是从经济角度考虑都是可行的。Pack等(1996)报道了巴西农场对1~45日龄肉鸡所做的试验,在玉米豆粕型日粮的粉料和颗粒中分别添加酶和不加酶,结果表明,在粉料及颗粒料中,加酶试验组与对照组相比,日增重显著提高4%~5%,料重比显著降低。

加酶后可调整饲料配方,降低营养浓度,从而降低饲料成本。在饲料中应用复合酶制剂,配方的能量和氨基酸可适当降低而不影响饲养效果。一项试验结果根据肉鸡育雏生长育肥阶段的营养水平,以不加

酶组为标准对照粮，加酶试验组日粮能量降低 2.3%～3.4%，结果不加酶的正常能量组和加酶的低能量组之间性能没有明显差异（$p<0.05$），表明日粮中添加复合酶制剂，可降低日粮能量水平而不影响肉鸡的生产性能。Pack 等（1996）报道，在肉鸡玉米豆粕型日粮中，将试验组日粮的代谢能降低 3%，蛋白质和氨基酸水平降低 5%，前期能量和蛋白质分别为 12.75 兆焦/千克和 22%，后期料为 13.20 兆焦/千克和 20%，影响动物的生长性能，但添加酶制剂能补偿因营养浓度降低而引起的肉鸡生长减缓，提高了经济效益。

（3）用植物性原料替代动物性原料　Graham 等（1995）报道，断奶仔猪饲料中含有昂贵的鱼粉及乳清粉，通过添加酶制剂可降低鱼粉及乳清粉用量，保持营养浓度不变不会影响断奶仔猪生长。一项试验对照日粮含 10%乳清粉及 4%鱼粉，试验日粮含 4%乳清粉和 2%鱼粉（减少 6%乳清粉和 2%鱼粉）添加豆粕的酶制剂，调整能量的氨基酸。结果试验组仔猪的生产性能有所改善（$p<0.05$），每千克增重较对照组成本降低 11%，经济效益显著。

2. 麦类基础日粮中酶制剂的应用技术

我国饲料资源中玉米相对缺乏，而小麦、大麦、高粱等由于含有抗营养因子（阿拉伯木聚糖和 β-葡萄糖等）使饲料营养成分不能被充分消化吸收。而通过添加酶制剂可提高这些原料的利用率达到减少玉米用量，降低饲料成本的目的。

（1）小麦日粮中应用酶制剂　小麦的主要抗营养因子是阿拉伯聚糖，添加复合酶（木聚糖等）能降低阿拉伯木聚糖等非淀粉多糖，降低肠道黏度，提高小麦饲料利用率。据 John 等（1997）报道，小麦添加酶制剂（主要含木聚糖酶）后其表观代谢能（AME）可提高 6%，代谢能与玉米相当，由于蛋白质消化率提高，氨基酸消化率可提高 10%。小麦日粮中添加酶制剂除可改善饲料的效率外，由于添加酶后小麦的代谢能值有所提高，还可以减少饲料中较为昂贵的油脂添加。Belyavin 对此进行了验证试验，0～42 日龄肉鸡日粮，试验 1 组为小麦基础粮；2 组为小麦日粮＋酶，3 组为小麦日粮＋代谢能 6%＋酶，各组中赖氨酸和含硫氨基酸含量一致。实验表明,各组 42 日龄活重统计无差异,2 组饲料效率较 1 组显著提高 6.4%,3 组与 1 组饲料效率差异不显著但也提高了 2.9%(其中 6%代谢能为增加小麦 40 千克/吨,减少豆油用量)。

(2)大麦日粮中应用酶制剂　添加酶制剂可提高大麦的能量利用率。Graham 等(1995)报道,在肉鸡大麦日粮中,添加 β-葡萄糖酶后,大麦的表观代谢能(AME)提高 10%,从而使其 AME 达到 12.9 兆焦/千克。在猪大麦基础日粮中添加 β-葡萄糖酶后,大麦的消化性能明显提高 6%,消化能达 14.1 兆焦/千克。韩正康(2000)对在不同家禽生长性能影响进行了研究,结果表明添加酶制剂后肉鸡、鸭、鹅生产性能显著提高,耗料增重比极显著改善。

(3)麦类基础日粮替代玉米时应注意的问题　玉米型日粮中的亚油酸、叶黄素等一些功能性成分对畜禽的生长有一定作用。亚油酸是必需脂肪酸中的一种,在猪日粮中 0.1%即可满足猪的生长需要(NRC,1998)。小麦代替玉米在猪饲料中应用时不会因亚油酸的不足影响猪的生长。而家禽对亚油酸的需要量较高,亚油酸通过影响蛋黄的重量而影响蛋的质量和蛋白质。一般家禽对亚油酸的需要量为 1%,在家禽日粮中应用小麦、大麦时应考虑将亚油酸作为营养指标考虑,可以通过添加植物油来解决亚油酸不足的问题。叶黄素在玉米中含量最高,在蛋黄和肉鸡的着色方面起重要作用,而小麦日粮中叶黄素的含量很低。对白羽肉鸡,用小麦替代玉米改善肌肉和脂肪的色泽品质。对蛋鸡,可考虑使用含叶黄素丰富的原料及其他玉米副产品弥补小麦、大麦叶黄素含量低的问题。

3.其他饲料类型中酶制剂的应用技术

大量的杂粕(棉籽粕、菜籽粕、葵籽粕、芝麻饼及花生饼等)常常在饲料中利用。但由于这些原料本身含有较多的抗营养因子或对畜禽生长有害的成分,限制了饲料中的用量,添加酶制剂可改善这种状况。

去壳葵籽粕含有 38%左右的粗蛋白和 13%粗纤维,蛋氨酸含量高而赖氨酸和苏氨酸含量低,因此在家禽日粮中以葵籽粕部分替代豆粕可改善饲料中氨基酸平衡。但由于葵籽粕中含有较多的木聚糖和果胶

等抗营养因子，因此氨基酸的消化率和能量较低。Schang 等(1998)在蛋鸡日粮中进行了葵籽粕代替豆粕试验，并设定加酶的玉米葵籽粕日粮代谢能和氨基酸提高了 7%。结果表明，两组差异不显著，证明了添加酶制剂可以提高葵籽粕蛋白质、能量、氨基酸利用率(7%)在经济效益上是合算的。添加酶制剂提高了葵籽粕中营养物质的消化率，为配制蛋鸡日粮提供了较为经济的替代原料。

综上所述，为了提高饲料效率，减少饲料中抗营养因子对畜禽生产性能的不良影响，除了在饲料加工方面采取新的技术外，在饲料配方设计时，可通过原料筛选，添加合成氨基酸和饲料酶制剂来提高饲料的利用率和畜禽生产性能。酶制剂的选用应根据饲料原料的类型(即抗营养因子的种类和数量)、畜禽的种类、生长阶段合理使用，并考虑加酶后饲料比值、蛋白质和氨基酸的提高幅度，进行配方优化，设计加酶玉米豆粕型配方时，可直接添加酶以提高饲料的品质，可在原配方基础上降低能量 2%～5%，必需氨基酸可降低 5%～7%，对配方重新进行优化。对于小麦大麦豆粕型日粮，加酶后调整幅度为能量 6%～10%，氨基酸消化率为 10%，据此计算成本较低的饲料配方。利用酶制剂可将棉籽粕、菜籽粕、葵籽粕等增大用量添加于饲料中取代豆粕，为充分利用非常规原料，降低饲料成本，提高经济效益，开辟了新的前景。

六、微生态制剂

微生态制剂(microbial ecological agent)是在微生态理论的指导下，采用有益的、活的微生物经过培养、发酵、干燥等特殊工艺制成的活菌制剂。又称为微生态调节剂(microecological modulator)、活菌制剂(living bacteriaagent)、EM(efficient microbe agent)菌制剂等。

(一)微生态制剂的种类

微生态制剂主要分为两大类。一类是针对环境因素(胃肠道 pH 值、气体、碳源(糖类)、氮源等)开发的微生态饲料添加剂，如寡糖、酸化剂、中草药等;另一类产品包括活菌制剂和微生物培养物。主要作用是改变胃肠道微生物群组成,使有益或无害微生物占据种群优势,通过竞争抑制病原或有害微生物的增殖,调节肠道微生态平衡。如乳酸菌、芽孢杆菌、酵母菌、放线菌、光合细菌等几大类。微生态制剂按菌种组成可分为单一制剂和复合制剂。

(二)微生态制剂理论根据

研制开发动物微生态制剂的理论依据是动物微生态学。主要包括微生态平衡理论、微生态失调理论、微生态营养理论以及微生态防治理论等。

(三)微生态制剂在动物营养中的作用机理

1. 维持动物体内微生态环境的平衡

动物肠道内存在上百种正常微生物,构成肠道消化系统的微生态菌群平衡,可以抵抗外来致病菌的影响,还可以提供大量的营养成分和促生长因子,如果肠道正常菌群被破坏,就会出现病理状态。益生菌进入肠道与肠道内正常菌发生栖生、偏生、共生、竞争、吞噬等复杂关系,从而对动物产生营养、免疫、刺激生长、生物拮抗等生理作用,可起到提高生产性能、防治疾病的作用。

正常微生物与动物和环境之间所构成的微生态系统中,优势种群对整个微生物群起决定作用,一旦失去了优势种群,则原微生态平衡失调,原有优势种群发生更替。正常情况下,动物肠道内优势种群为厌氧菌占99%以上,而需氧菌及兼性厌氧菌只占1%。如该优势种群发生更替,上述专性厌氧菌显著减少,而需氧菌、兼性厌氧菌显著增加,此时使用微生态制剂,如一些需氧菌微生物制剂特别是芽孢杆菌能消耗肠道内的氧气,造成厌氧环境,有助于厌氧微生物的生长,使优势种群逐渐增加恢复正常,而需氧菌、兼性厌氧菌等逐渐降低保持原有状态,从而使失调的菌群平衡调整恢复到正常状态,达到治病促生长之目的。

2. 对抗体内有害病菌

动物微生态制剂中的有益微生物在体内对病原微生物有生物拮抗作用。这些有益微生物可竞争性抑制病原微生物黏附到肠黏膜上皮细胞上，刺激肠管免疫系统细胞，同病原微生物争夺有限的营养物质和生态位点，从而不利于病原微生物的生长繁殖，中和大肠杆菌产生的毒素，参与机体的新陈代谢，促进动物生长。

3. 增强机体的免疫功能

刺激动物产生干扰素，提高免疫球蛋白浓度和巨噬细胞活性。乳酸杆菌以某种免疫调节因子的形式起作用，刺激肠道某种局部型免疫反应，增强机体免疫功能。芽孢杆菌能促进肠道相关淋巴组织，使之处于高度反应的"准备状态"，同时使免疫器官的发育增快，T、B 淋巴细胞的数量增多，使动物的体液和细胞免疫水平提高。

通过电镜观察证明，正常菌群在肠道黏膜等处是有序排列的。当有益菌占据致病菌的靶上皮细胞，形成保护屏障，或以菌群优势产生一种对致病不利的环境时，可以起到防御作用。

4. 自身生成有益代谢产物及刺激动物产生有益物质

导致前胃丙酸等挥发脂肪酸增加，乳酸菌进入肠道后产生乳酸，降低肠道 pH 值，从而抑制病原微生物的生长繁殖。激活酸性蛋白酶活性，对新生畜禽是有益的，并在很大程度上延长了产品的保质期。

有益微生物在体内可产生蛋白酶、淀粉酶、植酸酶等多种消化酶，可降解饲料中的某些抗营养因子，并能在肠道内生长繁殖产生各种营养物质如维生素、氨基酸、未知促进生长因子等营养物质，促进生长，有利于饲料中营养物质的消化吸收，提高饲料转化率。

5. 防止产生有害物质

动物自身及许多致病菌都会产生多种有毒物质，如毒性胺、氨、细菌毒素、氧自由基等。某些乳酸杆菌、链球菌、芽孢杆菌等，有些益生菌则可以阻止毒性胺和氨的合成；多数好氧菌产生 SOD（超氧化物歧化酶）可帮助动物消除氧自由基。在代谢过程中，可产生一些抗菌物质如嗜酸菌素、乳糖菌素、杆菌肽等，可抑制病原菌在肠道内生长繁殖。某些有益微生物(如芽孢杆菌)在肠道内可产生氨基氧化酶及分解硫化物的酶类,从而降低血液及粪便中氨、吲哚等有害气体浓度。

6.净化环境

由于有益菌抑制了肠道内腐败菌的生长,减少了腐败物质的产生,降低粪便中硫化氢和氨的含量。另外,某些有益微生物(如芽孢杆菌)在肠道内可产生氨基氧化酶及分解硫化物的酶类,从而减少蛋白质向刺激性较强的氨和胺的转化,使血液和肠道中氨的浓度大大降低,也减少向外界的排泄量,改善饲养环境。

研究表明,在肉鸡日粮中添加微生态制剂使日增重提高12%,生长速度提高了5.35%,饲料消耗降低了5.34%。15~56日龄肉鸡在饲料中添加0.25%~0.50%的低聚果糖,可以减少沙门氏菌及大肠杆菌在肉鸡肠道上的附着能力,生产性能得到改善,腹泻率亦明显降低。另外,利用微生物饲养的肉鸡,鸡肉的蛋白质含量高于普通鸡,热量低,而且胆固醇也低10%左右。采用这种方法喂鸡,鸡舍的臭味大大减少。雏鸡饲喂乳酸杆菌培养物能显著降低大肠杆菌的数量,提高对沙门氏菌的抵抗力,降低死亡率20%。在蛋鸡饲料中添加微生态制剂使产蛋率提高了8.1%,蛋重提高了1.37克,破蛋率降低了1.1%。成本分别降低了2.3%、2.6%、4.3%、1.96%,经济效益比较显著,经检测蛋中无残留,且鸡蛋腥味小,符合保健食品的要求。

(四)如何正确使用微生态制剂

1.使用时机

微生态制剂在一定程度上是通过影响宿主肠道正常菌群的组成而起作用的。如果动物本身已自然获得大量微生态菌群,再使用某些微生态制剂时就不会有显著的作用。只有非自然生长方式或处于病态的动物才需要使用微生态制剂。

(1)雏鸡初生时　雏鸡出壳后,为防止经垂直传播的细菌危害,在使用3天抗生素后连续使用微生态制剂4~5天。因为雏鸡出壳时消化道内是无菌的,其消化吸收能力也很低,如果此时受到有害菌如大肠

杆菌、沙门氏菌等的污染，会很快致病。为避免此种情况发生，适时地投服微生态制剂，使其中的有益菌优先占据消化道，从而抑制有害菌的大量繁殖，防止了肠道疾病的发生，并促进了饲料的消化吸收，提高了鸡的抗病力。

（2）鸡的消化吸收紊乱时　当鸡因免疫、转群、换料或环境变化造成应激时，鸡的消化系统易发生紊乱，表现为鸡的粪便呈饲料色、吃进的饲料几乎不消化吸收便排泄出来，粪便中甚至能见到饲料颗粒，鸡生长缓慢。此时投服微生态制剂，肠道有益菌群会迅速恢复，从而减少发病的机会。

（3）肠道正常菌群因大量投服抗生素而被破坏时　当鸡群发生细菌或病毒性疾病时，我们会大量投用抗生素、抗病毒药，造成鸡的肠道内的有益菌、有害菌被大量杀死，停药后有害菌如大肠杆菌等会迅速生长繁殖，很可能使鸡再次发病。所以在投完抗菌药后及时使用微生态制剂，可有效地抑制有害菌的增殖，使鸡肠道内环境呈现正常的平衡状态，减少疾病的复发。

（4）肉仔鸡生长后期　肉仔鸡生长到35日龄后，为防止屠宰时发生药残，是禁止使用各种抗菌、抗病毒药物的。此时鸡群易感染各种疾病，若有计划地投服微生态制剂可大大增强鸡体的抗病能力，而且不存在药残风险。

2.使用剂量

活菌的数量是微生态制剂发挥作用的关键，添加量不足或过量都不能达到预期的效果。加量太少不足以影响宿主，效果不明显。但也不是多多益善，添加过量的益生菌反而会引起宿主轻微的腹泻，使增重和饲料转化变差。因为微生物本身的繁殖也需要消耗能量，过多的微生物也会同宿主本身争夺营养物质。另外，应用微生态制剂减少了肠道病原菌的数量，会降低对机体免疫系统的刺激，导致宿主体内细胞介素水平的降低，影响宿主的健康生长。所以，那些对动物可以产生显著免疫调节作用的益生菌（如嗜乳酸杆菌GG）要格外注意使用剂量、次数和使用方法。

(五)微生态制剂应用的注意事项

在我国,微生态制剂在养殖业生产中已被广泛应用,但由于微生态制剂是活菌类产品,其使用效果受多方面因素影响,因此如何合理使用这类产品是一个值得关注的问题。

①我国农业部第105号公告规定可直接饲喂动物的饲料级微生物添加剂共12种:干酪乳杆菌、植物乳杆菌、粪链球菌、屎链球菌、乳酸片球菌、枯草芽孢杆菌、纳豆芽孢杆菌、嗜酸乳杆菌、乳链球菌、啤酒酵母菌、产朊假丝酵母、沼泽红假单胞菌。

不同菌制成的微生态制剂,由于各自性质不同,作用效果不一,应根据使用的目的和动物种类不同有所选择,最好选用来源于同种动物的肠道微生物。

②避免与抗生素、消毒药或具有抗菌作用的中草药同时使用,否则会降低或失去使用效果。

③搞好禽舍的环境卫生。较差的卫生条件下,动物体内外的杂菌、有害菌浓度较高,不利于微生态制剂发挥作用,使用效果不理想。

④微生态制剂的主要功能是预防性作用,且作用缓慢,需要长时间连续饲喂才能达到理想的效果。

微生态制剂作为一种新兴的绿色饲料添加剂,在养殖业生产上的地位越来越受到人们的重视,但目前在市场上所出现的该类产品因其生产工艺、菌种的筛选等原因而品质参差不齐。因此,在选购时一定要选择正规大厂家生产的包装符合要求的产品。

七、生态饲料的配制

(一)生态饲料的提出

畜牧生产对环境造成的污染主要来自畜禽粪尿排出物及食物中有毒有害物质的残留,其根源在于饲料。畜禽饲养者和饲料生产者为最

大限度地发挥畜禽的生产性能，往往在饲料配制中有意提高日粮蛋白浓度，造成粪尿中氮的排出增多；不注意饲料中矿物元素、微量元素及有毒有害物质在畜禽体内的富集和消化不完善物质的排出，致使畜禽食品有害物质残留超标，危害了人体健康，磷、铜、砷、锌及药物添加剂排出后，造成水土的污染，恶化了人们的生活环境。

随着动物营养研究的进一步深入和人类环保意识的不断增强，解决畜禽产品公害和减轻畜禽对环境污染问题被提到了重要议事日程。生态饲料就是利用生态营养学理论和方法，围绕畜禽产品公害和减轻畜禽对环境污染等问题，从原料的选购、配方设计、加工饲喂等过程进行严格质量控制，并实施动物营养调控，从而控制可能发生的畜禽产品公害和环境污染，使饲料达到低成本、高效益、低污染的效果。

(二)生态饲料的配制

1.原料的合理选择

饲料原料是加工饲料的基础，选择原料首先要保证原料的 90％来源于已认定的绿色食品产品及其副产品，其他可以是达到绿色食品标准的产品。其次要注意选购消化率高、营养变异小的原料。据测定，选择高消化率的饲料至少可以减少粪尿中 5％氮的排出量。再次是要注意选择有毒有害成分低、安全性高的饲料，以减少有毒有害成分在畜禽体内累积和排出后的环境污染。

2.饲料的精准加工

饲料加工的精准程度对畜禽的消化吸收影响很大，不同的畜禽对饲料加工的要求是不一样的。采用膨化和颗粒化加工技术，可以破坏和抑制饲料中的抗营养因子、有毒有害物质和微生物，改善饲料卫生，提高养分的消化率，使粪便排出的干物质减少 1/3。

3.配制氨基酸平衡日粮

氨基酸平衡日粮是指依据“理想蛋白质模式”配制的日粮。即日粮的氨基酸水平与动物的氨基酸水平相适应的日粮。所谓饲料蛋白质的品质好，是指日粮中蛋白质含有鸡所需要的各种氨基酸，而且比例适当;品质差,则表明蛋白质中所含氨基酸不全面或比例不当。因此,蛋白质的生物价并不决定于蛋白质的含量多少,而决定于它的利用率高低。只有各种必需氨基酸平衡,才能提高蛋白质的利用率。据报道,在满足有效氨基酸需要的基础上,可以适当降低日粮的蛋白质水平。氨基酸种类很多,但构成蛋白质的20多种,其中有半数鸡体内无法合成或合成不能满足需要,必须由饲料供给,这样的氨基酸称必需氨基酸。如果必需氨基酸摄取量不足,就难以发挥鸡的生产能力。据试验,在含15%粗蛋白的日粮中添加蛋氨酸增重效果极显著($p<0.01$),添加赖氨酸对鸡虽有促进生长作用,但不显著($p>0.05$)。很多试验表明,通常饲料配合中,蛋氨酸或蛋氨酸加胱氨酸(在体内有协同作用)为第一限制性必需氨基酸,其次为赖氨酸与色氨酸。所以,在配制日粮时应尽量满足上述3～4种氨基酸。两种以上蛋白质混合使用,比各自单独饲喂的营养效果要好。这是由于天然蛋白质的各种氨基酸含量不平衡。几种饲料配合使用,可以取长补短达到平衡,提高利用率。

4.根据畜禽品种及其不同的生长阶段配制日粮

动物不同的生长阶段其营养需要差别很大,生产中要尽可能地准确估计动物各阶段环境下的营养需要及各营养物质的利用率,设计出营养水平与动物生理需要基本一致的日粮,这是减少养分消耗和降低环境污染的关键。近年的许多研究报道表明,根据畜禽不同年龄、不同生理机能变化及环境的改变配制日粮,可以有效地减少氮磷的排放量。氨基酸需要随畜禽年龄和生理状态而异,要使氮的损失降到最低,必须经常调整氨基酸的供给量。

(三)合理利用饲料添加剂

在日粮中添加酶制剂、酸化剂、益生素、丝兰提取物、寡聚糖和中草药添加剂等,能更好地维持畜禽肠道菌群平衡,提高饲料消化率,减少环境污染。

1.添加酶制剂

张明军等(2005)研究表明,在肉鸡饲料中分别添加复合酶制剂

0.1%、0.15%和0.2%，与对照组相比日增重分别提高9.87%、15.80%和16.50%，饲料报酬分别提高10.24%、19.51%和20.49%。在家禽、仔猪或生长育肥猪的(小麦或大麦)基础日粮中添加β-葡聚糖酶和木聚糖酶,可减少非淀粉多糖产生的黏性物,提高能量、磷和氨基酸的利用率。

2.添加酸化剂

大量的研究表明:酸化剂通过降低幼龄动物胃肠道pH值,不仅能提高动物体内消化酶活性,促进大分子有机物的消化,提高饲料的利用率,同时还可以改变动物胃肠道的微生态环境、使病原菌的繁殖受到抑制、益生菌增殖,从而降低幼龄动物消化不良和病原菌引起的腹泻和死亡率。另外,由于一些有机酸还可增进蛋白质和矿物质的消化吸收,同时这些有机酸也具有便于利用能量,直接参与体内能量代谢,参与体内的三羧酸循环,在ATP紧急合成的时候，还具有缓解应激的作用。在鸡的应用中,也有过报道。从饲粮类型看,全植物性饲粮酸化的效果比含大量动物性饲料的效果要好。肉鸡和犊牛饲粮中添加酸化剂对提高饲料利用率、减少环境污染、促进动物健康和生长也有一定的作用。

3.添加益生素

当动物肠道内大肠杆菌等有害菌活动增强时,会导致蛋白质转化为氨、胺和其他有害物质或气体,而益生素可以减少氨和其他腐败物质的过多生成,降低肠内容物、粪便中氨的含量,使肠道内容物中甲酚、吲哚、粪臭素等的含量减少,从而减少粪便的臭气。芽孢杆菌在大肠中产生的氨基化氧化酶和分解硫化物的酶类,可将臭源吲哚化合物完全氧化成无臭、无毒害、无污染的物质。同时芽孢杆菌还可以降低动物体内血氨的浓度。另外,在饲料中添加嗜酸乳酸杆菌、双歧杆菌、粪链球菌等均能减少动物的氨气排放量,净化厩舍空气,降低粪尿中氮的含量,减少对环境的污染。

4.添加丝兰提取物

1982年美国研究者测定出丝兰提取物中的有效成分,可限制粪便中氨的生成,提高有机物的分解率,从而可降低畜禽舍空气中氨的浓度，达到除臭效果。最新的研究表明，此提取物有两个活性成分，一个可与氨结合，另一个可与硫化氢、甲基吲哚等有毒有害气体结合，因而具有控制畜禽排泄物恶臭的作用。同时，它还能协同肠内微生物分解饲料，提高肠道的消化机能，促进营养成分的吸收，并通过抑制微生物区系尿素酶的活性，从而抑制尿素的分解，减少畜禽排泄物中40%～50%的氨量。

5.添加氟石、钙化物等

氟石是天然矿物除臭剂，内部有许多孔穴，能产生极强的静电吸附力。添加到饲料中或撒在粪便及畜禽舍地面上，或作为载体用于矿物质添加剂，均可起到降低畜禽舍内温度和氨浓度的作用。同时，它可交换吸附一些放射性元素和重金属元素，对畜禽消化道氨气、硫化氢等有害气体也有很强的吸附作用。

6.添加寡聚糖

目前动物营养界研究的寡聚糖都是功能性寡聚糖，它是一种动物微生态调节剂及免疫增强剂。近年来，国外研究证明，寡聚糖具有类似抗生素的作用，但却具备无污染、无残留、功能强大的特点，因而成为动物营养界研究开发新型生态营养饲料添加剂的热点之一，是取代抗生素的理想生态营养饲料添加剂。它可以促进动物后肠有益菌的增殖，提高动物健康水平；通过促进有害菌的排泄、激活动物特异性免疫等途径，提高畜禽的整体免疫功能，有效地预防畜禽疾病的发生。

7.中草药添加剂

中草药添加剂是以天然中草药的物质（阴阳、温热、寒凉）、物味（酸、甜、苦、辣、咸）、物间关系等传统中医理论为主导，辅以动物饲养和饲料工业等现代科学理论技术而制成的纯天然的绿色饲料添加剂。中草药属纯天然物质，具有与食物同源、同体、同用的特点，应用于饲料行业，是一种理想的生态营养饲料添加剂，可起到改善机体代谢、促进生长发育、提高免疫功能及防治畜禽疾病等多方面的作用。如艾叶、大蒜、苍术等，不仅能促进畜禽生长发育，而且还能提高畜禽对饲料的利用率。

第四节　饲料配方设计

一、全价料——配制原则及全价料的配制方法

(一)饲料配制的原则

(1)科学性原则　饲料配方包含了动物营养、饲料、饲料分析、质量控制等许多方面的知识。各营养指标必须建立在科学的标准基础之上,能够满足家禽在不同阶段对各种养分的需求,指标间应具备合理的比例关系。配方能否达到实用的关键是养分之间错综复杂的关系能否平衡,配伍之间的协同互补作用是否达到最佳状态。生产出的饲料应具有良好的适口性,利用率高。对已经存在的配方应能够根据情况随机应变。

(2)安全性原则　即按照配方设计的产品应该符合国家有关规定,如感官指标、卫生指标、营养指标等。首先选料应新鲜,无毒无害,没有霉变和异味。其次,配料前对各种饲料进行检测,尤其要严格控制某些含有毒素饲料原料的监测。第三,要充分估计到有些添加剂存在的毒害,遵守其使用期和停用期规定。

(3)经济性原则　即在保证营养的基础上做到饲料成本最低。经济效益是配合饲料的最终目的,所以在选料时应选用营养而价格低廉的原料,控制高价饲料的使用比例,同时还要考虑到不要对环境造成污染。

(4)市场性原则　产品设计必须与市场紧密结合,针对不同客户生产不同档次、不同种类的产品,应明确市场对本产品的可接受程度,在竞争中立于不败之地。

(二)注意事项

家禽从饲料中获得生长所需要的营养,但没有一种单一的饲料可以满足家禽对各种营养物质的需求,必须将各种饲料按照一定的比例进行配合才能达到促进生长的目的。科学的饲料配制必须考虑以下几个方面的因素。

(1)饲粮标准和营养需要量　配合饲粮的营养参数是以饲养标准和营养需要为基础的。生产中常用的标准有我国制定的肉鸡饲养标准和美国 NRC 制定的家禽营养需要标准。NRC 营养需要量为最低营养需要,在生产中应增加 5%～10%的安全系数。添加安全系数后的 NRC 与中国标准非常接近。但各肉鸡育种公司列出的营养需要参数与 NRC 差异很大。

(2)家禽有“因能而食”的特性　饲粮能量浓度的高低直接影响家禽每天的平均进食量。饲粮能量浓度高时,采食量少;浓度低时采食量高。为了防止因饲粮的浓度影响其他营养素的进食量,饲粮种营养素浓度可按蛋白能量比和氨基酸能量比的方式表示,即用每兆焦代谢能所含的蛋白质或氨基酸克数表示。根据确定饲粮的能量浓度和标准中的蛋白能量比或氨基酸能量比计算饲粮蛋白质或氨基酸水平。如果饲粮能量浓度低于标准的建议值,则蛋白质和氨基酸水平应比相应的标准值低。由此可见饲粮的营养水平高低可根据当地饲粮的市场价格灵活定制,但饲粮中各营养素之比应保持不变。饲粮配方一般只计算代谢能、蛋白质、赖氨酸、蛋氨酸和钙磷水平即可。维生素和微量元素应配制成预混料后按照一定比例添加。

(3)饲料的准备　肉鸡常用的能量饲料一般有玉米和麦麸,玉米用量一般占 60%左右,麦麸为 0～8%。饲粮浓度需要高,用单一的玉米平衡日粮一般不能满足需要,尚需用 1%～5%的动植物油脂来强化。

饲粮中的蛋白质水平主要用植物性饼粕类饲料来平衡。蛋白质饲料主要有豆粕和杂粕(棉籽饼、粕,菜籽饼、粕和胡麻饼、粕)。杂粕适口性较差,能量含量、氨基酸含量及利用率低,还含有抗营养因子,所以日

粮用量应限制在5%～8%,在种鸡饲粮中应慎用棉籽饼、粕。

家禽的蛋白质营养实际上就是氨基酸的营养。在配合饲粮中蛋氨酸是第一限制性氨基酸,赖氨酸是第二限制性氨基酸。平衡饲粮中的氨基酸不足,最简单的方法就是添加工业生产的氨基酸,添加平衡后可降低饲粮的蛋白质水平。除了满足必需氨基酸的供给,还要满足部分非必需氨基酸的需求,但要考虑成本。还有一种方法就是提高日粮中的蛋白质水平,这在经济上可能是合算的,但是会造成蛋白质资源的浪费。

不同蛋白质饲料的氨基酸利用率不同。以鱼粉最高,豆粕次之,杂粕类饲料的氨基酸利用率最低。饼粕类饲料的氨基酸利用率又受到加工条件,如温度、可榨性、原料品质的影响。目前饲养标准中的氨基酸只是总的氨基酸,所以不同饲料配制的日粮氨基酸可利用率差别很大,饲养效果反应不一致。目前已有专家建议用可利用氨基酸表示,但体系尚需进一步完善。肉鸡饲料中石粉含量一般为0.6%～1%,骨粉和磷酸氢钙用量一般为1.5%～2.5%,依含磷原料含磷量而变化。食盐一般为0.3%～0.35%。

(4)充分利用当地饲料资源　由于各地栽培作物的品种不同,饲料种类也不一样。本着因地制宜、就地取材的原则,充分利用当地饲料资源,特别是那些价格廉价的饲料原料。这样既减少了中间环节,省时省力,又保证了饲料的来源。

(三)饲料配制的方法

1.饲料配方设计所需资料

肉鸡营养标准、饲料成分及营养价值表、各种饲料原料的价格。

2.饲料配制的方法

计算饲料配方的目的是要将各种饲料中的营养素按比例加起来,使能量、蛋白质尤其组成蛋白质的氨基酸,还有钙和磷、食盐都达到和超过饲养标准要求的数量,也要注意能量与其他营养素之间的比例是否合适,最后还要考虑饲粮的成本的问题。近代饲料工业都利用电子计算机把各种饲料中的所含的营养成分和单价输入计算机内贮存，又输入饲养标准要求各项营养素的需要量，再输入计算机程序，计算出各种营养素都符合营养需要的最低成本配方。每次计算，都可以提出多个配方供我们选择，因此需要计算配方者对输出的配方是否可行有判断力。

但是目前养鸡户或乡镇饲料厂普遍都不具备计算机，因此本章着重介绍传统上行之有效的手算方法，借助计算器也是很方便的。

（1）试差法　这种方法仍是目前普遍采用的方法之一，又称凑数法。具体做法是：首先根据经验初步拟出各种饲料原料的大致比例，然后用各自的比例去乘该原料所含的各种养分的百分含量，再将各种原料的同种养分之积相加，记得该配方的每种养分含量。所得结果与饲养标准进行对照，若有任一养分超过或不足，可通过增加或减少相应原料比例进行调整和重新计算，直至所有的营养指标都基本满足要求为止。这种方法的优点是可以考虑多种原料和多个营养指标，而且简单易学。缺点是计算量大，十分繁琐，盲目性较大，不易筛选出最佳配方。

（2）交叉法　又称方形法、对角线法等。基本方法是由两种饲料配制某一养分符合要求的混合饲料。通过连续多次运算，也可由多种饲料配合两种能上能下养分符合要求的混合饲料。这种方法简便、快捷，但适合于较少饲料种类和营养指标的运算，当考虑营养指标较多时，运算繁琐。

如用粗蛋白质含量分别为10%和40%的谷实类饲料和豆饼，配制粗蛋白质含量为16%的混合饲料，将两种饲料的粗蛋白质含量分别置于正方形的左方上、下角，所求粗蛋白质含量置于正方形中间，在对角线上分别相减（大值减小值）；所的结果分别为两种饲料应在混合料中占有的份数，即按谷实料24份、豆饼6份混合，使得粗蛋白质为16%的混合料，折合成质量百分数，谷实料为24÷（24＋4）＝80%，豆饼为6÷（24＋6）＝20%。

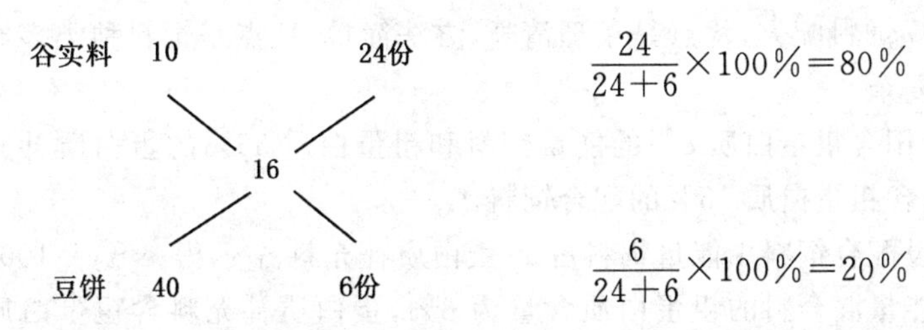

再举一例，蛋白质混合饲料配方连续计算，要求配制粗蛋白质含量40％的蛋白质混合料，其原料有血粉、脱毒棉仁饼、豆粕和肉骨粉。

第一步，查原料粗蛋白质含量，血粉、脱毒棉仁饼、豆粕和肉骨粉的粗蛋白质含量分别为 80.2％、36.3％、46％和 52％。

第二步，70 千克棉仁饼，30 千克豆粕组成植物性蛋白质饲料，其粗蛋白质含量为 39.21％，60 千克肉骨粉和 40 千克血粉组成动物性蛋白质饲料，其粗蛋白质含量为 63.28％。

第三步，作图。

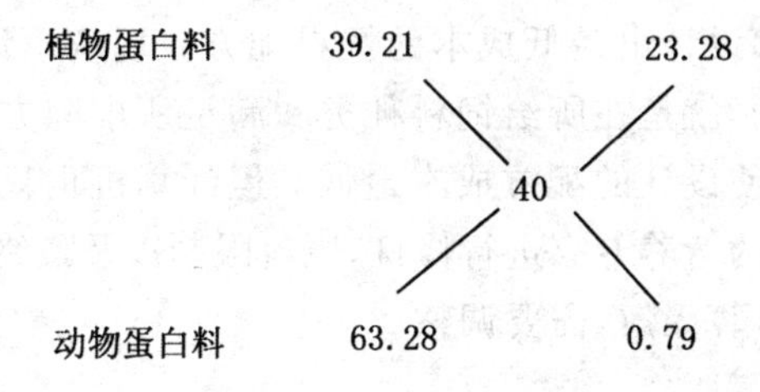

第四步，求出各原料比例。

植物蛋白料比例$\frac{23.28}{23.28+0.79}\times100\%=96.72\%$

动物蛋白料比例$\frac{0.79}{23.28+0.79}\times100\%=3.28\%$

豆粕用量：30×96.72％＝29.02（千克）

棉仁饼用量：70×96.72％＝67.70（千克）

肉骨粉用量：60×3.28％＝1.968（千克）

血粉用量：40×3.28％＝1.32（千克）

（3）公式法　又叫联立方程法。此法是利用数学上联立方程求解法来计算饲料配方，优点是条理清晰，方法简单；缺点是饲料种类多时计算较复杂。

例：用含粗蛋白质8%的能量饲料和粗蛋白质35%的蛋白质补充料，配制含粗蛋白质15%的配合饲料。

①设配合饲料中能量饲料占x，蛋白质补充料占y，得$x+y=100$。

②能量混合料的粗蛋白质含量为8%，蛋白质补充料含粗蛋白质35%，要求配合饲料含粗蛋白质为15%，得出$0.08x+0.35y=15$。

③联立方程组 $\begin{cases} x+y=100 \\ 0.08x+0.35y=15 \end{cases}$

求解得出$x=74.07$

$y=25.93$

即能量饲料为74.07%，蛋白质补充料为25.93%。

(4)电子计算机配方法　目前较为先进的方法是使用电子计算机筛选最佳配方。这种方法速度快，可以考虑多种原料和多个营养指标，最主要的是能够设计出最低成本的饲料配方。现应用计算机软件，多时应用线性规划，就是在所给饲料种类和满足所求配方的各项营养指标的条件下，能使设计的配方成本最低。但计算机也只能作为辅助设计，需要有经验的营养专家进行修订，原料限制以及最终配方的检查确定。有时配方计算无解，需要调整。

(四)配合饲料的种类(图3-1)

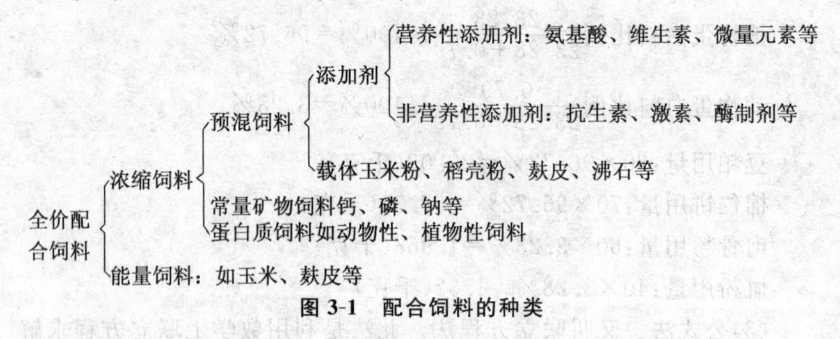

图3-1　配合饲料的种类

1.按营养成分分类

(1)全价配合饲料　又称全价料。它是采用科学配方和通过合理加工而得到的营养全面的复合饲料，能够满足鸡的各种营养需要，经济效益高，是理想的配合饲料。全价配合饲料可由各种饲料原料加上预混饲料配制而成，也可由浓缩饲料加能量饲料配制而成，全价配合饲料在鸡的饲养中用的最多。

(2)浓缩饲料　是由蛋白质饲料、矿物质饲料和添加剂预混料按规定要求混合而成。不能直接用于喂鸡。一般含有蛋白质30%以上，与能量饲料的配合应按生产厂家的说明进行配比，通常占全价配合饲料的30%～40%。

(3)添加剂预混料　由各种营养性和非营养性添加剂加载体混合而成，可供生产浓缩饲料和全价饲料使用，一般添加量为0.5%～5%。

(4)混合饲料　又叫初级配合饲料，为基础日粮。由能量饲料、蛋白质饲料、矿物质饲料按一定比例组合而成。基本上能满足鸡的营养需要，但营养不够全面，只适合农村散养户搭配一定青绿饲料饲喂。

2.按动物种类、生理阶段分类

鸡的配合饲料分为肉鸡、蛋鸡及种鸡三类。肉仔鸡饲料按周龄分为三种或两种。

3.按饲料物理形状分类

可分为粉料、粒料和颗粒料。通常肉仔鸡2周龄内喂粉料，3周龄以后喂颗粒料；肉种鸡喂粉料。

(1)粉料　这种饲料的生产设备及工艺均较简单，品质稳定，饲喂方便安全可靠。鸡可以吃到营养较完善的饲料，由于鸡采食慢，所有的鸡都能均匀采食。适用于各种类型和年龄的鸡。但粉料的缺点是易引起挑食，使鸡的营养不平衡，尤其使用链条输送饲料时。喂粉料采食量少，且易飞扬散失，施舍内粉尘较多，既造成饲料浪费，又增加呼吸道病发生率，在运输中也易产生分级现象。

(2)颗粒料　颗粒料是粉料再通过颗粒压制机压制成的饲料，形状多为圆柱状。颗粒机由双层蒸煮器与环模压粒机组成，混合好的颗粒饲料加入蒸煮器的上层，由搅拌桨慢慢推进，并加入少量水蒸气，20～30分钟后顺序进入环模压粒机，在经干燥机干燥后过筛，筛上为颗粒饲料，筛下的破碎细末再送回重加工。

颗粒料的优点是适口性好，避免挑食，减少浪费等，可保证食入料的全价性，饲料报酬高；在制作过程中经加压加温处理，破坏了部分有毒成分，起到了杀虫、灭菌作用。缺点是成本较高，再加热加压时使部分维生素和酶丧失活性，宜酌情添加。制粒增加了水分，不利于保存。还由于鸡采食量大，生长过快而易发生猝死症、腹水症等。

(3)粒料　主要是碎玉米、草籽、土粮、发芽麦类等，鸡喜欢采食，但营养不完善，多与粉料配合使用或限制饲养时于停料日开始饲喂。

二、维生素预混料

维生素因其在畜禽代谢过程中起的重要营养作用和保健作用，而成为现代饲料工业和集约化养殖必不可少的饲料添加剂。一般来说，影响单一维生素制剂稳定性和药效的因素相对较少，研究也较为深入。但是目前生产中应用添加剂大多是多种维生素加载体或稀释剂的混合物，具有不同理化特性的各种维生素相互混合后情况复杂，因此必须对多个环节严格把关，才能取得理想的效果。

1.定维生素添加量的原则

维生素预混料的配方设计应根据动物饲养标准进行。但饲养标准是在实验室条件下测得的维持动物不发病或纠正维生素缺乏症所需要的最低需要量，不能反映动物正常生长代谢的生理需要，故不适于在生产条件下应用。考虑到加工、贮藏过程中的损失以及其他各种影响维生素添加效果的因素，推荐添加量时应在最低需要量基础上加上一定的安全系数。根据我国当前畜牧业生产水平和配方饲料中的能量浓度及蛋白水平，中等水平添加量(超量10%左右)可带来较好的经济效益。

2.维生素预混料配制应注意的问题

(1)原料选择　维生素制剂产品很多，不同产品在质量、价格、剂

型、效价等方面有很大差异，应结合使用目的、生产工艺进行综合考虑。要求选用效价高、稳定性好、价格低廉且近期出厂的产品。目前市场上的维生素制剂可分为国产和进口两种。国产产品一般相对新鲜，质量可靠，B族维生素性质稳定，不足之处是维生素A、维生素D、维生素E等用载体吸附包被的产品，颗粒度大小不均，稳定性差，尤其在夏季更容易变质。在国际上，德国的巴斯夫(BASF)公司和瑞士的罗氏(ROCHE)公司都是著名的维生素生产厂家，我国每年由此进口量也较大。但是要防止假冒伪劣产品，同时注意查看有效成分含量，不要过保质期。

(2)注意配伍禁忌　一般来讲维生素的稳定性差，在许多不适条件下都会变性失效，但需要特别注意的是以下三点：第一，烟酸与泛酸不能混配；第二，氯化胆碱要单独使用；第三，微量元素添加剂与维生素不宜复配，即使复也要在短期内(3个月内)用完。

(3)加入抗氧化剂　为增强多种维生素和其他易氧化物质的稳定性，即使在某些原料中已经添加，在维生素预混料中最好也再加入抗氧化剂，如乙氧喹啉(含量小于150毫克/千克)、丁羟基甲苯等。

(4)载体选择　使维生素的损失减少到最低限度，应选用粒度合适、水分含量低且不易发生化学反应的物质作为载体或稀释剂。根据实际应用情况，脱脂米糠承载性最好，麸皮、次粉次之，玉米粉较差。特别是玉米粉颗粒较粗时，承载性能尤其不佳。载体应该吸附力较强，经多次搬运震动后仍能够保持较好的混合均匀度。对于维生素B_{12}、叶酸等含量极少的原料，必须事先予以稀释。

(5)包装及贮存　维生素预混料产品多为小包装方便配制时一次或短期内使用完，避免开包后活性成分的损失。包装要求密闭、隔水，真空包装更佳。最好采用铝箔袋真空包装，外形美观，密封好，贮存时间长。维生素添加剂在贮存过程中，要求环境干燥、避光、低温、通风，仓库内最高温度不得超过30℃，光线不宜过强，顶部需有隔热防潮层。此外，严格限制贮藏时间，一般要求在1～2个月内用完，最长不得超过6个月。

3.维生素预混料的配制方法

①确定维生素种类和数量。以动物饲养标准为基础,视饲养的具体条件,确定维生素的种类及其使用数量。

②确定各种维生素的保险系数。为使预混料中各种维生素在使用时能够达到保证剂量,在设计配方时,可依据环境条件增加用量,即保险系数。

③计算各种维生素的需要添加量。

④计算维生素商品添加原料用量。将各种维生素的添加量换算成商品维生素添加剂原料用量,即:商品维生素原料用量=维生素添加量/维生素商品添加剂活性成分含量。

⑤确定载体和载体用量。可作为维生素预混添加剂载体的种类很多,设计配方时,可根据配方的特点和使用目的选择适宜的载体,然后按照维生素预混料添加剂的预定使用量的0.1%～1%计算载体用量。抗氧化剂按照最低标准使用,即每吨配合饲料中添加100克。

三、微量元素添加剂

微量元素常指占动物体重0.01%以下的矿物元素,包括铜、铁、锰、锌、钼、钴、硒等。

1.配制原则

设计微量元素预混料配方,除了应遵循的科学性、安全性等原则以外,还要着重阐述以下两点:

(1)微量元素添加量的确定　由于在动物日粮中微量元素的添加量很少,而基础饲料中含量变化较大,生物学效价也有变化。如果按照成分表间接计算误差往往也很大。所以在配方设计时,普遍把饲料标准中规定的微量元素需要量作为添加量,将基础饲料中的含量忽略不计,而作为保险量。这样,既简化了计算,又便于实际应用。

(2)某些微量元素的特殊用量　在确定微量元素的添加量时,还应该考虑元素间的比例平衡和某些微量元素的特殊用量。如果某一元素

超量供给，就会破坏动物体内的元素平衡。此外，还要严格掌握添加量和中毒剂量之间的差距，即安全系数。

2.注意事项

(1)原料选择　微量元素原料的质量直接关系到产品质量。原料要求生物效价稳定，价格合理。选择时应根据不同情况进行综合考虑，选择最适宜的。但是无论选择哪一种类，都应该符合国家规定的标准。

(2)稀释剂和载体的选择　稀释剂和载体虽不直接对动物产生影响，但其水分、粒度等影响预混料的品质。载体的粒度一般要求30～80目，即在0.177～0.59毫米，稀释剂的粒度比载体小，一般为0.05～0.2毫米。常用作微量元素预混料的稀释剂和载体有石粉、碳酸钙、贝壳粉等。

(3)干燥处理　对于含水分高的微量元素原料，易吸湿返潮和结块，粉碎性能及流动性较差，如不处理不仅对饲料中的维生素有破坏作用，而且本身离子也易氧化变质，降低生物学效价，并影响饲料贮存期。因此必须在饲料添加剂使用之前进行干燥处理。可用烘干机或直接光照，一般水分控制在2%以下。

(4)预粉碎　预粉碎的目的在于提高混合均匀度，保证动物采食的几率相等，同时也有利于微量元素在肠胃中的溶解和吸收。但粉碎也不宜过细，否则会带来很多负面影响，如粉尘增加，流动性差等。钴、碘、硒等微量成分应粉碎至200目(0.076毫米)以下。

(5)稀释处理　如果一种原料在配方中的比例小于5%，则加进搅拌器之前一定要先稀释，保证组分的均匀度。

(6)混合次序　一般采用结构性能好的卧式带状混合机，先加入一半载体，然后按照数量由小到大的顺序投入，最后投入另一半载体，混合时间为15～20分钟。

3.配制方法

①根据饲养标准确定微量元素用量，同时可以参考确实可靠的科研成果进行权衡，修订微量元素添加的种类和数量。

②原料选择。综合原料的生物效价、价格和加工工艺等选择原料。

主要查明微量元素含量，同时查明杂质和其他元素含量，以应备用。

③根据原料中微量元素含量和预混料中的需要量，计算在预混料中各微量元素所需商品原料量。计算方法是：

纯原料量＝某微量元素需要量/纯品中元素含量(%)

商品原料量＝纯原料量/商品原料纯度(%)

④确定载体用量。根据预混料在配合饲料中的比例，计算载体用量。一般预混料占全价料的0.5%～1%，载体用量为预混料用量与商品原料量之差。

⑤列出微量元素预混料的配方。

4.包装与贮存

包装材料选择无毒无害，结实防潮的材料，且外观美观严密。贮存在阴凉、干燥、通风的地方，一般湿度不宜超过70%，温度不得超过31℃。

四、配合饲料生产工艺流程

(一)原料的接收、清理与贮存

原料接收是保证饲料产品质量的第一道工序，饲料厂在考虑生产能力的条件下，原料的接收应该快捷、便利。接收设备与工艺的设置要保证原料产品的安全贮存，接收过程中要合理组合原料的清理设备。对于接收后各批次原料品质差异较大的，要采用分级技术来保证加工产品的质量。这就要求在修建仓储设施时要有高度的灵活性。

饲料原料中的杂质，不仅影响到饲料产品质量而且直接关系到饲料加工设备及人身安全，严重时可致整台设备遭到破坏，影响饲料生产的顺利进行，故应及时清除。由于饲料原料来源的复杂性以及对饲料加工设备的保护，目前饲料厂的清理设备以筛选和磁选设备为主，筛选设备除去原料中的石块、泥块、麻袋片等大而长的杂物，磁选设备主要

去除铁质杂质。

料仓内空气环境、物料的温度及湿度的监督与自动控制也在一些大型饲料厂中得到应用，以防止虫、鼠害；不与有毒有害物混合贮存等，可在保证原料安全与减少养分损失中发挥作用。料仓设计通常要综合考虑料仓的可利用空间，所需的储存量和料仓与加工工序间的关系，以保证料仓下料更均匀。

（二）原料的粉碎

粉碎工艺的选择应根据产品质量和粉碎粒度要求，以及加工成本和投资额等来确定。按原料粉碎次数，可分为一次粉碎工艺和循环粉碎工艺或二次粉碎工艺。按与配料工序的组合形式可分为先配料后粉碎工艺与先粉碎后配料工艺。

一次粉碎工艺是最简单、最常用、最原始的一种粉碎工艺，无论是单一原料、混合原料，均经一次粉碎后即可，缺点是粒度不均匀，电耗较高。二次粉碎工艺有三种工艺形式，即单一循环粉碎工艺、阶段粉碎工艺和组织粉碎工艺。二次粉碎工艺与一次粉碎工艺相比，二次粉碎工艺能耗低，易提高生产效率及产品质量。因此多被大、中型饲料厂采用。

先配料后粉碎工艺按饲料配方的设计先进行配料并进行混合，然后进入粉碎机进行粉碎。有利于控制饲料产品粒度的均匀性，有利于某些油性物料和黏性物料等的粉碎；先粉碎后配料工艺先将待粉料进行粉碎，分别进入配料仓，然后再进行配料和混合。可根据物料的特性配备相应的粉碎机，针对性强，但不利于粉碎多品种物料，有利于物料混合均匀，控制粒度的一致性，有利于物料粉碎粒度的进一步减小。

（三）配料工艺

配料系统精确与否直接影响饲料质量现有的分批配料系统主要是加量配料系统，要求操作人员一定要有很强的责任心和质量意识，否则人为误差很可能造成严重的质量问题。在称量过程中不可避免会出现空中量，尽管可以采用一些技术减少空中量，但不可能完全消除，影响物料称量准确性；饲料工艺过程中通风除尘系统及喂料器的形式导致的喂料均匀性对物料称量精度也有较大的影响。

(四)混合工艺

原料的混合是将粉碎后的大宗原料、液体饲料（豆油、糖蜜等）和饲料添加剂（预混料）按照饲料配方的比例进行混合。常用混合设备有立式混合机、卧式螺带混合机、卧式桨叶混合机、卧式双轴桨叶式混合机。卧式双轴桨叶式混合机是一种高效短周期混合机。如果饲料均匀度不好，必然造成动物出现某些营养成分过剩，而另一些营养成分不足的现象，特别是微量元素的差异更加显著，肯定会影响饲养的效果，甚至造成养殖事故（中毒等）。

混合时间短了不行，过长也不行，在特定的条件下有一个最佳混合时间。混合机最佳搅拌时间的确定要考虑混合机的形式、混合机的转速、饲料在混合机内的充满系数以及饲料添加顺序等因素。混合过程中要注意加药饲料的生产应根据药物类型，先生产药物含量高的饲料，再依次生产药物含量低的饲料；在生产加药猪饲料后，只能生产另一种猪饲料；在生产加药鸡饲料后，只能生产另一种鸡饲料或猪饲料。

(五)制粒工艺

饲料原料被粉碎、混合后，可以以粉料的形式直接饲喂动物，也可以再加工成颗粒饲料后饲喂给动物。由于颗粒饲料具有增加畜禽采食量和适口性、破坏抗营养因子和毒素、降低粉尘、消除饲料结拱和提高饲料报酬高等优点，已经被广大畜牧生产者所接受。颗粒饲料是通过机械作用将单一原料或多种成分原料的混合料压密并挤压出模孔所成的圆柱状或团块状饲料。制粒的目的是将细碎的饲料利用热能、水分和压力的作用制成颗粒。

制粒的主要工艺包括：调质、制粒、破碎、筛分。其中，调质是对饲料进行水热处理，使其淀粉糊化、蛋白质变性、饲料软化，既提高压制颗

粒的质量和效果,又提高饲料的营养价值,改善饲料的适口性及其消化率;制粒的过程主要是粉料在调质后经环模挤压成需要大小的颗粒的过程。Nir 等(1994)研究指出,肉鸡日粮中谷物粉碎的几何平均粒度为 0.7～0.9 毫米时具有最好的增重效果和饲喂转化率,粒度过大会出现不利影响。按 Nir 的研究结果,肉鸡前期和中后期的粉碎机筛孔径约为 1.6 毫米和 2.2 毫米。国内有关资料要求:小鸡的饲料粒度为 1 毫米以下,中鸡为 2 毫米以下。综合上述资料,建议肉鸡饲料的粉碎粒度以 0.8～1.1 毫米为宜。

在生产过程中为了节省电力,增加产量,提高质量,往往是将物料先制成一定大小的颗粒,然后再根据畜禽饲用时的粒度用破碎机破碎成合格的产品。颗粒饲料经粉碎工艺处理后,会产生一部分粉末凝块等不符合要求的物料,因此破碎后的颗粒饲料需要筛分成颗粒整齐,大小均匀的产品。

五、生态养鸡的饲料配制

生态养鸡饲料配制的方法与其他家禽或家畜饲料配制方法一样。小规模饲养场多使用饲料厂定制的配合饲料,饲料厂根据放养鸡营养标准,设计配方。规模型鸡场,目前多使用浓缩料或预混料自行配置全价饲料,既快捷,又精确。配制生态养鸡放养期精料补充料的不同饲料原料的大致比例如表 3-9 所示。

表 3-9 生态养鸡饲料配制不同原料的大致比例关系 %

项目	育雏期	育成期	开产期	产蛋高峰期	其他产蛋期
能量饲料	69～71	70～72	68～70	64～66	65～68
植物性蛋白饲料	23～25	12～13	18～20	19～21	17～19
动物性蛋白饲料	1～2	0～2	2～3	3～5	2～3
矿物质饲料	2.5～3.0	2～3	5～7	9～10	8～9
植物油	0～1	0～1	0～1	2～3	1～2
限制性氨基酸	0.1～0.2	0～0.1	0.10～0.25	0.2～0.3	0.15～0.25
食盐	0.3	0.3	0.3	0.3	0.3
营养性添加剂	适量	适量	适量	适量	适量

根据以上提供的不同饲料原料的大致比例，即可用不同的饲料配合方法设计配方。在配方设计时，不同原料的用量要灵活掌握。例如，能量饲料主要有玉米、高粱、次粉和麸皮。由于高粱含有的单宁较多，用量应适当限制。麦麸的能量含量较低，在育雏期和产蛋期用量不可太多，否则将达不到营养标准；另外，动物性蛋白饲料主要是优质鱼粉、蝇蛆粉、黄粉虫粉和蚯蚓粉。油脂对于提高能量含量起到重要作用，但选用油脂最好使用无毒、无刺激和无不良气味的植物性油脂，不应选用羊油、牛油等有膻味的油脂，以防将这种不良气味带到产品中去，影响适口性，降低产品品质。关于沙砾的添加，一般笼养鸡有意识地添加一些小石子，以帮助消化。若放养，期间鸡可自由采食自己所需要的营养物质，田间或草地中，特别是山场，有丰富的沙石，可不必另外添加。

第五节　肉用仔鸡的饲料配方举例

一、饲料配方方法与步骤

下面以0～4周龄的肉用仔鸡设计日粮配方为例介绍试差法的方法与步骤。

第一步：列出所用饲养标准和饲料的营养成分表。

第二步：试制日粮配方，算出其营养成分。初步确定各种饲料的比例为：鱼粉10％、豆饼10％、花生饼5％、碎米10％、麦麸10％、食盐0.37％、骨粉0.5％、石粉0.5％、添加剂0.5％、玉米53.13％。饲料比例初步确定后可列出试制的日粮配方及营养成分，见表3-10。

表 3-10　试制日粮配方及其营养成分

饲料种类	饲料比例/%	代谢能/（兆焦/千克）	粗蛋白质/%	钙/%	总磷/%	蛋氨酸＋胱氨酸/%	赖氨酸/%
鱼粉	10.0	0.1×12.12＝1.212	0.1×62＝6.2	0.1×3.91＝0.391	0.1×2.90＝0.290	0.1×2.21＝0.221	0.1×4.35＝0.435
豆饼	10.0	0.1×11.04＝1.104	0.1×43＝4.3	0.1×0.32＝0.032	0.1×0.5＝0.050	0.1×1.08＝0.108	0.1×2.45＝0.245
花生饼	5.0	0.05×12.23＝0.615	0.05×43.9＝2.195	0.05×0.25＝0.013	0.05×0.52＝0.026	0.05×1.02＝0.051	0.05×1.35＝0.058
玉米	53.13	0.531×14.04＝7.455	0.531×8.6＝4.567	0.531×0.04＝0.021	0.531×0.21＝0.112	0.531×0.31＝0.165	0.531×0.29＝0.154
碎米	10.0	0.1×14.09＝1.409	0.1×8.8＝0.880	0.1×0.04＝0.004	0.1×0.23＝0.023	0.1×0.34＝0.034	0.1×0.36＝0.036
麦麸	10.0	0.1×7.23＝0.723	0.1×15.4＝1.540	0.1×0.14＝0.014	0.1×0.48＝0.048	0.1×0.48＝0.048	0.1×0.47＝0.047
骨粉	0.5			0.005×36.4＝0.182	0.005×16.4＝0.082		
石粉	0.5			0.005×37＝0.185			
食盐	0.37						
添加剂	0.5						
合计	100	12.518	19.682	0.842	0.689	0.627	0.975

第三步:补足日粮中粗蛋白质含量。从以上试制的日粮配方来看,代谢能比饲养标准多 0.398 兆焦/千克;而粗蛋白质比饲养标准少 1.318%,这样可以利用豆饼代替部分玉米进行调整。若粗蛋白质含量高于饲养标准,同样也可以用于米代替部分豆饼含量来调整。从饲料营养成分表中可查出豆饼的粗蛋白质含量为 43%,而玉米的粗蛋白质含量为 8.6%,豆饼中的粗蛋白质含量比玉米高 34.4%,每 1%豆饼代替玉米,可提高粗蛋白质含量 0.344%。这样,可以增加 3.832%豆饼来代替玉米,就能满足粗蛋白质的饲养标准。第一次调整后的日粮配方及营养成分见表 3-11。

第四步:平衡钙、磷,补充添加剂。从表中可以看出,日粮配方中的钙尚缺 0.147%,蛋氨酸与胱氨酸总量缺 0.184%。这样可以用 0.397%(0.147/0.37×100%)石粉代替玉米,另外添加 0.184%的蛋氨酸添加剂,维生素、微量元素等添加剂按药品说明添加。

这样经过调整的日粮配方中所有营养已基本满足要求,调整后确定日粮配方见表 3-12。

二、饲料配方举例

本配方仅供参考,实际添加比例根据鸡只情况确定。肉鸡生态饲料配方示例见表 3-13。

表 3-11　第一次调整后的日粮配方及其营养成分

饲料种类	饲料比例/%	代谢能/（兆焦/千克）	粗蛋白质/%	钙/%	总磷/%	蛋氨酸＋胱氨酸/%	赖氨酸/%
鱼粉	10.0	0.1×12.2＝1.212	0.1×62＝6.2	0.1×3.910＝0.391	0.1×2.90＝0.290	0.1×2.21＝0.221	0.1×4.35＝0.435
豆饼	13.828	0.138×11.4＝1.387	0.138×43＝5.948	0.138×0.32＝0.044	0.138×0.5＝0.069	0.138×1.08＝0.149	0.113 8×2.45＝0.338
花生饼	5.0	0.05×12.23＝0.615	0.05×43.9＝2.195	0.05×0.25＝0.013	0.05×0.52＝0.026	0.05×1.02＝0.051	0.05×1.35＝0.058
玉米	49.293	0.493×14.04＝6.922	0.493×8.6＝4.240	0.493×0.04＝0.020	0.493×0.21＝0.104	0.493×0.31＝0.153	0.493×0.29＝0.143
碎米	10.0	0.1×14.09＝1.409	0.1×8.8＝0.880	0.1×0.04＝0.004	0.1×0.23＝0.023	0.1×0.34＝0.034	0.1×0.36＝0.036
麦麸	10.0	0.1×7.23＝0.723	0.1×15.4＝1.540	0.1×0.14＝0.014	0.1×0.48＝0.048	0.1×0.48＝0.048	0.1×0.47＝0.047
骨粉	0.5			0.005×36.4＝0.182	0.005×16.4＝0.082		
石粉	0.5			0.005×37＝0.185			
食盐	0.37						
添加剂	0.5						
合计	100	12.268	21.003	0.853	0.700	0.656	1.057

表 3-12　最后确定使用的日粮配方及其营养成分

饲料种类	饲料比例/%	代谢能/（兆焦/千克）	粗蛋白质/%	钙/%	总磷/%	蛋氨酸＋胱氨酸/%	赖氨酸/%
鱼粉	10.0	0.1×12.12＝1.212	0.1×62＝6.2	0.1×3.91＝0.391	0.1×2.90＝0.290	0.1×2.21＝0.221	0.1×4.35＝0.435
豆饼	13.828	0.138×11.04＝1.387	0.138×43＝5.948	0.138×0.32＝0.044	0.138×0.5＝0.069	0.138×1.08＝0.149	0.113 8×2.45＝0.338
花生饼	5.0	0.05×12.23＝0.615	0.05×43.9＝2.195	0.05×0.25＝0.013	0.05×0.52＝0.026	0.05×1.02＝0.051	0.05×1.35＝0.058
玉米	49.901	0.489×14.04＝6.87	0.489×8.6＝4.206	0.489×0.04＝0.020	0.489×0.21＝0.103	0.489×0.31＝0.152	0.489×0.29＝0.142
碎米	10.0	0.1×14.09＝1.409	0.1×8.8＝0.880	0.1×0.04＝0.004	0.1×0.23＝0.023	0.1×0.34＝0.034	0.1×0.36＝0.036
麦麸	10.0	0.1×7.23＝0.723	0.1×15.4＝1.540	0.1×0.14＝0.014	0.1×0.48＝0.048	0.1×0.48＝0.048	0.1×0.47＝0.047
骨粉	0.5			0.005×36.4＝0.182	0.005×16.4＝0.082		
石粉	0.897			0.009×37＝0.332			
食盐	0.37						
蛋氨酸	0.184						
维生素、矿物质添加剂	0.316						
合计	100	12.216	21.003	0.853	0.700	0.656	1.057

表 3-13　肉鸡生态饲料配方示例

饲料种类	比例/%	营养水平	营养含量
玉米	61.6	代谢能/(兆焦/千克)	12.16
次粉	1.5	钙/%	1
豆粕	24.7	总磷/%	21.54
麸皮	3	磷/%	0.65
蝇蛆	4	赖氨酸/%	1.56
鱼粉	2	含硫氨基酸/%	0.84
食盐	0.37		
添加剂	3.2		

注：每千克饲料中添加剂含硫酸铜 0.24 克(含铜 57 毫克/千克)、硫酸亚铁 0.466 克(含铁 90 毫克/千克)、硫酸锌 0.36 克(含锌 80 毫克/千克)、硫酸锰 0.08 克(含锰 70 毫克/千克)碘化钾 0.000 8 克(含碘 0.6 毫克/千克)、亚硒酸钠 0.001 1 克(含硒 0.31 毫克/千克)、氯化钴 0.000 42 克(含钴 0.1 毫克/千克)、石灰石粉 9.8 克、磷酸氢钙 11.6 克、鸡用维生素 0.15 克、氯化胆碱 0.35 克、蛋氨酸 1.6 克、黄霉素 6 毫克。

第六节　肉鸡浓缩饲料的质量鉴别

大部分肉鸡养殖户是购买浓缩饲料，再与玉米等能量饲料混合生产配合饲料的。因此，浓缩饲料的质量鉴定是养殖户需要掌握的知识。

饲喂效果是肉鸡饲料质量鉴别最可靠的方法，但在许多情况下需要在饲料尚未饲喂前鉴别饲料的质量。饲料质量鉴别的方法很多，作为养殖场主要做感官指标鉴定，当饲养效果不良时，再根据肉鸡的表现有目的地进行相应指标的化验，以确认饲料是否存在质量问题。

一、感官指标的鉴定

(一)色泽

浓缩饲料的色泽可在大体上体现浓缩饲料中主要原料的多少。肉鸡浓缩饲料色泽越深，可能大豆粕的比例越少，品质较差。

(二)各种主要成分的比例

养殖人员一般都有常用原料外观特征的常识，可根据各种原料的比例判断饲料的质量。必要时可将饲料放在深色纸上，用一竹片将各种成分分离，分别堆在一起，然后估计各自所占的比例。粉状成分分离时有一定的困难，但将部分成分分离后，就可以比较方便地估计其组成了。就目前肉鸡商品浓缩饲料而言，好的饲料通常含有较多的大豆粕、鱼粉。而含有较多杂粕如棉籽粕、菜籽粕、胚芽粕的浓缩饲料通常能量和蛋白质水平较低，且氨基酸可利用率也较低。将浓缩饲料放入一玻璃杯中，沏入开水，浸泡5分钟左右，轻轻将上层部分倒掉，再加水将上层成分冲洗倒净，剩下部分均为不溶性的矿物质，饲料中添加的麦饭石越多，淘出的矿物量就越大。虽然饲料中适量添加麦饭石对肉鸡的生长有好处，但比例过大则会使饲料的营养浓度降低，反而影响肉鸡的生长和饲料转化率。

(三)油脂

肉鸡后期饲料如果添加较多的油脂，能够提高能量水平，提高育肥效果。添加不同的油脂，色泽也不同，未精制的鱼油含有较多的杂质及色素，与其他原料混合后，给人的感觉是“油大”，如果添加色素少的油脂如猪油和牛油，则给人的感觉是“油小”。添加到饲料中的油脂，会逐渐渗入其他原料中，饲料放置时间越长，饲料表面的油脂越少，饲料生产出来后，有15天左右，表面的油脂已经很少，搅动饲料时甚至会扬起粉尘。所以检查饲料中的油脂含量，应在出厂后立即检查。将浓缩饲料放在一张白纸上，用力按压并拧转。同一种油脂，纸张上渗透出的油脂越多，说明油脂含量越大。应该注意的是，并不是含油脂大的饲料都是好饲料，有的饲料厂家为了迎合养殖户的心理，常用大量的廉价的不含能量、蛋白质的原料如麦饭石、石英等代替部分蛋白质饲料，从而把节省的成本用于增加油脂含量，这种饲料其能量水平也不一定高(因为

油脂能量虽高，而添加的麦饭石则不含能量），而且其蛋白质含量通常也较低。另外，含有较多低能量的杂粕的饲料即使添加较多的油脂，不仅其蛋白质水平较低，其能量水平也未必比以豆粕为主添加较少油脂的饲料高。

（四）气味

通常浓缩饲料中具有某种原料或几种原料特有的气味，如加有鱼油的有一定的腥味；没有加鱼油而含有较多鱼粉的则有鱼粉的香味；添加较多抗生素，如土霉素或螺旋霉素有特殊的农药味。应该特别提出的是，有些养殖户认为，腥味浓的饲料说明鱼粉用量大、营养好，其实优质鱼粉都是经过脱脂处理的，有腥味，但不是很浓。饲料中很浓的腥味主要来自鱼油，所以并不能以腥味浓淡来判断饲料中鱼粉的添加量。夏季饲料放置时间过长，油脂被氧化，可闻到油脂变质的“哈喇味”；保管不当，受潮发霉的饲料有霉味。有这两种气味的饲料已失去使用价值，如果饲喂肉鸡，会造成肉鸡腹泻和腹水症，甚至中毒死亡。

（五）结块

正常的肉鸡饲料因其粒度较大，即使受压也不会结块。饲料发生结块是因为放置时间过长、受潮或长期受压造成的。凡结块的饲料一律不得饲喂动物。

（六）粒度

粒度大小与肉鸡的采食量、采食效率和生长速度有关。如果粒度过大，会因鸡无法吃下，造成浪费，并且影响食入营养的平衡。过细则采食效率降低，粉尘大，而且影响肉鸡的生长和健康。粒状成分的比例也是值得考虑的问题，快大型肉鸡料中如果有50%～70%的粒度合适的粒状成分对提高肉鸡的采食效率有益，而且不影响成分的均匀度。而粒状成分比例过大，饲料易发生分级，其中细粉状成分在搬运过程甚至混合过程中会沉到底部，而使成分发生分离，造成成分分布不均。相反，粒状成分过少则会影响采食效率。

二、有重点地进行检验

经常对所购买的浓缩饲料进行检验对广大农户、养殖户来说是不实际的。当养殖户因饲料质量与饲料厂家发生异议时，一般都知道通过化验来确定饲料是否有问题，但常常不清楚究竟应该检验哪些项目。饲料质量检验的项目很多，许多项目化验费相当高。所以必须缩小范围，减少检测项目，有重点地进行检验。如果肉鸡发生问题，应先从其他方面找原因，不要一出问题就认为是饲料问题。商品饲料如果出现质量问题一般有一定的普遍性、一致性，即凡使用该种饲料的用户大多出现相同的问题，而未使用该饲料的则不出现该问题。所以如果怀疑是饲料质量问题，应先询问其他用户是否也存在这种问题，然后再根据症状，估计饲料可能存在哪些质量问题。

(一)瘫痪

首先应通过剖检、化验，排除是因为疾病如马立克氏病、脑脊髓炎、病毒性关节炎等引起的，然后才能怀疑是饲料的问题。检验的先后顺序是，先检验维生素D是否不足，如果没有问题再检验钙、磷是否不足或过多，最后检验微量元素锰是否不足。应该指出的是，瘫痪是快大型肉鸡常发病，如果不是大量出现瘫痪症，瘫痪发生率低于2%，一般还不应考虑是饲料的原因。

(二)腹泻

可引起肉鸡腹泻的疾病很多，如沙门氏菌病（鸡白痢、伤寒、副伤寒）、法氏囊病、新城疫、肾性传染性支气管炎及环境恶化诱发的大肠杆菌病。排除这些因素后，饲料方面应考虑化验：含盐量是否过高，饲料中霉菌、大肠杆菌数量或霉菌毒素是否超标。

(三)腹水症

腹水症大多是因为冬季通风不良，鸡舍氨气、硫化氢过浓造成的。可诱发腹水症的饲料因素有：食盐含量过高、饲料中含有霉菌毒素、痢特灵含量过高等。

(四)猝死症

饲料营养浓度越高，越易于肉鸡采食，猝死症的发生率越高。

(五)中毒

突然的、大批的死亡可怀疑为急性中毒。首先应检查近期是否在饲料或饮水中添加过药物，并核对添加的有效成分的量，如果没有，可怀疑饲料有问题。造成急性或慢性中毒的饲料因素有高浓度食盐、痢特灵、喹乙醇、马杜拉霉素、霉菌毒素等。

(六)生长过慢、饲料转化率低

排除品种因素、各种疾病因素、气候环境因素后，再考虑饲料因素。造成肉鸡生长缓慢的饲料因素很多，首先检测饲料中的蛋白质、氨基酸及其平衡性，其次考虑各种维生素、微量元素含量，最后是粗纤维、粗灰分、水分等。

思考题

1.肉种鸡的营养需要有哪些？

2.肉仔鸡的营养需要有哪些？

3.常用生态饲料有哪些？

4.什么是肉鸡的饲养标准？

5.饲料配制的原则是什么？

6.微量元素添加剂如何使用？

7.举例说明肉用仔鸡饲料如何配置。

8.饲料配制的方法有哪些?

9.如何对肉鸡浓缩饲料进行质量鉴别?

第四章

场址选择与鸡场布局

导　读　本章对规模化肉鸡场场址的选择及鸡场的布局进行概述。分别介绍场址选择需要考虑哪些综合因素，如何对生态肉鸡场进行规划和布局，以及鸡舍建筑参数的基本要求和鸡舍常用设施设备等。

第一节　场址选择

规模化生态养鸡场址选择是影响生态规模化养殖效果的重要因素之一。鸡场场地直接关系到生态养鸡的生产规模、鸡群的健康状况以及鸡场的经营状况。场址选择应遵循无公害、生态和可持续发展原则及便于防疫原则，从地形地势、土壤、交通、电力、物质供应及与周围环境的配置关系等多方面综合考虑。饲养场包括生产区和非生产区两大部分。生产区包括饲养流程中的孵化室、育雏室、育成舍和成鸡舍等。非生产区包括饲料库、蛋库、办公室、供热房、供电房、维修室、车库、兽医室、消毒更衣室、食堂、宿舍等。鸡场场地选择应综合考虑以下因素。

一、自然条件

(一)地形地势

生态养鸡场址应选在地势较高、干燥、平坦的地方,还要容易排水、排污和向阳通风。养鸡场要远离沼泽地区,因为沼泽地区常是鸡只体内外寄生虫和蚊虻生存聚集的场所。鸡场所处位置一般高出地面 0.5 米。若在山坡、丘陵上建场,要建在南坡,因为南坡比北坡温度相对高,蒸发大,湿度低。养鸡场的地面要平坦而稍有坡度,以便排水,防止积水和泥泞,坡度不要过大,一般不超过 25°。坡度过大,建筑施工不便,也会因雨水常年冲刷而使场区坎坷不平。养鸡场的位置要向阳避风,以保持场区小气候温热状况的相对稳定,减少冬春风雪的侵袭,特别是避开西北方向的山口和长形谷地。有条件还应对其地形进行勘察,断层、滑坡和塌方的地段不宜建场,还要躲开坡底,以免受山洪和暴风的袭击。要求牧场场址的地形应开阔整齐,并有足够的面积。场址应保证嫩草和昆虫含量丰富,可为鸡提供广泛的食物来源。山区建场还要注意地质构造情况,避开断层、滑坡、塌方的地段;也要避开坡地、谷底以及风口,以免受山洪和暴风雨的袭击。

(二)土壤

适合于建立生态养鸡鸡场的土壤应该是沙壤土或壤土。这种土壤兼具沙土和黏土的优点,既克服了沙土导热性强、热容量小的缺点,又弥补了黏土透气性差、吸湿性能强的不足。沙壤土疏松多孔,透气透水性能良好,有利于树木和饲草的生长,冬天增加地温,夏天减少地面辐射热,而且有较强的自净能力,有利于畜禽健康、防疫卫生和饲养管理工作。沙地和黏土地不能建场。沙土地往往气多水少,虽然透气透水性能较好,但因容水量和吸湿性小、不易保持水分而比较干燥。另外,沙土地导热性大,易升温也易降温,昼夜温差大,季节性变化也比较明

显,不利于植物生长。黏土地透气和透水性能弱,容水量大,吸湿性大,因此自净能力弱,易于潮湿,雨后泥泞。

(三)水源与水质

鸡场选址时不仅要求水源水量充足,而且要求水质良好。如果鸡场水量不足,就不能满足人的生活用水和鸡群的生产用水;如果水质不好,就会造成一些传染性疾病及中毒性疾病的发生和流行。因此,建场时必须对水量和水质进行调查分析。水源选择要遵循:

(1)水量充足　水量不仅要满足当前鸡场人员生活需要和鸡的生产需要,而且要考虑到扩大再生产需要以及季节变化要求和防火等方面的需要。

(2)水质良好　水源水质经普通净化和消毒后能达到国家生活应用水水质卫生标准的要求。但除了以集中式供水作为水源外,一般就地选择的水源很难达到规定的标准。因此,还必须经过净化消毒达到《生活饮用水卫生标准》后才能使用。

(3)便于卫生防护　取水点的环境要便于卫生防护,卫生条件良好,以防止水源遭到污染。

(4)技术、经济上合理　即取用方便,净化消毒设备简易,基建及管理费用最节省等。在地下水丰富的地区,应优先选择地下水源,特别是深层地下水。从经济角度来考虑,在地面水丰富的地区,也可选用水质较好的地面水作为饮用水源。

对饮用水源水质的基本要求是,经适当处理后水质能达到饮用水水质卫生标准的要求。

①经净化处理后的水源水,感官形状和一般化学指标应符合生活饮用水水质卫生标准。

②饮用水源水不含有毒有害物质,其毒理学指标应符合生活饮用水水质卫生标准的要求。

③对经过净化和加氯消毒处理后供作生活饮用水的水源,大肠菌群平均每升不得超过 10 000 个,对只经过加氯消毒后便供作生活饮用

水的水源，大肠菌群平均每升不得超过 1 000 个。饲养肉鸡所用的水必须符合《无公害食品　畜禽饮用水水质》的要求（表 4-1）。

表 4-1　畜禽饮用水水质标准

项目		标准值	
		畜	禽
感官性状及一般化学指标	色	≤30°	
	浑浊度	≤20°	
	臭和味	不得有异臭、异味	
	总硬度（以 $CaCO_3$ 计）/（毫克/升）	≤1 500	
	pH	5.5～9.0	6.5～8.5
	溶解性总固体/（毫克/升）	≤4 000	≤2 000
	硫酸盐（以 SO_4^{2-} 计）/（毫克/升）	≤500	≤250
细菌学指标	总大肠菌群/（MPN/100 毫升）	成年畜 100，幼畜和禽 10	
毒理学指标	氟化物（以 F^- 计）/（毫克/升）	≤2.0	≤2.0
	氰化物/（毫克/升）	≤0.20	≤0.05
	砷/（毫克/升）	≤0.20	≤0.20
	汞/（毫克/升）	≤0.01	≤0.001
	铅/（毫克/升）	≤0.10	≤0.10
	铬（六价）/（毫克/升）	≤0.10	≤0.05
	镉/（毫克/升）	≤0.05	≤0.01
	硝酸盐（以 N 计）/（毫克/升）	≤10.0	≤3.0

（四）养殖场地

生态放养的鸡只活泼好动，觅食能力强，因此除要求具有较好且开阔的饲喂和活动场地外，还需要一定面积的果园、农田、林地、草场或草山草坡等，以供其自行采食杂草、野菜、虫体、谷物及矿土等丰富的食料，满足其营养需要，促进机体的发育和生长，增强体质，改善肉蛋品质。无论哪种放养地，最好具有树木遮阴，在中午能为鸡群提供休息的场所。

二、社会条件

(一)远离居民区和工业区

鸡场场址的选择,必须遵守社会公共卫生准则,使鸡场不致成为周围社会的污染源,同时也要注意不受周围环境的污染。因此,鸡场的位置应选在居民点的下风处,地势低于居民点,但要离开居民点污水排出口,不要选在化工厂、屠宰场、制革厂等容易造成环境污染企业的下风处或附近。鸡场与居民点之间的距离应保持在 1 000 米以上,鸡场相互间距离应在 2 000 米以上。

(二)交通要便利,防疫要好

鸡场投产后经常有大量的饲料、产品及废弃物等需要运进或运出,其中鸡蛋、雏鸡等在运输途中还不能颠簸,因此,要求场址交通便利,道路平整。同时便于鸡场对外宣传及工作人员外出。但为了防疫卫生及减少噪声,鸡场离主要公路的距离至少要在 2 000 米以上,同时修建专用道路与主要公路相连。

(三)电力保证

选择场址时,还应重视供电条件,必须具备可靠的电力供应,最好应靠近输电线路,尽量缩短新线敷设距离,同时要求电力安装方便及电力能保证 24 小时供应。必要时必须自备发电机来保证电力供应。

(四)有广泛的种植业结构

为了使养殖业与种植业紧密结合,在选择肉鸡场外部条件时,一定要选择种植业面积较广的地区来发展畜牧业。这一方面可以充分利用种植业的产品来作为畜禽饲料的原料;另一方面可使畜牧业产生的大量粪尿作为种植业的有机肥料,从而实施种养结合,实行农业的可持续发展。

(五)有发展空间

场地要合理规划,要有利于农、林、牧、副、渔综合利用,也要考虑鸡场将来发展扩大的可能性。

第二节 鸡场的布局规划

一、鸡场布局原则

(一)利于生产

鸡场的总体布置首先要满足生产工业流程的要求,按照生产过程的顺序性和连续性来规划和布置建筑物,达到有利于生产,便于科学管理,从而提高劳动生产效率。

(二)利于防疫

规模化养鸡场鸡群的规模较大,饲养密度高,鸡的疾病容易发生和流行,要想保持稳产高产,除了搞好卫生防疫工作以外,还应在场房建设初期,考虑好总体的布局,当地的主要风向,暴发过何种传染病等。布局一方面应着重考虑鸡场的性质,鸡体本身的抵抗力,地形条件、主导风向等几方面的问题,合理布置建筑物,满足其防疫距离的要求;另一方面当然还要采取一些行之有效的防疫措施。具体要求如下:

(1)生产区与行政管理区和生活区分开　因为行政管理区人员与外来人员接触的机会比较多,一旦外来人员带有烈性传染病,管理人员就会成为传递者,将病原菌带进生产区;从人的健康方面考虑,也应将

行政管理区设在生产区的上风向，地势高于生产区，将生活区设在行政管理区的上风向。

（2）料道与粪道分开　料道是饲养员从料库到鸡舍运输饲料的道路，粪道是鸡场通向化粪池的道路。粪道不能与料道混在一起，否则易暴发传染病。

（3）孵化室与鸡舍分开　孵化室与场外联系较多，宜建在靠近场前区的入口一侧。孵化室要求空气清新，无病菌，若鸡舍周围空气污染，加之孵化室与鸡舍相距太近，在孵化室通风换气时，有可能将病菌带进孵化室，造成孵化器及胚胎、雏鸡的污染。

（三）缩短道路管线，利于运输

规模化生态养鸡场日常的蛋、鸡、饲料、粪便以及生产和生活用品的运输任务非常繁忙，在建筑物和道路布局上还应考虑生产流程的内部联系和对外联系的连续性，尽量使运输路线方便、简洁、不重复、不迂回。管线、供电线路的长短，设计是否合理，直接影响建筑物的排列和投资，而这些道路的设计和管道的安装又直接影响建筑物的排列和布局，各建筑物之间的距离要尽量缩短，建筑物的排列要紧凑，以缩短建筑道路、管线的距离，节省建筑材料，减少投资。

（四）利于生产管理，减小劳动强度

规模化生态养鸡场在总体布局上应使生产区和生活区做到既分割又联系，位置要适中，环境要安静，不受鸡场的空气污染和噪声干扰，为职工创造一个舒适的条件，同时又便于生活、管理。在进行鸡场各建筑物的布局时，需将各种鸡舍排列整齐，使饲料、粪便、产品、供水及其他运输呈直线往返，减少转弯拐角。一般来讲，行政区、生活区与场外道路相通，位于生产区的一侧，并有围墙相隔，在生产区的进口处，设有消毒间、更衣室和消毒池。饲料间的位置，应在饲料耗用比较多的鸡群鸡舍附近，并靠近场外通道。锅炉房靠近育雏区，保证供温。

二、鸡场的布局

鸡场的设计主要是分区和布局的问题。规模化生态养鸡场总体布局要科学、合理、实用，并根据地形、地势和当地风向确定各种房舍和设施的相对位置，既要考虑卫生防疫条件，又要照顾到相互之间的联系，做到有利于生产，有利于管理，有利于生活。否则，容易导致鸡群疫病不断，影响生产和效益。一般，鸡场通常分为 3 个功能区，即管理区、生产区和病禽隔离区。

(一)管理区

管理区也称场前区，是牧场从事经营管理活动的功能区，与社会环境具有极为密切的联系。包括行政和技术办公室、饲料加工车间及料库、车库、杂品库、配电库、水塔、宿舍和食堂等。此区位置的确定，除了考虑风向、地势外，还应考虑将其设在与外界联系方便的位置。

为了防疫安全，又便于外面车辆将饲料运入和饲料成品运往生产区，应将饲料加工车间和料库设在该区和生产区隔墙处。但对于兼营饲料加工销售的综合型大场，则应在保证防疫安全和与生产区保持方便联系的前提下，独立组成饲料生产小区。此外，由于负责场外运输的车辆严禁进入生产区，其车棚、车库应设在管理区。

(二)生产区

生产区是鸡场的核心区，包括成鸡舍、育成鸡舍和育雏鸡舍。生产区内鸡舍的位置应根据常年主导风向，按孵化室(种鸡场)、育雏舍和成鸡舍这一顺序布置鸡场建筑物，以减少雏鸡发病的机会，利于鸡群的转群。鸡场生产区内，按规模大小、饲养批次不同分成几个小区，区与区之间要相隔一定距离。每栋鸡舍之间的距离不低于 50 米。应避免非生产人员随便进入该区而引起疫病传染。

(三)隔离区

隔离区包括病、死鸡隔离，剖检、化验、处理等房舍和设施，粪便污水处理及贮存设施。隔离区应设在场区的最下风向和地势较低处，并与鸡舍保持 300 米以上的卫生间距，该区应尽可能与外界隔绝，四周应有隔离屏障，并设单独的通道和出入口。此外，处理病死动物尸体的尸坑或焚尸炉应严密防护和隔离，以防止病原体的扩散和传播。

三、鸡场规划设计应考虑的问题

(一)饲养工艺流程

肉种鸡饲养工艺流程大多是分为育雏、育成和制种繁殖 3 个阶段进行。育雏期为 0～6 周龄，育成期 7～22 周龄，制种繁殖期为 23～64 周龄。有的也分为 0～22 周龄的培育期，23～66 周龄制种繁殖期两个阶段。三阶段法鸡舍利用率较高，然而育雏期末转群会产生不良应激，影响鸡群正常生长；两阶段法育雏期末转群，无应激影响，对鸡群生长有利，但鸡舍利用率较低。肉用仔鸡一般都采用 0～4 周龄育雏期和 6 周始至出栏育肥期两阶段法，但前期与后期可在同一鸡舍内饲养。

(二)饲养方式

肉用鸡的饲养方式有地面平养、条板上平养、半地面半条板上平养和笼养等几种。目前，我国肉种鸡多采用地面平养和条板上平养两种方式，育雏阶段多采用地面或网上平养，产蛋期采用地面和条板结合平养。地面与条板结合式平养，管理比较方便，卫生条件较好。笼养尚处在试用阶段，从已有的资料看，笼养能较高的利用建筑面积，劳动效率较高，种蛋受精率比较稳定，因而孵化率较高。但笼养投资较多，对营养水平、人工授精技术和疾病防治等要求都很高。而各类平养方式投资较少，鸡活动量较大，利于增强体质，但管理较麻烦，清粪劳动强度大，劳动效率较低，而且脏蛋、窝外蛋较多，特别是大肠杆菌、沙门氏菌的感染率都较高，对鸡群健康造成威胁。肉用仔鸡多采用地面厚垫料平养，一种鸡舍可以通养全程，投资较少，对管理工作要求较高，劳动强度较大。

（三）环境条件控制参数

鸡的最佳生理温度为18～22℃，但我国地域广阔，南北气温差异很大，而且鸡舍类型也较多，不易控制理想温度。就实际而言，夏季控制在28℃以下，冬季不低于10℃就比较适宜。关于通风换气的参数，南北方也不尽相同，育成鸡舍每1 000只鸡通风量以8 000～11 000米^3/小时为宜。产蛋鸡舍每1 000只鸡通风量以12 000～16 000米^3/小时为宜。鸡周围风速以1.2～1.5米/秒为宜。氨低于20毫克/升，硫化氢低于10毫克/升，二氧化碳低于0.15%。光照参数：育雏室照度为30～40勒克斯（每平方米3～4瓦），育成鸡舍为5～20勒克斯（每平方米1～2瓦），产蛋鸡舍为20～30勒克斯（每平方米3瓦）。孵化室温度应控制在22～25℃，室内照度以60勒克斯（每平方米5～6瓦）为宜。相对湿度要求：孵化室在70%～75%，出雏室在75%～85%，雏鸡存放室70%左右，蛋库75%～80%。对换气量要求：孵化室为20～21米^3/小时，出雏室为42米^3/小时，雏鸡存放室为1.6～1.8米^3/小时，蛋库每1 000枚种蛋为3.6米^3/小时。

四、鸡舍的设计和布局

（一）鸡舍的设计

（1）鸡舍设计的原则　①应根据当地气候特点和生产要求选择鸡舍类型和构造方案。②应尽可能地采用科学合理的生产工艺，并注意节约用地。③在满足生产要求的情况下，应注意降低生产成本。

在设计鸡舍时，一方面要反对那种追求形式、华而不实的铺张浪费

现象，另一方面也要反对片面强调因陋就简的错误认识。因为将鸡舍建造得过于简陋，起不到保温和隔热的作用，直接影响鸡的生产性能，造成无形的浪费。

(2)鸡舍的建筑要求

①保温隔热：生态养鸡鸡舍建在野外，鸡舍内温度和通风情况随着外界气候的变化而变化，受外界环境气候的影响直接而迅速。尤其是育雏舍，鸡个体较小，新陈代谢机能旺盛，体温也比一般家畜高。因此，鸡舍的温度要适宜，不可骤变。另外，当鸡舍温度太低时，鸡的饲料消耗增加，产蛋率下降。因此，考虑到保温，应选用保温性能好的材料，即使在室外温度较低的情况下，依靠鸡体的自发热量，可维持鸡舍的温度，节约采暖开支。因此，提高鸡舍的保温效能，就显得十分重要。

②通风换气：鸡舍内的通风效果与气流的均匀性、通风量的大小有关，但主要看进入舍内的风向角度多大，若风向角度为90°，则进入舍内的风为“穿堂风”，舍内有滞留区存在，不利于排除污浊气体，在夏季不利于通风降温；若风向角度为0°，即风向与鸡舍的长轴平行，风不能进入鸡舍，通风量等于零，通风效果最差；只有风向角度为45°时，通风效果最好。

(3)光照充足　光照分为自然光照和人工光照，自然光照主要对开放式鸡舍而言。舍内的自然光照依赖阳光，舍内的温度在一定程度上受太阳辐射的影响。特别是在冬季，充足的阳光照射可使鸡舍温暖、干燥，有利于消灭病原微生物。因此，自然采光的鸡舍，首先，要选择好鸡舍的方位。鸡舍朝南，冬季日光斜射，可以充分利用太阳辐射的温热效应与射入舍内的阳光，有利于鸡舍的保温取暖。其次，窗户的面积大小也要恰当，种鸡鸡舍窗户与地面面积之比以1∶5为好，商品鸡舍可以相对小一些。

(4)合理利用空间，布列均匀　新建鸡舍，在动工前要考虑采取何种饲养方式，是散养还是多层笼养，还是散养和笼养相结合。确定好饲养方式，根据养鸡设备，鸡笼笼架尺寸等计算好鸡舍占地范围，以便充分利用场地。另外，如果饲养规模大而棚舍较少，或放养地面积大而棚舍集中在一角，容易造成超载和过度放牧，影响植被正常生长，造成植被破坏，并易促成传染病的暴发。因此，应根据养殖规模和放养场地的面积搭建棚舍的数量，多棚舍要布列均匀，间隔150～200米。

(5)便于卫生防疫和消毒　为了防疫需要，鸡舍内地面要比舍外地面高出30～50厘米，鸡舍周围30米内不能有积水，以防舍内潮湿滋生病菌；棚舍内地面要铺垫5厘米厚的沙土，并且根据污染情况定期更换；鸡舍的入口处应设消毒池；通向鸡舍的道路要分净道和污道，净道为运料专用道，污道为清粪和处理病死鸡专用道；有窗鸡舍窗户要安装铁丝网，以防止飞鸟、野兽进入鸡舍，避免引起鸡群应激和传播疾病。

(二)鸡舍的布局

(1)鸡舍的排列　鸡舍通常设计为东西成排、南北成列，尽量做到整齐、美观、紧凑。生产区内鸡舍的布列，应根据场地形状、鸡舍数量和长度，酌情布置为单列、双列或多列。要尽量避免横向狭长或竖向狭长的布局。因为狭长形布局势必加大饲料、粪污运输距离，使管理和生产联系不便，也使各种管线距离加大，建场投资增加，而方形或近似方形布局可避免这些缺点。

(2)鸡舍的朝向　鸡舍朝向是指用于通风和采光的棚舍门窗的指向。鸡舍朝向的选择与鸡舍采光、保温、通风等因素有关，目的是利用太阳的光、热及自然主导风向。舍内的自然光依赖阳光，舍内的温度在一定程度上受太阳辐射的影响，自然通风时舍内通风换气受主导风向的影响。因此，鸡舍朝向应根据本地区的实际情况，合理选择，一般多以坐北朝南或偏东、西为主。

光照是良好的自然光源，它是促进雏鸡正常生长、发育、和产蛋鸡的产蛋、繁殖等必不可少的因素，因为舍内的光依靠阳光，舍内的温度受太阳辐射的影响，舍内的通风换气受主导风向的影响，必须了解当地的主导风向、太阳高度角。

冬季要利用太阳的辐射，夏季要避免辐射，我国地处北纬20°～50°之间，各地太阳高度角因纬度和季节的不同而变化。我国地处北半球，

鸡舍朝南，冬季日光斜射，可以充分利用太阳辐射的温热效应和射入舍内的阳光，以利于鸡舍的保温取暖。夏季日光直射，太阳高度角大，阳光直射舍内很少，以利于防暑降温。

我国绝大部分地区太阳高度角冬季低、夏季高，且我国夏季盛行东南风，冬季多东北风或西北风，南向鸡舍均较适宜，朝南偏西 15°～30°也可以。

(3)鸡舍间距　鸡舍间距指鸡舍与鸡舍之间的距离，是鸡场总的平面布置的一项重要内容，它关系着鸡场的防疫、排污、防火和占地面积，直接影响到鸡场的经济效益，因此应给予足够的重视。应从防疫、防火、排污及节约占地面积考虑。

①从防疫角度考虑，应当先知道最为不利的间距所需的数值，即当风向与鸡舍长轴垂直时背风面漩涡范围最大的间距。一般鸡舍的间距是鸡舍高度的 3～5 倍时，即能满足要求。试验表明，背风面漩涡区的长度与鸡舍高度之比是 5∶1，因此，一般开放型鸡舍的间距是高度的 5 倍。而当主导风向入射角为 30°～60°时漩涡长度缩小为鸡舍高度的 3 倍左右，这时的间距对鸡舍的防疫和通风更为有利。对于密闭式鸡舍，由于采用人工通风和换气，鸡舍间距达到 3 倍高度即可满足防疫要求。

②如果再考虑放火，为了消除火灾的隐患，防止发生事故，按照国家的规定，民用建筑采用 15 米的间距，鸡舍多为砖混结构，故不用最大的防火间距，采用 10 米左右即能满足防疫和防火间距的要求。

③排污间距一般为鸡舍高度的 2 倍，按民用建筑的日照间距要求，鸡舍间距应为鸡舍高度的 1.5～2 倍。鸡场的排污需要借助自然风，当鸡舍长轴与主导风向夹角为 30°～60°时，用 1.3～1.5 倍的鸡舍间距也可以满足排污的要求。综合几种因素的要求，可以利用主导风向和鸡舍长轴所形成的夹角，适当缩小鸡舍的间距，从而节约占地。

④节约占地。在确定鸡舍间距时，不仅要注意防疫、排污和防火问题，还应考虑节约占地。我国的大部分地区，土地资源并不十分丰富，尤其是在农区和城郊建场，节约用地问题就更加重要。

进行养鸡场的总体布置时,需要根据当地的土地资源及其利用情况而定。一般按民用建筑的日照间距为鸡舍高度的2倍建场。

综合以上几点因素,采取鸡舍高度的2～3倍作为鸡舍间距,可以满足各种方面的要求。

(三)鸡舍类型

鸡舍因分类方法不同有多种类型,如按饲养方式可分为平养鸡舍和笼养鸡舍;按鸡的种类可分为种鸡舍、蛋鸡舍和肉鸡舍;按鸡的生产阶段可分为育雏舍、育成鸡舍、成鸡舍;按鸡舍与外界的联系或鸡舍的形式,可分为开放式鸡舍和密闭式鸡舍。除此之外,还有适合专业户小规模养鸡的简易鸡舍。

1.鸡舍地面类型

(1)地面平养鸡舍　这种鸡舍与平房相似,在舍内地面铺垫料或加架网栅后就地养鸡。此种优点是鸡舍对建筑要求不高,投资较少。缺点是舍内的地面需铺设垫料,因而必须经常清洗垫料,彻底消毒,以减少疾病的发生,一般中小型肉鸡用。

(2)网养鸡舍　该鸡舍四壁与舍顶结构均可采用本地区的民用建筑形式,但在跨度上要根据所选用的设备而定。一般在离地50～80厘米处搭设网、栅,鸡养在网栅上,网栅用金属丝、竹片、木条等编排而成,在网栅的周围设置围栏,料槽、水槽放在网上。这种饲养方式由于不接触地面,可以减少寄生虫病的发生。

(3)笼养鸡舍　该鸡舍四壁与舍顶结构均可采用本地区的民用建筑形式,但在跨度上要根据所选用的设备而定。其特点是把鸡关在笼格中饲养,因而饲养密度大,管理方便,饲料报酬高,疫病控制较容易,劳动生产效率高。缺点是饲养管理技术严格,造价高,笼养鸡的猝死综合征影响鸡的存活率,淘汰鸡的外观较差,骨骼较脆,出售价格低。

(4)网上与地面结合饲养鸡舍　该鸡舍四壁与舍顶结构均可采用本地区的民用建筑形式,但在跨度上要根据所选用的设备而定。鸡舍分为地面和网上两部分。地面部分垫厚垫料,网上部分为板条棚架结

构。板条棚架结构床面与垫料地面之比通常为6∶4或2∶1,舍内布局主要采用“两高一低”或“两低一高”。这种鸡舍较网养鸡舍投资少,既有网上优点,又克服了网上饲养受精率低的缺点,还可以采用机械清粪,降低了劳动强度。其缺点是饲养密度低一些。

2.鸡舍整体结构类型

(1)开放式鸡舍　这种鸡舍只有简易顶棚,四壁无墙或有矮墙,冬季用尼龙薄膜围高保暖;或两侧有墙,南面无墙,北墙上有开窗。其优点是鸡舍造价低,炎热季节通风好,通风和照明费用省。缺点是占地多,鸡群生产性能受外界环境影响较大,疾病传播机会多。

(2)半开放式鸡舍　这种鸡舍有窗户,全部或大部分靠自然通风、采光,舍温随季节变化而升降,冬季晚上用稻草帘遮上敞开面,以保持鸡舍温度,白天把帘卷起来采光采暖。其优点是鸡舍造价低,设备投资少,照明耗电少,鸡只体质强壮。缺点是占地多,饲养密度低,防疫较困难,外界环境因素对鸡群影响较大,蛋鸡产蛋率波动大。

(3)密闭式鸡舍　密闭式鸡舍一般是用隔热性能好的材料构造房顶和四壁,不设窗户,只有带拐弯的进气孔和排气孔,舍内小气候通过各种调节设备控制。这种鸡舍的优点是减少了外界气候对鸡群的影响,有利于采取先进的饲养管理技术和防疫措施。缺点是投资高,要求较高的建筑标准和性能良好而稳定的附属设备;耗费电力较多,而且一定要有稳定而可靠的电力供应。

(4)大棚鸡舍

①半砖木结构开放式塑料大棚。竹木框架,砖砌墙,开窗,水泥地面(下铺一层尼龙布,上浇3～5厘米水泥),棚顶由内而外依次为尼龙布、稻草(3～4厘米)、石棉瓦(或油毡)。塑料大棚的规模主要应根据饲养规模来决定,舍内每平方米5～6只鸡。如考虑饲养规模的扩大,应留有扩群的面积。每平方米造价50～60元,一般可使用5年。

a.跨度。塑料大棚的跨度与当地气候条件有密切关系。一般为3～5米,雨雪多的地区跨度可以加大,以增加棚内热容量。

b.长度。塑料大棚长度除与饲养量有关外,与跨度的比例还关系到大棚的坚固性。比如某养鸡户饲养 1 000 只，其塑料大棚应长 14 米，宽 5 米，面积为 70 米^2，大棚的周长为 38 米，中间放一排栖架，但注意由于跨度增大其长宽比变小，周长也变小，建筑面积增大，不但造成浪费，而且使抗风能力大为减少，坚固性能也差，因此塑料大棚的长与跨度必须适宜，比例合理。

c. 高度。大棚的高度不但与跨度有一定的关系，也对棚内空气有一定的影响，高度还受栖架高度的制约。一般来说，在跨度确定的情况下高度应增加。因高度增加，塑料大棚的屋面角也随之增加。从而提高采光效果，进而增加蓄热量，可弥补热量损失。实践证明，塑料大棚的高度一般为 2.0～2.5 米，高跨比以(0.4～0.5)∶1 为宜。

d. 棚面弧度。塑料大棚的棚面弧面与塑料大棚的形式有关，在半拱圆形塑料大棚的设计中要首先考虑到牢固性。塑料大棚能否坚固耐用，其主要因素决定于框架材料的质量以及塑料薄膜的强度和棚面的弧度。棚面弧度与抗风性能存在着密切关系，如果棚面弧度设计不合理，有风天易造成塑料大棚的薄膜反复摔打，严重时甚至将薄膜弄坏，塑料大棚只有在棚内外空气压强相等时才不会产生摔打现象。如果弧度合理，可以减缓风速对塑料大棚的冲击。合理的弧线可用轴线公式求得。弧线点高公式为：

$$Y=\frac{4f}{L^2}\times(L-X)$$

式中：Y 为弧线点高，f 为中高，L 为跨度，X 为水平距离。比如塑料大棚的跨度为 6 米，中高 2.6 米，从地面上画一道 0～6 米直线，共分 5 个点(6 等份)，每个点向上引垂线，确定各垂线高度，将数字代入公式：

$$Y_1=\frac{4\times2.6}{6^2}\times1\times(6-1)=1.44(\text{米})$$

$$Y_2=\frac{4\times2.6}{6^2}\times2\times(6-2)=2.31(\text{米})$$

$$Y_3=\frac{4\times2.6}{6^2}\times3\times(6-3)=2.60(\text{米})$$

$$Y_4 = \frac{4 \times 2.6}{6^2} \times 4 \times (6-4) = 2.31(米)$$

$$Y_5 = \frac{4 \times 2.6}{6^2} \times 5 \times (6-5) = 1.44(米)$$

将各高度连起来，就形成一个比较合理的拱圆形塑料大棚的弧线（图 4-1）。

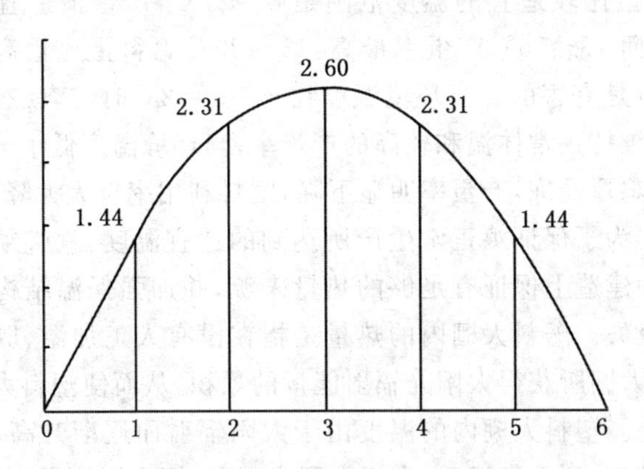

图 4-1　塑料大棚棚面弧度示意图

e. 后墙高度和后坡角度。建造塑料大棚时往往采用带后墙的单斜面的大棚。后墙由于是土木结构，可以防御严寒北风的侵袭。后墙矮、后坡角度大，冬至前后阳光可照到坡内表面，有利于保温。但这种形式的塑料大棚举架低，不利于棚内作业，如果后墙高，后坡角度小，虽有利于作业，但保温性能差。所以，后墙高度和后坡角度分别以 1.2～1.8 米与 30°为宜，不能有遮蔽物。

②简易塑料大棚。棚体长 6 米，宽 4 米，棚高 1.8 米。竹木框架，泥土地面，尼龙布或遮阳网作围墙，棚顶由内而外依次为尼龙布、稻草、遮阳网（或尼龙布）。造价 15～20 元/米²，一般可使用 2～3 年，利于轮牧拆卸。因此，塑料大棚可以减少鸡舍投入和固定资产折旧费。另外由于在冬季放养过程中，柴鸡对多年生草本植物根茎和土壤中草籽的觅食对第二年山场植被的产草量有很大影响，不利于第二年山场返青

和土壤保养。所以，无论从山场资源的合理开发，降低饲料成本，提高经济效益考虑，还是水土保持，生态保护等长期生态效益考虑，使用极易安装拆卸的塑料大棚鸡舍都优于砖木结构鸡舍。

a. 塑料大棚的保温设计。环境温度对鸡的生长发育、成活、性成熟、受精、产蛋、蛋重、蛋壳品质以及饲料利用率等都有明显的影响。对鸡来说，产蛋比较适宜的温度范围是 5～27℃，产蛋最适宜温度则是 13～20℃，而 13～16℃产蛋率最高，15～20℃鸡料蛋比最高。但环境温度过低也是有害的。当环境温度在－9～－2℃时，鸡就有不舒服的感觉，难以维持正常体温和较高的产蛋率；当环境温度低于－9℃时，鸡活动迟缓，鸡冠受冻，产蛋率明显下降，饲料利用率也大大降低，造成饲料的浪费。为了保证鸡正常生产所达到的适宜温度，就必须在塑料大棚的设计和建造上保证有足够的热量来源，并加强保温结构以尽量减少热量的流失。塑料大棚内的热量是指在没有人工加温、取暖的情况下，由塑料大棚所获得太阳光辐射能量的累积，从而使塑料大棚内的温度高于棚外。塑料大棚内的温度由于太阳辐射而逐渐升高，中午时棚内温度达最高，到下午以后，由于太阳光减弱，棚内温度逐渐下降，下半夜至翌日早晨 4～6 点棚内温度最低，形成昼夜温差。为了减少温差，可在下午 3～4 点趁棚内温度较高时用草帘等物将塑料大棚覆盖上，以提高塑料大棚内的夜间温度。塑料大棚的表面散放热量和棚内外温差成正比，即温差愈大散放热量就愈多。因此，在建造塑料大棚时一定要用保温性能好的材料并适当加大厚度，或用多层材料组合在一起的异质结构以加强绝热能力，从而提高塑料大棚的保温性能。实践证明，塑料大棚的形式与保温有着密切的关系，跨度大的、圆形的、围护结构的面积相对小的塑料大棚其保温性能好，温度变化缓慢，昼夜温差小，保温效果好，相反跨度小而结构面积大则不利于保温。

塑料大棚的方位不同，采光就不同，受冷风侵袭情况也不同。我国北方由于冬、春季风多偏西偏北，所以，塑料大棚一般以坐北朝南、东西延长为好，这样不仅能保证光线最大限度透入，而且还有利于保温。实践表明，塑料大棚的保温效果好坏与棚顶的形式有直接关系。单斜面

和半拱圆形塑料大棚的棚顶前坡被塑料薄膜覆盖，后坡一般为土木结构上面覆盖泥土。而双斜面和拱圆形塑料大棚的棚顶全部用塑料薄膜覆盖。在塑料大棚的围护结构中，失热最多的是棚顶，其次是墙壁和地面，这是因为棚顶的面积一般大大超过墙壁的面积，同时，因热气向上，棚内的温度一般上高下低，因而热量容易通过棚顶散失。采用单斜面和半拱圆形的塑料大棚养鸡时，为了减少棚内的温度散失，后坡最好有较厚的保温层，可用炉灰、锯末、珍珠岩等覆盖，并在入秋以后在后坡上压稻草、玉米秸等保温，也可在塑料大棚的东、西、北侧夹上防风障，防止寒风侵袭。

目前建造塑料大棚用的塑料薄膜品种较多，它是塑料大棚不可缺少的围护结构，也是采光的重要建筑材料和夜间重点防寒的设施。在选用塑料薄膜时不仅要求透光好、保温好，而且还要用无滴膜，一般采用 0.10～0.12 毫米厚的聚氯乙烯无滴膜。

b. 塑料大棚的通风换气设计。通风换气是大棚养鸡不可忽视的环境因素。鸡舍中容易产生二氧化碳、硫化氢和氨气等有害气体，其中氨气对鸡影响甚大。氨气是有机物腐烂分解产生的。如果注意通风换气、经常清扫粪便或保持粪便和保持垫料干燥，鸡舍氨气的含量是不会过高的。如果只注意保温而不注意通风换气和及时清扫粪便，或者相对湿度高，氨气的含量就会偏高，时间长就会造成鸡麻痹、呼吸道黏膜受损，抵抗力降低，易患疾病。据研究，如果氨气含量达到 20 毫升/米^3 并连续 6 周以上，鸡就发生肺水肿，对鸡新城疫比较敏感；如果氨气含量达 50 毫升/米^3，几天之后鸡就流泪、流鼻液；如果氨气含量达 100 毫升/米^3，产蛋率可由 80%降到 30%以下，即使氨气含量恢复正常，也需 3 个月时间才能使产蛋率回升并接近原来的水平。所以，塑料大棚养鸡尤要重视通风换气。通过通风换气，换进棚外的新鲜空气、排除棚内的污浊空气，以保证鸡对新鲜空气的需要。塑料大棚的通风换气原则是：保证棚舍内适宜温度的同时，排除过多的水汽和有害气体，补充氧气。

c. 塑料大棚的采光设计。光照对鸡有一种特殊作用。试验表明，高产鸡每天需光照 16 小时，光照强度为 5～10 勒克斯，光线太强容易发生恶癖。

在设计建造塑料大棚时首先要解决好采光问题，特别是冬季，阳光弱、气温低，应最大限度地使阳光多透射到塑料大棚内。一般情况下，塑料大棚应采用坐北朝南、东西延长的方位。在早晨严寒、大气污染严重、阳光透过率较低的我国北方地区，大棚的方位可以偏西 5°，这样可以延长午后的光照时间，有利于夜间保温。其次是解决屋面的角度问题。阳光照射到大棚上后，一部分被塑料薄膜吸收和反射，剩余的光线吸收率是一定的，因此，光线的透过率决定反射率的大小，反射率愈小，透过率就愈大。而反射率的大小又与光线的入射角有直接关系。光线的入射角小，反射率则也愈小，透过率就愈大。相反，如果反射率大，则透过率就小。当光线垂直入射时，透过率最大。当入射角在 0°～60°范围内时，透过率随入射角的加大而明显下降；当入射角处在 60°～90°的范围内时，透过率将大幅度下降。

参考蔬菜日光温室的设计，合理屋面角计算公式为 90°－H°冬至日太阳高度角－40°，或为当地纬度减 6.5°。例如，北纬 40°地区，日光温室前屋的采光角应为 40°－6.5°＝33.5°。

第三节　鸡舍辅助设备

生态养鸡鸡场需要的设备和用具，应根据养殖地的特点和生态养鸡的生活习性。常用设备和用具包括控温设备、饮水设备、喂料设备、通风换气设备、照明设备、产蛋箱、栖架、捕鸡设备、诱虫设备等。

一、控温设备

在育雏阶段，尤其是寒冷的冬天及早春、晚秋都要增加育雏室的温

度，以满足雏鸡健康生长的基本需要。升温设备和降温设备有好多种，不同地区的养鸡场、养鸡户可根据当地的热源（煤、电、煤气、石油等）选择某种升温设备来增加育雏温度。当夏天温度过高时，养殖户可以利用湿帘及风机降温设备、低压喷雾系统和高压喷雾系统来降低舍内温度。

（一）煤炉

煤炉可用铁皮制成，或用烤火炉改制。炉上应有铁板制成的平面炉盖。炉身侧上方留有出气孔，以便接上炉管通向室外排出煤烟及煤气，煤炉下部侧面，在出气孔的另一侧面，留有一个进气孔，并有铁皮制成的调节板，由进气孔和出气管道构成吸风系统，由调节板调节进气量以控制炉温，炉管的散热过程就是对室内空气的加温过程。炉管在室内应尽量长些，也可一个煤炉上加 2 根出气管道通向室外，炉管由炉子到室外要逐步向上倾斜，到达室外后应折向上方且以超过屋檐为好，从而利于煤气的排出。煤炉升温较慢，降温也较慢，所以要及时根据室温更换煤球和调节进风量，尽量不使室温忽高忽低。

（二）火炕

将炕直接建在育雏室内，烧火口设在北墙上，烟囱在南墙外，要高出屋顶，使烟畅通。火炕由砖或土坯砌成，一般可使整个炕面温暖，雏鸡可在炕面上按照各自需要的温度自然而均匀地分布。所以火炕育雏效果良好，加之火炕育雏操作简便，所用燃料可以就地取材，因此北方地区中小型鸡场育雏多用此法。

（三）电热伞

电热伞又叫保温伞，有折叠式和非折叠式两种。非折叠式又分方形、长方形及圆形等。伞内热源有红外线灯、电热丝、煤气燃烧等，采用自动调节温度装置。折叠式保温伞适用于网上育雏和地面育雏，伞内用陶瓷远红外线加热，伞内装有自动控温装置，省电，育雏效率高。冬天使用电热保温伞育雏，需用火炉增加一定的室温。

(四)立体电热育雏笼

一般为4层，每层4个笼为1组，每个笼宽60厘米，高30厘米，长110厘米，笼内装有的电热板或电热管为热源。立体电源育雏笼饲养雏鸡的密度，开始每平方米可容纳70只，随着日龄的增加和雏鸡的生长，应逐渐减少饲养数量，到20日龄应减少到50只，夏季还应适当减少。

(五)湿帘及风机降温设备

该设备是一种新型的降温设备，利用水蒸气降温的原理能较有效地改善鸡舍热环境。主要由湿帘和风机组成，循环水不断淋湿湿帘，产生大量的湿润表面，吸收空气中的热量而蒸发；通过低压大流量的节能风机的作用，使鸡舍内形成负压，舍外的热空气便通过湿帘进入鸡舍内，由于湿帘表面吸收了进入空气中的一部分年份热量，使温度下降，从而达到降低舍内温度的目的。

(六)低压喷雾系统

喷嘴安装在舍内或笼内鸡的上方，以常规压力进行喷雾。

喷雾—风机系统与湿帘—风机系统相似，所不同的是进风须经过带有高压喷嘴的风罩，等空气经过时，温度就会下降。

(七)高压喷雾系统

特制的喷头可以将水由液态转为气态，这种变化过程具有极强的冷却作用。它是由泵组、水箱、过滤器、输水管、喷头组件、固定架等组成，雾滴直径在80～100微米。

二、饮水设备

生态养鸡的活动面积相对较大，夏季天气炎热，又经常采食一些高黏度的虫体蛋白，饮水量较多。所以，对饮水设备要求既要供水充足、保证清洁，又要尽可能地节约人力，并且要与棚舍整体布局形成有机结合。

（一）槽式饮水器

这是目前许多鸡场常用的一种饮水器，深度为50～60毫米，上口宽50毫米。有“V”形和“U”形水槽，“V”形水槽通常由镀锌铁皮做成，“U”形水槽可用塑料做成，呈长条状，挂于鸡笼或围栏之前，易于清刷，防止腐蚀。也可用于地面平养。饮水时要用铁丝网罩盖住，以防鸡进入水槽内。缺点是水易受到污染，易传播疾病，耗水量大。

（二）真空式自动饮水器

真空式饮水器常由聚氯乙烯塑料制成，它由桶和盘组成，筒倒装在盘中部，并由销子定位，桶下部的壁上有若干小孔，和盘中部内槽壁上的孔相对。在两者配合之前先在筒内灌水，将盘扣在桶上定好位，再翻过来放置，此时水通过孔流入饮水器盘的环形槽内，当水面将孔盖住时，空气不能进入桶内，由于筒内上部一定程度的真空使水停止流出，因此可以保持盘内水面，当鸡饮用后环形槽内水面降低使孔露出水面时，由孔进入一定量的空气，使水又能流入环形槽，直至水面又将孔盖住。

（三）吊塔式饮水器

吊塔式饮水器主要用于平养，适应性广，不妨碍鸡群活动。供水靠饮水器本身的重量来调节，上面与供水管连接。水少时，饮水器轻，弹簧可顶开进水阀门，水流出；当水重量达到一定限度时水流停止。使用时,饮水器的吊挂高度必须合适,要使盘槽边缘与雏鸡背部或成鸡的眼部齐平。饮水器的直径为300～400毫米,盘槽深36～38毫米,供水管压力为0.7～0.6千克/厘米^2。

(四)自动饮水装置

自动饮水装置适用于大面积的放养鸡场。根据真空饮水器原理,利用铁桶进行改装。水桶离地30～50厘米,将直径10～12厘米的塑料管沿中间分隔开用作水槽,根据鸡群的活动面积铺设水槽的网络和长度。

(五)杯式饮水器

分为阀柄式和浮嘴式两种。阀柄式饮水设备主要由杯体、杯舌、销轴、顶杆和密封帽等组成。杯体和杯舌由塑料制成,杯舌后壁与顶杆接触处镶有不锈钢薄片,以增加杯舌的使用寿命。杯舌通过销轴安装在杯体内,杯体后部有一个直径2.2毫米的通孔,用以安装顶杆,同时作为供水通道。螺纹后部为光滑的锥面,用来与橡胶密封帽配合实现密封。一般情况下,水的压力使密封帽紧贴于杯体锥面,阻止水流入杯内。当鸡喝水时,将杯舌下啄,杯舌即流入杯体,达到自动供水的目的。当鸡喙离开杯舌不再饮水时,水压又使各部件恢复原位,使水不再流入杯体。成鸡和雏鸡都可以用,但要定期刷洗水杯,清除沉积的饲料,防止饲料发霉污染水质,同时要配有良好的供水系统。

(六)乳头式饮水器

乳头式饮水设备有多种形式,可分为三大类:锥面密封型(包括金属与非金属锥面密封)、金属球面密封型、平面密封型(包括金属与非金属平面密封)。乳头式饮水设备的工作原理是利用毛细管原理,使阀杆底部经常保持挂有一滴水。当鸡只啄水滴时便触动阀杆顶开阀门,水便自动流出。平时依靠供水系统对阀体顶部的压力,使阀体紧压在阀座上,实现密闭,防止漏水。适用于笼养、平养的各类型鸡舍,不仅适用

于成鸡,也适用于2周龄以上的雏鸡。使用乳头式饮水设备时,要求有较好的供水系统,以确保适当的水压和纯净的水源,使饮水器能正常工作。

三、喂料设备

(一)雏鸡喂料盘

雏鸡喂料盘主要供开食及育雏早期(0～2周龄)使用。市场上销售的优质塑料制成的雏鸡喂料盘有圆形和方形两种。食盘上要盖料隔,以防鸡把料刨出盘外。面积大小视雏鸡数量而定,一般每只喂料盘可供80～100只雏鸡使用。

(二)长形食槽

适用于笼养种鸡和平养小鸡,平养小鸡使用的食槽要求方便采用,不浪费饲料,不易被粪便、垫料污染,坚固耐用,方便清刷和消毒。一般采用木板、镀锌板和硬塑料板等材料制成。所有食槽边口都应向内弯曲,以防止鸡采食时挑食将饲料溢出槽外。根据鸡体大小不同,食槽的高和宽要有差别,雏鸡食槽的口宽10厘米左右,槽高5～6厘米,底宽5～7厘米;大雏或成鸡用的口宽20厘米左右,槽高10～15厘米,底宽10～15厘米,长度1～1.5米。

(三)吊桶式圆形食槽

吊桶式圆形食槽供2周龄以后的小鸡或大鸡使用。吊桶式圆形食槽由一个可以悬吊的无底圆桶和一个直径比桶略大些的浅圆盘组成,桶与盘之间用短链相连,并可调节桶与盘之间的距离。圆桶内能放较多的饲料,饲料可通过圆桶下缘与底盘之间的间隙距离自动流进盘内供鸡采食。目前市场上销售的吊桶式圆形食槽有4～10千克的不同规格。这种饲料桶适用地面垫料平养或网上平养。料桶应随着鸡体的生长而提高悬挂的高度。料桶上缘的高度与鸡站立时的肩高相平就可。

四、通风换气设备

雏鸡和夏季时鸡舍一般不需要安装通风设备,但冬季时鸡舍需要安装通风设备。冬季通风换气效果主要受舍内温度的制约。鸡场用于通风的设备有风机、电风扇、进气口等。

(一)风机

用于鸡舍内部通风换气。鸡舍通风经常采用轴流式风机,这种风机所吸入的空气和送出的空气与风机叶片轴的方向平行,叶片直接装置在电动机的轴上。电动机可直接带动叶轮。当电动机带动叶轮旋转时,类似于螺旋桨的叶片对周围空气产生推力,空气不断地沿着轴线流入,并沿轴向排出,在气流排出处常设有百叶窗,用来避免在风机停转时出现的空气倒流。轴流式风机叶片可以旋转方向,可以逆转,若叶片旋转方向改变,则气流方向也随之改变,而通风量不减少。轴流式风机既可以用于送风,也可以用于排风。由于轴流式风机压力小,一般在通风距离短时,即在无通风管道或通风管道较短的鸡舍使用。鸡舍通风换气的目的在于送进新鲜空气和排出污浊空气,不需大压力风机。

(二)电风扇

主要有吊扇和圆周扇。电风扇一般作为自然通风的辅助设备,安装的位置与数量应视鸡舍、棚舍的具体情况和饲养量而定。

(三)进气口

带百叶窗的开口式进气口常用于负压式通风系统的夏季和春末秋初的进气口,也用于正压式通风系统的管道风机的进气口。百叶窗由许多转动的叶片组成,叶片的转动可开启或关闭进气口,它也可以由电动机构进行开闭,同时还可以避免自然风的影响。缝隙式进气口用于

负压式通风系统，适用于冬季和春初秋末的气流组织要求。它常设在房舍两侧墙的屋檐下。缝隙式进气口长宽比很大。缝隙式进气口上有铰链的调节板，冬季使调节板处于水平位置，并可调节缝隙式进气口的宽度。缝隙式进气口距排气风机应在4米以上，以免气流形成短路。

五、照明设备

鸡场常用照明设备主要有照明灯、光照控制器等。

(一)照明灯

包括白炽灯、荧光灯和高压钠灯等，生产中使用最多的为15～60瓦的白炽灯。白炽灯的灯头应采用防水灯头，以便于冲洗。

(二)光照控制器

光照控制器用来自动启闭棚舍内的照明灯。利用定时器的多个时间段自编程序功能，实现精确控制鸡舍内的光照时间。

六、产蛋箱

凡放养鸡均需设产蛋箱。产蛋箱的多少、位置、高度等，对鸡的产蛋行为和鸡蛋的外在质量有较大的影响。每个产蛋箱宽30～33厘米，深(长)33～36厘米，高30～33厘米。产蛋箱可设2～3层，最上层上盖向内倾45°角，以防鸡到盖上栖息，平均每4～5只鸡设置一个产蛋箱。对于刚开产的放养鸡还需进行产蛋箱的诱导使用。为了诱导母鸡进入产蛋箱，可在里面提前放入鸡蛋或鸡蛋样物引蛋(如空壳鸡蛋、乒乓球等)。

产蛋箱应底板结实，安置稳定，母鸡进出产蛋箱时不应摇晃或活动。如果产蛋箱不稳固，将影响鸡在窝内产蛋。进出产蛋箱的板条应有足够的强度，能同时承受几只鸡的重量。

产蛋箱内还应铺设一定的垫料，垫料要求干燥、清洁，无鸡粪。由于刚出产的蛋表面比较湿润，蛋自身湿度与室温温差较大，表面细菌极易侵入，因此，必须及时清除窝内垫料中的异物、粪便或潮湿的垫料，经常更换新的、经消毒过的疏松垫料。

七、栖架

生态养鸡需要设置栖架，栖架由数根栖木组成，栖木大小应视鸡舍内鸡数而定。每只鸡占有栖木长度因品种不同稍有差异，一般为17～20厘米。整个栖架为阶梯状，前低后高，栖架离地面高度一般为50～70厘米，最里边一根栖木距墙为30厘米，每根栖木之间的距离应不少于30厘米。每根栖木横断面为2.5厘米×4厘米；上部表面应制成半圆形，以利鸡趾抓住栖木。栖架应定期洗涤消毒，防止形成“粪钉”，影响鸡栖息或造成趾痛。

八、捕鸡工具

常用捕鸡用具有捕鸡网、捕鸡笼和捉鸡钩。捕鸡网是用8号铁丝制成直径为35厘米的一个圆圈，上面用线绳接成一个浅网，后面接上一个木柄。使用时可用网将鸡扣在下面，也可贴着地面将鸡铲入网中。捕鸡网适用于笼养或野外捉鸡。捕鸡笼即用铁丝或竹木制成笼子，在笼子的顶上与侧壁开设小门。捕鸡时可将笼门对准鸡舍的洞口，将鸡赶入笼内。捉鸡钩用8号铁丝做成，一端弯成钩，另一端弯成把，捉鸡钩的长度为1.5米左右。捉鸡钩适宜在大群中捉鸡。

九、诱虫设备

诱虫是生态养鸡的重要内容之一。目前诱虫设备主要有黑光灯和高压灭蛾灯。

(一)黑光灯诱虫

黑光灯诱虫是生产中最常见的。黑光灯诱虫养鸡，不仅可增加鸡的采光时间，有利于鸡的生长发育，而且可降低养鸡成本，提高鸡肉和鸡蛋品质。夏季既是放养鸡的最佳季节，也是昆虫大量孳生的季节。利用昆虫的趋光性，使用黑光灯可大量诱虫。

黑光灯主要由黑光灯灯管及附件(整流器、继电器和开关)、防雨罩、挡虫板、收虫器、灯架组成。市场上购买的黑光灯灯管有交流灯管和直流灯管两种。交流黑光灯灯管的电压为220伏，光亮度高，诱虫效果好，但受交流电供电的影响；直流黑光灯灯管用6～12伏的蓄电池或干电池，光亮度低，诱虫效果差，但应用灵活、方便、安全。挂灯高度以高出林木、果树、农作物1～3米为宜。过高，难以管理，遇风易倒；太低，诱虫范围小，影响诱虫量。种植区内的布灯密度为1～2公顷(30～45亩)设一盏灯。

(二)高压电弧灭虫灯诱虫

利用昆虫趋光性原理，以高压电弧灯发出的强光，诱昆虫集中于灯下。然后被鸡捕捉采食。高压电弧灯一般为500瓦，将其悬吊于宽敞的放牧地上方，高度可调整。每天傍晚开灯。由于此灯的光线极强，可将周围2 000米的昆虫吸引过来。

第四节　鸡场环境控制

鸡所处的鸡舍环境空间，常称为鸡的饲养环境，也就是鸡舍内的小气候环境。饲养环境对鸡群的健康与生产性能有非常重要的影响，而这种影响经常存在，特别是对大群密集饲养的鸡群，其影响更大。因此，为使鸡群的生产潜力得以充分发挥，必须了解与研究各种环境因素对鸡的影响，掌握鸡适宜的饲养环境及其调节方法。

一、温热环境控制

鸡只生活在鸡舍的小气候环境中，环境的各种因素，通常是共同作用于鸡体产生综合的影响，如产蛋性能同时受到光照、温度、空气中有害气体等环境因素，起主要作用的，如夏季的气温，冬季的光照等。鸡体也可以改变环境状况，它可使环境温度升高，湿度加大，有害气体增多等。总之，鸡体与环境之间是有机的综合、相互作用的，或是相辅相成，或是相互制约。

（一）温热环境

温热环境是指周围冷热的空气环境，它是由空气温度、湿度、气流速度和太阳等温热因素在一定空间和时间内相互结合及相互影响综合而成，它是不断变化，而且随时随地都在对鸡群的健康和生产力起作用的重要环境因素。

温热环境主要影响鸡体的热调节机能，鸡为恒温动物，其产热与散热必须保持平衡，环境温度在一定范围内，鸡可通过各种产热与散热的方式来进行调节，以维持体温的平衡。

1.空气温度

气温是表示大气冷热程度的物理量，鸡舍温度的主要来源主要是太阳辐射热、外界气温以及鸡体散发的热。密闭式鸡舍如保温隔热性能良好，冬季可有效地保存鸡体散发的热能，夏季可减缓舍外高温对舍温的影响，开放式和半开放式鸡舍，舍内外气温相差不大，舍温基本上随季节和昼夜的温度变化而变化。环境温度对肉鸡的影响主要表现在采食量、饮水量、水分排出量的变化。随温度的升高采食量减少、饮水量增加，产粪量减少，呼吸产出的水分增加，造成总的排出水量大幅度增加。排出过多的水分会增加鸡舍的湿度，肉鸡感觉更热。

（1）温度对鸡生产性能的影响　温度对鸡的活动、饮食、生理状况

与代谢强度所造成的影响也影响鸡的各种经济性状。鸡的类型、品种、品系及其所在地区的不同,其对寒、热的适应性也有所差异,因此环境温度对不同鸡群的影响不尽相同。

①对产蛋性状的影响。肉鸡的适宜温度范围为 5～27℃,13～15℃时产蛋率较高;10～24℃能保持良好的产蛋率;低于 4.5℃或高于 29.5℃时,产蛋就明显下降。刚孵化出的雏鸡一般需要较高的环境温度,但是在高温和低湿度时也容易脱水。雏舍内的温度是否合适,可以通过雏鸡的表现来判断。温度过高,雏禽会远离热源,张嘴呼吸,垂翅;温度过低,雏鸡会在靠近热源的地方扎堆、尖叫;温度合适,雏鸡表现安详、均匀分布。相对而言,冷应激对肉鸡的影响较少。成年鸡可以抵抗 0℃以下的低温,但是饲料利用率降低。

不同的温度环境,蛋的形成时间也不同,21℃与 32℃两种温度环境下,两个连产蛋之间的间隔时间前者为 25.6 小时,后者为 27.6 小时,表明在较高的温度环境条件下,蛋的形成时间往后拖延。

较低的温度对蛋重与蛋壳厚度影响不大,但较高的温度对这两个性状都有影响。环境温度经常高于 21℃时,蛋壳变薄,高于 24℃蛋重开始下降,环境温度愈高,蛋重下降愈明显。21℃、32℃、38℃环境温度下, 32℃与 38℃的鸡群比 21℃的平均蛋重分别减轻 4.6%与 20%。

②对采食量与饲料效能的影响。环境温度愈低,用于维持需要的能量愈多,因此,采食量也增多。根据实验表明:每当环境温度升高 1℃,耗料约减少 1.6%。由表 4-2 可见,随着温度的升高,鸡采食量的日粮及其所含的钙、磷量也随之减少。

表 4-2　不同环境温度下鸡采食的日粮与钙、磷量

舍温/℃	采食量/[克/(只·日)]		
	日粮	钙	磷
10.0	106.8	3.73	0.64
15.6	102.2	3.58	0.61
21.1	100.0	3.50	0.60
26.7	90.9	3.18	0.54
32.2	86.3	3.02	0.51

产蛋的饲料效能以环境温度21～24℃为最高。经常低于7℃或高于27℃，饲料效能一般都会下降，但有些试验则表明，环境温度即使高到28～30℃，饲料效能非但不降，反而有所提高。

③鸡的适宜温度。不同类型、不同周龄阶段的鸡其适宜的温度要求存在一定的差别。肉鸡不同日龄的适宜温度见表4-3。幼龄鸡的适宜温度范围相对较小，而且不适宜温度所造成的负面影响也较大。

表4-3　不同日龄肉鸡的适宜温度

日龄	1～3	4～7	8～14	15～21	22～28	29～35	36以上
适宜温度/℃	34～32	32～30	30～27	27～25	25～20	25～15	25～15

在适宜的温度范围内，家禽主要依靠调节散热量来维持体温的恒定，而且鸡生长快，饲料利用率高，健康状况好。在评定适宜的环境温度时，必须全面衡量某一温度水平对鸡各个主要经济性状的影响。鸡舍内的温度不可能维持绝对恒定，即使是控制环境的鸡舍，舍内温度也会随季节的变换而波动，如有的密闭式蛋鸡舍，冬季最低温度可能低至7℃，而夏季最高温度可能到达33℃。

因此，在日常生产中，过于追求过稳、过窄的温度控制不太现实，意义也不太大。重要的是要掌握一个有利于生产的适宜温度范围。尽量把舍内温度保持在8～27℃。

(2)热应激　应激一般是指有机体对不利条件或环境所产生的生理反应。由于应激因子的作用，有机体内的生理环境的稳定性发生改变，产生了新的适应，以维持生命和恢复功能。应激对鸡的影响主要表现在环境应激、管理应激和营养应激等方面。

环境应激主要表现之一是气候的变化，对鸡最明显的变化是温度的变化。现代化养鸡业尤其关注的是热应激，由于家禽饲养密度大，生长迅速，热应激的影响变得日益突出。

①鸡的热应激。鸡为恒温动物，对环境温度有一定适应范围(即等热区)，在这个温度范围内，动物借助于物理调节维持正常体温，超过这个范围，就得通过产热和散热来维持正常体温。如果气温超过等热范

围的上限临界温度，鸡就会出现热应激。热应激是在炎热的气候条件下引起有机体的一种特异性反应，它通过改变鸡的各种生理生化反应，降低鸡的采食量、生产性能、饲料效率及产品质量，给养鸡生产带来严重损失。在这种气候条件下，家禽不能将其体温维持在正常的生理范围之内。热应激是高温与包括羽毛生长情况、高湿、拥挤及通风不良在内的许多其他因素相互作用的结果。

鸡能忍受的最高恒温主要受相对湿度的影响，在高温低湿的情况下，热应激还不会造成很大的影响；而在高温高湿的情况下，鸡体热的散发受到妨碍，心血管系统的负担加重，鸡易出现衰竭，发生热虚脱而死亡。同时在高温高湿条件下，鸡易感染疾病，这些都会给经济上造成严重的损失。

不同种类、年龄鸡，理想的温度范围不同。一般认为，在产蛋鸡，最大饲料效益的温区为27～29℃，最大产蛋收益区为24～27℃；肉鸡最大增长速度的温区为10～22℃，最佳饲料效益的温区为27℃。

②热应激对鸡的影响。

a. 对采食量的影响。采食量随温度升高而减少，舍温超过23℃时，鸡的采食量开始下降，随着环境温度的升高，下降幅度增大，当温度高出等热区时，每上升1℃，采食量下降1.5%，在32～38℃时，每上升1℃，采食量下降4.6%。如38℃时平均每只鸡采食量比10℃时减少58.5%；平均舍温为32～38℃时，每变化1℃的采食量增减3.14%，因而势必影响鸡的生长和产蛋性能。

b. 对生产性能的影响。由于高温造成采食量下降，导致营养摄入不足，它的直接后果是产蛋率、蛋重和饲料报酬及肉鸡的增重等生产性能下降，还造成蛋形变小，蛋壳表面变薄、变粗，破蛋率上升，种蛋受精率下降。试验证明，当环境温度突然升高时，母鸡死亡率增加。但当母鸡适应后，热应激不会造成母鸡的死亡，对产蛋性能也无不良影响。有人曾观察到白天的热应激主要对蛋壳质量有显著不良影响，晚上热应激可使产蛋量明显下降。对产蛋量的影响可能取决于排卵期的热应激，并影响到早期蛋壳的形成。至于蛋重的变化可能是由于较高的温度使卵黄积累速度降低之故。

c.对生理生化指标的影响。鸡体发生热应激时，血浆皮质酮和甲状腺激素浓度升高，导致代谢活动加强，机体产热增加，呼吸困难，体温上升。为了散热，呼吸频率提高，二氧化碳排出量增加，使血液中二氧化碳贮量下降，体液中电解质浓度波动，内环境酸碱平衡失控，造成呼吸性碱中毒等一系列生理病理变化。此外，热应激还会引起生长激素、胰岛素、胰高血糖素、胰岛素样生长因子、孕酮、黄体生成素及醛固酮等浓度的变化。热应激可降低钾、磷、钙离子、血浆蛋白质、血清总蛋白、清蛋白、非酯化脂肪酸及甘油三酯浓度，提高血糖、胆固醇浓度。而且高温会降低血中免疫球蛋白的浓度，减少血液中淋巴细胞数目，使巨噬细胞吞噬能力下降，异噬细胞和淋巴细胞的比率增加，因而鸡体对疾病的抵抗能力下降。长期高温（32℃以上）会抑制甲状腺的活动，从而使鸡的代谢率降低。

（3）缓解热应激的措施

①改善鸡舍环境。主要是在鸡舍设计及其配套设施上考虑对热应激的长期预防，例如鸡舍取东西朝向，屋顶采用隔热材料，室内安装风扇等。在晚上屋顶喷水降温结合室内通风，是高温季节提高鸡的生产性能、降低死亡率的有效手段。

②调整日粮浓度。用脂肪（动物油和植物油）代替部分碳水化合物作为能量来源，可以减少热增耗，缓解热应激。

③应用抗应激添加剂。目前常用的抗应激添加剂有镇静剂（利血平、安定、氯丙嗪等），电解质（碳酸氢钠、碳酸氢钾、氯化钾、氯化钠、氯化铵、无机磷、碳酸化水等），维生素C，中草药等。目前热应激的机理有待于进一步研究，缓解热应激的有效措施也需进一步探索。

2.相对湿度

在一般情况下，相对湿度对鸡群的影响不太大，但在极端的情况下或与其他因素共同发生作用时，也可能对鸡群造成严重的危害，因此，不应忽视鸡舍内的相对湿度。

(1)鸡舍内空气中的水分

①大气中原来含有的水分。大气中水分的含量对鸡舍中水分含量影响很大,在干燥地区,大气中的水分很少,鸡舍干燥;在雨季或南方的梅雨季节,随着大气水分的增加,鸡舍内的相对湿度也明显的偏高。

②饮水器水面蒸发的水分。开放式饮水器如水槽等,敞开的水面愈大,蒸发的水汽愈多。供水系统的渗水或漏水,特别是垫料地面,更会提高舍内空气中的水分含量。

③鸡群排出粪便蒸发的水分。在不进行强制通风、不经常清粪的情况下,特别是铺有垫料,由于粪便的不断积累与从其中蒸发的水分,鸡舍的相对湿度容易偏高。

④鸡群呼出的水分。鸡通过呼气不断向鸡舍内排散水汽,鸡舍的温度愈高,排散的水汽也愈多。当舍温为13℃时,每只鸡每天呼出约113毫升的水分;当舍温为35℃时,则每天呼出约218毫升的水分。

(2)相对湿度对鸡的影响

①相对湿度过低,如降至17%时雏鸡羽毛生长不良,成鸡羽毛裂乱,皮肤干燥,羽毛及喙、爪色泽暗淡,在这种情况下也有可能导致鸡的脱水。此外,当相对湿度偏低时,也会引起鸡舍内尘土等飞扬,病原菌也可能与这些微粒结合,导致鸡发生呼吸器官病或感染其他疾病。

②相对湿度过高,如达到90%,甚至接近饱和时,鸡的羽毛污秽,垫料潮湿,易受微生物的分解而使舍内产生更多的氨。

在低温高湿情况下,空气中水汽热量较大,易于使鸡体失热过多而受凉,用于维持所需的饲料也多;再者,如舍温骤然下降,水汽凝聚,对有垫料的鸡舍危害更大。

在高温高湿的情况下,微生物易于滋生繁殖,可能导致鸡群发病。高温高湿危害鸡群的原因还有空气中水分的含量过高,鸡呼气排散到空气中的水分受到限制,鸡的蒸发散热受阻。从表4-4可见,如相对湿度保持在40%不变,则随着环境温度的升高,成鸡的蒸发散热占总散热占总散热量的比例就渐增。20℃时只占25%,24℃时就增加到50%,34℃时就增加到80%。在环境温度达34℃时,鸡体通过蒸发散热来弥补在高温环境下显热散发比例的降低,仍能保持体温的恒定。如在这一高温水平,空气中相对湿度由40%递增至90%时,蒸发散热占总散热量的比例就从80%猛降至39%,此时,鸡就会因余热难散而导致体温过高。

表4-4 环境温度与相对湿度对成鸡蒸发散热的影响

环境温度/℃	相对湿度/%	蒸发散热占总散热量的比例/%
20	40	25
	87	25
24	40	50
	84	22
34	40	80
	90	39

来源:Romijin and Lokhoret,1996。

(3)适宜的相对湿度　适宜的相对湿度,幼雏约为70%,肉鸡约为60%,但在生产实践中,相对湿度总有一定的波动,除了过高或过低以外,一般不进行调节。对各种鸡来说,50%～75%的相对湿度比较适宜。只要环境温度比较适宜,相对湿度降至40%或高至80%对鸡影响不大。一些试验结果表明:温度在13℃、21.5℃及29.5℃,相对湿度为50%～80%时,对鸡的产蛋和蛋重等各种经济性状无显著影响。

不同的饲养方式对相对湿度的要求也有所差异。在适宜的温度情况下,80%的相对湿度对笼养鸡无碍,但对厚垫料养鸡则偏高。

总之,鸡舍内以较干燥为宜,这样既有利于鸡体散热于降低粪便中含水量,又可以预防某些疾病的发生蔓延。因此,防止鸡舍潮湿,在管理上不容忽视。

(二)温热环境控制措施

1.鸡舍适宜温度控制措施

我国由于受东亚季风气候的影响,夏季南方、北方普遍炎热、冬季气温低,持续期长,对鸡只的健康和生产极为不利。因而,解决夏季防

暑降温和冬季保暖问题，对于提高鸡群的生产水平具有重要意义。

(1)鸡舍结构　在高温季节，导致舍内过热的原因是，一方面，大气温度高、太阳辐射强烈、鸡舍外部大量的热量介于鸡舍内，另一方面，鸡自身产热量通过空气对流和辐射散失量减少，热量在鸡舍内大量积累。因此，通过加强屋顶、墙壁等外围护结构的隔热设计，采用建筑防暑与绿化可以有效地防止或减弱太阳辐射和高气温综合效应所引起的舍内温度升高。另外，在寒冷冬季还要确保鸡舍地隔热性能良好。

(2)降温供暖设备的选型　盛夏季节，由于舍内外温差很小，通风的降温作用很小，甚至起不到降温作用。在严寒冬季，仅靠建筑保温难以保障鸡舍要求的适宜温度。因而，在夏冬季应分别采用适宜降温设备和供暖设备。常见的降温设备有喷雾降温设备、湿帘降温设备及水冷式空气冷却器。常见的供暖设备有热风炉式空气加热器、暖风机式空气加热器、太阳能式空气加热器、电热保温伞、电热地板、红外线灯保温伞、热水加热地板及电热育雏笼。

(3)防暑与防寒的管理措施　在炎热季节，除了组织好鸡舍的通风外，可减少单位面积的存栏数，提供足够的饮水器和尽可能凉的饮水。严寒冬季，可通过增加饲养密度、除湿防潮、利用垫草垫料及加强鸡舍的维修保养等来实现鸡舍防寒保温的功能。

2.鸡舍湿度控制措施

湿度对鸡群的影响只有在高温或低温情况下才明显，在适宜温度下无大的影响。高温时，鸡主要通过蒸发散热，如果湿度较大，会阻碍蒸发散热，造成高温应激。低温高湿环境下，鸡失热较多，采食量加大，饲料消耗增加，严寒时会降低生产性能。低湿容易引起雏鸡脱水反应，羽毛生长不良。鸡只适宜的湿度为60％～65％。在多雨潮湿地区，要保持舍内空气干燥是困难的，只有在建筑和管理等各方面采取综合措施，才能使空气的湿度状况有所改善。

(1)当舍内湿度过低时，可采取的措施有：

①人工加湿。对鸡舍的整个空间进行喷雾，同时可按带鸡消毒的比例向水中加消毒剂，不要一次将鸡舍喷得过湿，应采用少量、多次的

方法向舍内喷雾。

②调整通风。多进鸡舍进行实地观察，找出合理的通风量，确定适宜的通风时间，在保证鸡舍内空气清新的前提下，尽量减少通风时间，避免因过量通风而造成舍内水汽大量流失。

(2)防止鸡舍空气湿度过大的基本措施。

①鸡场场址应选择在高燥、排水良好的地区；

②为防止土壤水分沿墙上升，在墙身和墙脚交界处设防潮层；

③坚持定期检查和维护供水系统，确保供水系统不漏水，并尽量减少管理用水；

④及时清除粪尿和污水；

⑤加强鸡舍外围护结构的隔热保暖设计，冬季应注意鸡舍保温，防止气温降至露点温度以下；

⑥保持正常的通风换气，并及时排除潮湿空气；

⑦使用干燥垫料，以吸收地面和空气中的水分。

二、空气质量控制

(一)鸡舍空气中的有害物质

大气的各种气体组成成分相当稳定，其主要成分是氮，其体积分数为78.09%，氧为20.95%，二氧化碳仅为0.03%。鸡舍内由于鸡群的呼吸、排泄以及粪便、饲料等有机物分解，使原有的成分比例有所变化，同时还增加了一些有害气体，如氢、硫化氢、甲烷、粪臭素等，在舍内由于生产工作的进行也使空气中的灰尘、微生物等比舍外大气中的浓度大大增高。

(1)氨气　无色，水溶性强，有刺激性臭味，比重较轻，为0.596。可感觉最低浓度为5.3毫克/千克。鸡舍内氨气主要是由含氮物质，如粪便与饲料，垫草等腐烂，由厌气菌分解而产生。特别是湿热、潮湿环境会促其发生；高密度饲养加之垫草的反复利用均会使其浓度增加；管

理不善通风不良可使舍内氨气含量大大增加。

氨气比重虽小，但因产自地面，所以主要分布在鸡群所能接触的范围之内，又因其水溶性强，所以潮湿的地面、墙壁、空气中的水汽、灰尘以至人和鸡只的黏膜、结膜均易溶解而吸附于上。过量的氨气对鸡体毒害作用大，如鸡只吸入氨的数量不太大，时间不太长，吸入体内易变成尿素排出体外，中毒后易于痊愈。若超过一定浓度，浓度愈大，对鸡的危害愈大。鸡舍内氨气浓度不宜超过 20 毫克/千克。

氨吸附在眼结膜上刺激该处产生痛感，并产生保护性反射流泪等，刺激时间过长，会使之发炎；鸡只将氨气吸至呼吸道，刺激气管支气管使之发生水肿、充血、疼痛、分泌黏液充塞气管；氨气还可麻痹呼吸道纤毛或损害其黏膜上皮，使病原微生物易于侵入，从而对疾病的抵抗力下降；氨气被吸入肺部很容易通过肺泡进入血液，再与血红蛋白结合，破坏血液的运氧功能，导致贫血。

氨气对鸡体的慢性毒害作用是使食欲下降造成营养缺乏，因而使生产性能下降。大量氨气被吸入则产生氨中毒，会使中枢神经受到强烈刺激，致使呼吸中断。继而全身痉挛，发生昏迷，由于心脏与血管中枢受到刺激，血压上升，进而使呼吸系统麻痹，导致鸡死亡。

(2)硫化氢　无色、易挥发、易溶于水，比空气重，比重为 1.19，有强烈臭蛋味，发生气味的低限为 0.61 毫克/千克。

鸡舍空气中的硫化氢由含硫有机物分解而来，破蛋腐败或鸡只消化不良时均可产生大量硫化氢，由于其比重大，产自地面，因而地面附近浓度较高。据报道：通过观察，据地面 30 厘米处硫化氢为 3.4 毫克/千克，高至 122 厘米处降为 0.4 毫克/千克。

硫化氢毒性很强，高浓度时不亚于氢氰酸，其与鸡只呼吸道黏膜接触后，与组织中的碱化合生成硫化钠。组织中碱的失去与硫化钠的生成，都使黏膜受到刺激。硫化钠进入血液也可水解放出硫化氢，刺激神经系统，引起瞳孔收缩，心脏衰弱以及急性肺炎和肺水肿。硫化氢还可与血红素中的铁结合，使血红素失去结合氧的能力，导致组织缺氧，因此在较低浓度硫化氢长期作用下，鸡体体质变弱，抵抗力下降，同时易发生结膜炎,呼吸道黏膜炎和胃肠炎等。

鸡舍内硫化氢浓度不能超过 10 毫克/千克。鸡舍内有时可能有少量硫化氢存在,只要注意通风,及时清扫鸡舍,加强管理,一般不会超过允许浓度。

(3)二氧化碳　为无色、无臭、略带酸味的气体,其比重为 1.524。大气中含有 0.03%～0.04%,舍内可达 0.15%,甚至达 0.5%,主要是鸡群呼出,如一只 1.5～1.7 千克的笼养鸡,每小时可呼出 1.7 $米^3$ 二氧化碳,平养蛋鸡可达 2 $米^3$。

二氧化碳并无毒性,只有在空气中浓度过高、持续时间过长时会造成缺氧。若鸡舍内二氧化碳含量过高,表明舍内空气比较污浊,其他有害气体也较多。通常规定舍内二氧化碳含量以不超过 0.15%为宜。

(4)微生物和尘埃　空气中夹杂着大量的水滴和灰尘,微生物附在其上而生存,如为病原微生物则危害较大,鸡舍内湿度较大,灰尘又多,微生物来源也多,且空气流动缓慢,没有紫外线照射,因而舍内空气中一些微生物比大气中数量多。有人发现,鸡舍空气中 1 克尘埃中含有大肠杆菌 20 万～250 万个,这些微生物通过空气被吸入呼吸道,侵入黏膜会引起多种疾病。

鸡群的饲养方式、饲养密度等不同,舍内空气中灰尘和微生物数量也不同,干粉料饲喂方式、断续照明、厚垫草、密集饲养等舍内灰尘及细菌数量均较多。病原微生物附在灰尘上对鸡群造成的传染叫灰尘传染,附在微小水滴上所造成的传染叫飞沫传染。在自然界以灰尘传染较多,舍内则以飞沫传染为主。鸡只咳嗽、喷嚏、鸣叫、采食时均可喷出小液滴,这些液滴迅速蒸发,只留下较小的滴核。滴核是由唾液中的黏液素、蛋白质、盐类和微生物所组成。因其中有营养物质,又不易干燥,微生物可长期生存,滴核重量极微,可长期漂浮在空气中,被鸡只吸入,进入支气管深处和肺泡,危害较大。一切呼吸道传染病主要是由飞沫传播的,如新城疫,在封闭式鸡舍飞沫可散步到各个角落长期漂浮,传染机会较多。粪便干燥后经践踏、吹动也可飞扬起来造成传染,甚至远距离传染。

采用水洗和进行消毒，减少空气中细菌数量效果较好。见表 4-5。

表 4-5 鸡舍清扫、冲洗、消毒的效果

方法	舍内落下细菌数		
	消毒前	消毒后	细菌减少/%
清扫	1 425	1 125	21.5
清扫+水洗	1 530	610	60.1
清扫+水洗+喷雾消毒	1 275	127	90.0
清扫+水洗+蒸气消毒	1 425	40	97.2

为减少舍内微生物数量，防止疾病的传播。须建立严密的防疫制度，而且应把防疫工作放在首位，鸡场尽可能采用“全进全出制”，定期清扫，冲洗和消毒；平时应注意通风，减少社内灰尘和水汽以及有害气体；及时清粪和排出污水，减少其在舍内分解的机会。

一般认为：鸡舍每立方米空气中微生物不应高于 25 万～30 万个；笼养雏鸡每立方米空气中微生物总数为 13 万个时，其中大肠杆菌超过 1.5%，可引起临床大肠杆菌病，须采取预防措施。

(5)空气中有害物质的测定

①氨气浓度的测定。空气中氨气浓度用纳氏比色法测定，可在吸收管内装入吸收液(0.01 摩尔/升硫酸液)，利用大气采样器吸过空气，大气中氨气则被吸收液吸收，如氨气浓度大则显色较深，将样品管与标准比色管进行比色，计算，即可确定空气中氨气浓度。

②硫化氢浓度的测定。同样利用比色法测定，测定方法与氨气相同，只是吸收液不同，一般用亚砷酸钠溶液。

③灰尘含量的测定。使一定体积的含尘空气通过已知重量的集尘管，灰尘则被集尘管中的滤料所阻留，集尘管的重量因而增加，由洗尘前后集尘管中的重量差，算出单位体积空气中的灰尘量，以每立方米的毫克数来表示。

(二)通风换气

通风换气是调节鸡舍空气环境状况最主要、最经常的手段。舍内通风换气的效果直接影响舍温湿度及空气中有害物质的浓度等。特别是近年来大规模集约化养鸡场、集体养鸡场以至个体养鸡户等多采用高密度饲养，为保持其环境条件的适宜，对通风换气更加重视，在管理上应更加严格。

(1)自然通风　它是以自然界的空气流动和舍内冷热空气位置的交换而实现的，在有窗鸡舍内可充分利用这一方式进行通风。自然通风充分利用了自然气候的条件，可降低禽舍通风换气的成本，但自然通风的效果受舍外自然风力的大小，门窗的设置与状态，房舍的朝向与跨度和饲养方式等多种因素的影响，应予以充分考虑。

(2)机械通风　依靠机械动力强制舍内外空气的流通。机械通风有多种方式。

①正压通风。正压通风是通过风机将外界新鲜空气强制送入舍内，使舍内压力稍高于外界气压，这样将舍内污浊空气排出舍外。正压通风可将通风机安装在一端山墙上，或单独设置通风道将空气送入舍内，开动风机后直接将风送入舍内，小型鸡舍可根据笼组布置，将风机安装在相对于走道的山墙上，高度与鸡笼相当，送风效果较好，这种方式送风不够均匀，但投资少，易于管理。大型鸡舍则需设计风道，送风到鸡舍各点，这种方式送风均匀，并可对空气进行预处理，或加温或冷却或过滤，只是设备投资大，不易管理，SPF(specefic pathogen free，无特定病原鸡)鸡舍必须采用此种方式。

②负压通风。负压通风是利用风机将舍内污浊空气强行排出舍外，使舍内压力略低于大气压，舍外空气自行经过气口流入舍内，此方式在青年鸡舍和成年鸡舍中的应用较为普遍。这种方式广泛应用于密闭式无窗鸡舍的通风方式，这种通风方式投资少，管理比较简单，进入舍内的气流速度较慢，鸡体感觉比较舒适。

由于进、排气口的布置形式和位置各不相同，负压通风有两种类型。

a. 横向通风。其特点是风机和进气口分别沿鸡舍两侧纵墙均匀布置，气流从进气口入舍后横向穿过鸡舍，由对侧墙上的风机排出舍

外。由于鸡舍跨度不同负压通风的方式可分为一侧进风一侧排风(主要应用于跨度小于12米的鸡舍)、二侧进风屋顶排风、屋顶进风二侧排风(这种形式在高床平养鸡舍较为常见)和二侧进风一侧排风的方式。

为保证通风量和气流分布均匀,风机和进风口的布置位置应注意以下几点:

第一,一侧排风时,进气口应在一侧墙上部。

第二,全场有多栋鸡舍时,对进出气口安排要统一规划。相邻两栋鸡舍的进气口和排风机均应相对而设,即两栋鸡舍间同为进气口或同为排气风道,以免形成这栋鸡舍排出的污浊空气恰被相邻的鸡舍进气口吸入,对防疫等不利。

第三,为兼顾不同季节对通风量不同的要求,应对风机进行分组控制,一般以下列风量比例将风机编组。第一组,占总风量的5%～10%;第二组,占总风量的10%～15%;第三组,占总风量的30%;第四组,占总风量的60%;第五组,约占总风量的100%。

b. 纵向通风。纵向通风是将风机装在鸡舍的末端山墙或靠近末端山墙的侧壁上,进风口设备在鸡舍前端山墙及其附近两侧壁上。

为防止进风口透光,在墙外侧应设遮光罩,风机口的外侧可设置弯管,弯管内面应涂黑。如风机外侧不设弯管,也可用砖砌成遮光洞。

纵向通风又称为隧道式通风。这种通风方式的特点是:进入舍内的空气均沿一个方向平稳的流动,各部分空气的运动流线,均为直线,因而气流在鸡舍纵向各断面的速度可保持均匀一致,舍内气流死角少;纵向通风舍内平均风速较横向通风平均风速高5～10倍;进风口可沿鸡舍纵向均匀布置,冬夏季调节不同位置进气口以解决冬季鸡舍两端温差较大的弊病;纵向通风可采用大直径低压头大流量节能风机,风机排风量大,台数减少,因而可节省设备投资,节约电能及运费;可结合整个鸡场的排污设计,组织各栋鸡舍间的气流,将进气口设在清洁道侧,排气口设在脏道侧,这样可避免鸡舍间的交叉传染,保持生产区空气清新,便于栋舍间绿化植树,改善生活区的环境。

采用纵向通风设计时须注意：

第一，在排风量相等时，减少横断面空间，可提高舍内风速。

第二，置排风机时，可大小风机结合，以适应不同季节通风之需要。

第三，冬季为避免鸡舍两端温差过大，须调节进风口的位置，可封闭近山墙的进风口启用近舍中央的进风口，并用小风机进行排风。

(三)通风换气设备

鸡舍的通风换气按照通风的动力可以分为自然通风、机械通风和混合通风三种，机械通风主要依赖于各种形式的风机设备和进风装置。

1. 常用风机类型

(1)轴流式风机　这种风机所吸入和送出的空气流向与风机叶片轴的方向平行。其特点是：叶片旋转方向可以逆转，旋转方向改变，气流方向随之改变，而通风量部减少，轴流风机可以设计为尺寸不同，风量不同的多种型号，并可在鸡舍的任何地方安装。

(2)离心式风机　这种风机运转时，气流靠叶片的工作轮运转时所形成的离心力驱动，故空气出入风机时和叶片轴平行，离开风机时变成垂直方向，这个特点使其自然的适应通风管道 90°的转弯。

(3)吊扇和圆周扇　吊扇和圆周扇置于顶棚或内侧墙壁上，将空气直接吹向鸡群，从而在鸡的附近添加气流速度，促进蒸发散热。圆周扇和吊扇一般作为自然通风鸡舍的辅助设备，安装位置与数量要视鸡舍情况而定。

2. 进气装置

进气口的位置和进气装置，可影响舍内气流速度、进气量和气体在鸡舍内的循环方式，进气装置有以下几种形式：

(1)窗式导风板　这种导风装置一般安装在侧墙上，与窗户相通，故称“窗式导风板”，根据舍内鸡的日龄、体重和外界环境温度，调节导风板的角度。

(2)顶式导风装置　这种装置常安装在舍内顶棚上，通过调节导风板来控制舍内外空气流量。

(3)循环用换气装置　该装置是用来排气的循环换气装置,当舍内温暖空气往上流动时,根据季节的不同,上部的风量控制阀开启程度不同,这样排出气体量和回流气体量亦随之改变,由排出气体量和回流气体量的比例的不同,调节舍内空气环境质量。

三、光照管理

(一)光照的作用

1. 可见光的作用

可见光是由七种不同波长的单色光混合而成的复色白光。它通过时间的长短和强度的大小,以及不同的颜色对鸡体起作用,主要影响鸡的性机能。

(1)光照影响生殖的机制　光线的刺激经视神经叶的神经途径而达于下丘脑,另外光线也可以直接透过颅骨作用于松果体及下丘脑。下丘脑受刺激后分泌促性腺激素释放激素(GnRH),促性腺激素释放激素通过垂体门脉系统达于垂体前叶,引起卵泡刺激素和排卵激素的分泌,促使卵泡的发育和排卵。发育的卵泡产生雌激素,促进母鸡输卵管发育并具有生殖机能。同时雌激素还促进钙的代谢,以利蛋壳的形成,排卵激素则引起母鸡排卵。光照雄性的影响也基本相似。

光照还可以作用于松果体,影响松果体激素的生成。松果体激素会抑制下丘脑下部促性腺激素释放激素的分泌,因而具有抑制性发育的作用。

光线可刺激下丘脑促性腺激素释放激素的生成与释放,而黑暗会刺激松果腺激素的生成与释放。

(2)光照对生殖机能的影响　在12～26周龄时日照时间长于10小时,或处于每天光照时间逐渐延长的环境中,会促使鸡的生殖器官发育、性成熟提早。相反,若光照时间短于10小时或处于每天的光照时间逐渐缩短的情况下,则会推迟性成熟期。

公鸡开始产生精液的周龄与10周龄后每天光照的时间成负相关。成年公鸡每天获得14小时的光照时间,可保证良好的精液生成效果。

(3)对产蛋时间和产蛋量的影响　在密闭式鸡舍,不管自然的昼夜如何,母鸡产蛋绝大部分集中于开始人工光照的2~7小时。

要保证良好的产蛋水平,每天给予的光照刺激时间为14~16小时,而且必须稳定。光照不规律(忽长忽短)会引起产蛋减少甚至停产换羽。

2. 不可见光的作用

不可见光主要指紫外线和红外线。紫外线照射家禽皮肤,可使皮肤中的7-脱氢胆固醇转化成为维生素 D_3,从而调节鸡体的钙磷代谢,提高生产性能。紫外线有杀菌能力,可用于空气、物体表面的消毒及组织表面感染的治疗。紫外线可调节矿物质代谢,提高生产效率;可提高机体抗病力。

红外线的生物学作用是产生热效应,即鸡体被红外线照射后,辐射能在皮肤及皮下组织中转变为热能,使组织温度升高,加大血液循环量,进而促进新陈代谢,提高生产效果。

(二)光照颜色对鸡的影响

不同的光照颜色对鸡的行为和生产性能有不同的影响。

①对行为的影响。红光对鸡有镇静作用,减轻或制止鸡的啄癖、争斗,减少鸡活动量和采食时间。因而,实际生产中,在夜间或无窗鸡舍内捕鸡时,用红光照射,鸡不能迅速移动,很易捕捉。

②对繁殖的影响。红光可延迟鸡的性成熟,使产蛋量增加,蛋的受精率下降。

③对产蛋的影响。绿光、蓝光和黄光可使产蛋量下降,蛋形变大。

④对生长育肥和饲料利用率的影响。红光、绿光、蓝光、黄光可促进鸡的生长,降低饲料的利用率,使鸡的增重快,成熟早。光色对鸡的影响如表4-6所示。

表 4-6 光色对鸡的影响

项目	红色	橙色	黄色	绿色	蓝色
促进生长				√	√
降低饲料消耗率			√	√	
缩短性成熟时间				√	√
延长性成熟时间	√	√	√		
减少不良行为	√				
增加产蛋量	√	√			
减少产蛋量			√		
增加蛋重			√		
提高种蛋受精率				√	√
提高精液质量	√				

(三)鸡不同时期对光照强度的需求

调节光照强度的目的是控制鸡的活动性。因此,鸡舍的光照强度要根据鸡的视觉和生理需要而定,过强过弱都会带来不良的后果。光照太强不仅浪费电能,而且鸡显得神经质,易惊群,活动量大,消耗能量,易发生斗殴和啄癖。光照太弱,影响采食和饮水,起不到刺激作用,影响产蛋量。表 4-7 列出了雏鸡、育雏育成鸡、肉种鸡需要的光照强度。

表 4-7 鸡对光照强度的需求

项目	年龄	电灯配置	光照强度/勒克斯		
		瓦/米^2	最佳	最大	最小
雏鸡	1～7 日龄	4～5	20	—	10
育雏育成鸡	2～20 周龄	2	5	10	2
肉种鸡	30 周龄以上	5～6	30	30	10

(四)光照周期与光照原则

(1)光照周期　指为期 24 小时一昼夜间光照与黑暗各占的时数形

成的明暗周期。如16L∶8D,即明期光照16小时与暗期无光照8小时共同组成的光照周期。这种为期24小时的光照周期称为自然光照周期;周期常于或短于24小时的称为非自然光照周期。在一个光照周期内只有一个明期和一个暗期的称为连续光照周期,或简称连续光照;在一个光照周期内有一个以上明、暗周期的称为间歇光照周期,或简称间歇光照。

(2)光照原则　雏鸡及育成鸡均处于生长时期,这段时间的光照制度应能促进雏鸡健康成长,提高成活率,但要防止母雏过早达到性成熟。母雏长到10周龄后,光照时间会刺激其性器官的加速发育,造成过早的性成熟对今后产蛋不利。因此,这阶段的光照时间宜短,不宜逐渐延长,光照强度宜弱。产蛋期光照的原则是,使母鸡适时开产并达到高峰,充分发挥其产蛋潜力。因此,光照时间宜长,不宜逐渐缩短,光照强度亦不可减弱。

(五)常用的光照制度

光照分自然光照与人工光照。对鸡群在某个时期或整个生长期系统进行人工光照或补充光照的具体规定常称为光照制度。

(1)恒定光照制度　恒定光照制度是培育小母鸡的一种光照制度,即自出雏后第2天起直到开产时为止(肉鸡22周龄),每日用恒定的8小时光照;从开产之日起光照骤增到13小时/天,以后每周延长1小时,达到15～17小时/天后,保持恒定。

(2)渐减渐增光照制度　是利用有窗鸡舍培育小母鸡的一种光照制度。先预计自雏鸡出壳至开产时(肉鸡22周龄)的每日自然光照时数,加上7小时,即为出壳后第三天的光照时数,以后每周光照时间适当递减,到开产时恰为当时的自然光照时数,此后每周增加1小时,直到光照时数达到15～17小时/天后,保持恒定。

(3)间歇光照制度　间歇光照制度是用无窗鸡舍饲养肉用仔鸡的一种光照制度。即把一天分为若干个光周期,如光照与黑暗交替时数之比为1∶3或0.5∶2.5或0.25∶1.75等。较常用的为1∶3,光周

期供鸡采食和饮水，黑暗期供鸡休息。这种光照制度有利于提高肉鸡采食量、日增重、饲料利用率和节约电力，但饲槽饮水器的数量需要增加50%。

(4)持续光照制度 持续光照制度是在肉用仔鸡生产中采用的一种光照制度，在雏鸡出壳后数天(2～5天)光照时间为24小时/天，此后每日黑暗1小时，光照23小时，直至肥育期结束。

(六)人工光源

人工光照指用人工控制提供照明，一般有电灯(白炽灯、荧光灯)、煤油灯、汽油灯等。在生产上，鸡舍大多采用白炽灯和荧光灯。这两种灯的波长都在500～625纳米之间，它包括了红、橙、黄、绿等各种波长的光，它很像一种混合白光，所以这两种光源都适用于鸡的照明。白炽灯和荧光灯相比，产热多、效率低、耗电量大，但是价格便宜、经久耐用而且容易启动，从长远看，荧光灯是要替代白炽灯的。经中国农业大学的有关专家通过试验证明，将鸡舍长期使用的白炽灯、日光灯改为自整流荧光灯(节能灯)，再辅以其他措施，可节省电能75%～80%，且对鸡的生产性能无显著影响。节能灯是由电子激发荧光粉而发光，光色在短时间内很难达到均衡，再加上养鸡企业长期使用白炽灯照明，改变光源对蛋鸡非常敏感。为避免新灯在使用的前100小时内对鸡造成应激，在节能灯电路上采用缓冲式启动，使灯在开启后2～3秒内逐渐亮起来，同时采用预温芯管灯丝，大大减少因电极电流的冲击对节能灯灯管造成的损坏。

思考题

1. 规模化生态养鸡场场址选择需要考虑哪些因素？
2. 鸡场布局的总体原则是什么？
3. 鸡舍的建筑要求有哪些？
4. 鸡舍的布局应从哪几方面进行考虑？
5. 鸡舍常用辅助设备有哪些？

6.规模化生态养鸡鸡舍有哪些类型?

7.规模化生态养鸡鸡舍温热环境如何控制?

8.如何对鸡舍进行通风换气?

9.光照对肉鸡生长有哪些影响?

第五章

肉鸡生产

导　读　本章对肉种鸡生产过程中饲养管理要点进行概述，重点介绍快大型肉鸡和黄羽优质肉鸡的生产管理要点，旨在为肉鸡的生态养殖提供指导。

第一节　肉种鸡的饲养管理

肉种鸡的饲养管理是影响其生产性能、种用价值及经济效益的关键，因此要根据各肉鸡品种的特点和要求，抓好育雏期、育成期以及产蛋期的合理限制饲养，使鸡群达到匀称的体型，适时开产，并具有较高的产蛋率、受精率，以生产更多的优质仔鸡。

一、育雏期的饲养管理

(一)做好进雏前的准备工作

应在短期内完成鸡舍维修、清扫、冲洗、药物消毒工作。每个环节间隔2～3天,在消毒后的育雏舍地面上铺上新的垫料,再用福尔马林熏蒸一次消毒,然后空舍15天以上。进雏前2天准备饲养用具和物品,进雏前24小时要打开保温伞进行预热,同时使用火炉等加温设备在鸡苗进舍前加满饮水(水温不低于16℃)。由于种公鸡群体小而且弱,要将公鸡的育雏舍安排在栋舍的最佳位置,最好接近热源,通风良好,以利于公雏的生长。

(二)选雏

科学的讲,对于种公鸡的选留在雏鸡出壳后就应当引起重视,此时应当选择符合品种特征,体格健壮,精神活泼,反应灵敏,叫声清脆,双腿有力,卵黄吸收好,绒毛整洁且生殖器突起比较明显,结构典型的小公鸡作为种用,选留比例为公母比1∶5左右。

(三)给料与体重、均匀度的控制

(1)初饲　雏鸡经过长途的运输,鸡体容易脱水,入舍后即可让其自由饮水,水温应当与室温近似;为增强体质,可在饮水中加入葡萄糖、维生素等营养物质,连续饮水2～3小时后,有1/3个体有啄食表现时开始喂料,从出壳到干毛、饮水、开食这个过程越早越好,一般不应晚于36小时。

(2)体重及均匀度的控制　为了促进雏鸡的生长发育,雏鸡第一周自由采食,从第2周开始每周限量饲喂。进鸡后前3天可以多给雏鸡喂一些小米,以便利于消化吸收和补充能量,第4～7天小米和饲料混合,逐渐过渡,从第2周开始,每周称重,将鸡群分为大、中、小

三群。根据称重结果，结合体重的增长和雏鸡的生长发育情况，合理调整饲喂量，并且互相调整栏中的大、中、小鸡只，对于小鸡要单独饲喂，额外增加10%～15%的料量，直至达到预期的体重和均匀度控制目标。若育雏控制良好，则育成期的工作就比较容易。但在实践中常由于自由采食时间过长，造成育雏种公鸡超重，影响种公鸡在生产期的性能发挥。

（四）雏鸡管理

（1）温湿度的调节　雏鸡最初1～2天内育雏室的温度为33～35℃，以后每周降低3℃左右，降至21～25℃保持稳定。育雏初期1～2周内由于室内温度比较高，空气容易干燥。因此，在育雏期的前期温度高达30℃以上时要求相对湿度达到75%左右为宜，以防止幼雏脱水死亡。以后可以逐周降低直至达湿度55%左右。对于温湿度的要求，原则上适中即可，不可忽高忽低，夜间温度高于白天1～2℃。实际饲养中，还应注意饮水和垫料的温度。试验证明，26.8℃饮水和27.5℃垫料温度育雏最好。

（2）饲养密度　实行公母雏分开饲养管理，0～4周的饲养密度为10只/米^2。入舍初期雏鸡的最大饲养密度：电热育雏伞500只/个，大型红外线灯750～1 000只/个，一般的垫料地面按照4.5只/米^2。另外饲养密度大小，还要依靠饲养和环境条件灵活掌握。

（3）剪冠断趾　为了使种鸡减少应激，在运送前，雄雏鸡在1日龄或6～9日龄时进行断趾。用断趾器将公鸡的内趾和后趾最外关节的趾甲根烙断，同时，用电烙铁烧灼趾部的组织，使其不再生长。

种公鸡剪冠有利于种公鸡的活动、饮食和配种。实践证实，种公鸡剪冠后育成期合格率高，性欲旺盛，活泼好动，精液品质好，受精率高。种公鸡剪冠的另一个好处就是可以避免和母系种公鸡相混淆。种公鸡剪冠适宜在1周龄进行。

（4）光照　原则是前长后短，强度前强后弱。1～3日龄，每天24小时光照，促进雏鸡自由采食，以后每天减少光照的时间1～2小时，直至15日龄每天8小时光照，光强度为10～20勒克斯为易。

(5)育雏末选留淘汰　6～8周龄进行第二次选留淘汰，此时应当选择精神好，体重大，鸡冠发育明显而且鲜红的公鸡留作种用。淘汰体格发育不良，体重轻，鸡冠发育不明显而且颜色不鲜红的公鸡。此时的公母比例以1∶8为宜。

(6)混群　合适的公母鸡混群时间为：爱拔益加肉种鸡在13～18周龄，艾维茵肉种鸡在8～12周龄。公鸡体重应高于母鸡体重的35%～45%。过小混群，公鸡体重不足，导致开产初期孵化率低下；公鸡体重高于母鸡体重70%～80%时，虽然开产初期孵化率较好，但中后期孵化率持续低下，公鸡早衰，全期孵化率偏低。

(7)其他　鸡舍的环境控制、断喙、防疫以及垫料管理与育雏期种鸡的管理基本相同。

二、育成期的饲养管理

育成期(7～24周龄)是决定肉种鸡体型发育的重要阶段。其生长发育的主要特点是性器官开始发育，而且日益增快，尤其是在育成后期极为明显；沉积脂肪的能力强。此期育成鸡的培育目标是利用前期的生长优势，使骨骼肌肉获得充分的发育，之后通过限料、限光等措施，降低生长速度，防止体重增加过快和体脂蓄积，使育成鸡的体重符合标准体重，体型结构匀称，群体整齐一致。

(一)做好免疫及药物防治工作

葡萄球菌病已经成为危害种公鸡的主要疫病之一，它使种公鸡淘汰率升高。因此，要从第6周开始投药预防，为了避免产生耐药性，最好在每次投药前根据药敏选择结果选择高敏药物。

鸡群在应激状态下如果患病或是接种疫苗时应临时恢复自由采食，防止啄癖产生，并做好卫生防疫工作。

(二)采用科学的限饲方法

育成期的小公鸡,一般应得到与种用小母鸡一样的日粮,但应当控制或限制小公鸡的生长,以便使小公鸡以健壮而不肥胖的体况进入繁殖阶段,小公鸡应当在6周龄时开始限制饲养。

1.限饲的方法

限饲有限质和限量两种。目前多采用限量法,即通过限制喂料量以达到控制体重的目标。限量法喂料方式有以下几种:

(1)每日限饲　即将1天的饲料在上午一次喂给。这种饲喂方法对鸡的应激小,但饲喂量较少,采食时间短,要求饲料分布均匀,投料迅速。采食槽应当足够,喂料时鸡都能够吃到饲料。

(2)隔日限饲　将两天的规定料量在1天投喂,喂料后停料1天。停料日一般不断水,但有时间限制,每天供水3～5次,每次20分钟,但在特别炎热的天气条件下或者在鸡群受到应激的影响时不要限制饮水。这种饲喂方式在育成期一般不单独使用,只是在增重过度,较难控制的7～11周龄使用。

(3)二·一饲喂法　此法是将3天的料量放在2天内饲喂,然后停料1天。此法是介于隔日饲喂法和每日饲喂法之间的一个折中的办法。

(4)每周限饲　可分三种:

①五·二饲喂法。指在1周内5天喂料,2天停料。每个饲喂日喂1周料量的1/5,为每天喂料量的1.4倍。一般在星期二和星期日停料。

②四·三限饲法。此法是在1周内4天喂料、3天不喂料。适于7～14周龄的雏鸡采用。

③六·一限饲法。此法是将1周的饲料分到6天饲喂,1天停料。目前应用较多。

(5)综合饲喂法　依据肉种鸡生长期的不同,分别采取上述方法制定一个限饲程序,以上限饲方法可交替使用,以达到更好的限饲目的。

2.限饲对鸡群应激的影响

种公鸡育成期的限饲，与鸡的生理和代谢机能相反，也会使鸡产生应激。而不同的限饲方案对鸡产生的应激也不尽相同。肉用种公鸡饲喂方案及喂料标准参见表 5-1。

表 5-1　艾维茵肉用种公鸡饲喂程序及耗料量

周龄	平均体重/克	每周增重/克	饲喂方式	每百只累计参与饲料量/千克
1	—	—	自由采食	—
2	—	—		—
3	—	—		105
4	680	—	每日限饲	150
5	810	130	隔日限饲	205
6	940	130		260
7	1 070	130		315
8	1 200	130		380
9	1 310	110		440
10	1 420	110		520
11	1 530	110		580
12	1 640	110		650
13	1 750	110	每周限饲(星期三、星期日禁食)或继续使用隔日限饲	730
14	1 860	110		810
15	1 970	110		890
16	2 080	110		970
17	2 190	110		1 050
18	2 300	110		1 130
19	2 410	110	每日控制	1 220
20	2 770	360		1 310
21	2 950	180		1 410
22	3 130	180		1 500
23	3 310	180		1 600
24	3 490	180		1 700
25	3 630	140		
26	3 720	190		
27	3 765	45		
28	3 810	45		
29	4 265	45		

3.限饲期的管理

目前多采用五·二限饲法和隔日限饲法。但是两种方法都要保证鸡群每周体重有均衡的增长。每周内抽检10%的鸡数称重,与标准体重比较,以确定给料量。具体原则是在给料日不至于采食过量。为了避免或减少鸡采食过量而导致胀死,在停料日的第二天中的料量要分两次供给,即早晨开灯后给一半的料量,在3～4小时后再给另一半的料量。停料日要保证清洁饮水的供应。注意种公鸡虽然限饲,但是在前8周并不提倡低蛋白日粮,因为8周龄以后的公鸡的腿胫生长开始减慢,而公鸡的腿胫长短对公鸡的交配至关重要。

(三)提高喂料及体型的匀称性

育成期喂料技术要求一次调试成功。使用每分钟30米的快速喂料系统,对于人工喂料的鸡场,饲养员在上料的过程中必须做到“准、匀、快”。所谓“准”是指每周所给的总料量、每列料量及每斗的料量都要准确;“匀”是指给料时的行走速度、料的厚薄及每只鸡的料量都要均匀;“快”是指给料速度、匀料速度都要快。

体型(骨骼)均匀度控制期为前12周。通过测量腿胫部的长度来检测其发育状况。理想的胫部长度在12～13厘米为宜。控制体型均匀度的方法同育雏期的均匀度控制。

(四)提高性成熟均匀度

性成熟均匀度是指鸡性成熟发育的一致性。主要与光照有关。与体重状况也有密切的关系。13～24周为性成熟均匀度的控制期。性成熟期应当与体成熟期一致,以改善精液品质,提高受精率为主。一般要求种公鸡在育成期末要比母鸡体重高出30%,均匀度在80%以上。这样培育出的种公鸡在第25周可以达到与母鸡性成熟的一致性,也能够发挥出良好的繁殖性能。

(五)体重控制

(1)公母分饲　许多生产者常常遇到育成期后期种公鸡的体重超重,第24周的公母鸡的性成熟不一致的问题。解决的办法是在第19周公母分饲。通过控制采食达到控制体重的目的。不仅应该公母分群,而且最好将种公鸡单笼饲养,因为种公鸡好斗性强,强者往往欺压弱者,致使强者体重超标,影响精液品质;弱者则因为营养水平不足,精神恐惧等因素,躲在鸡舍的角落,一般很少参加配种,即使配种也使精液品质不良。

(2)料量的调节　结合公母分饲,在公鸡给料方面也有灵活的变化。一般情况下,应保证4～15周龄的种公鸡每周增重约100克,每次料量增加3～5克/只;15～20周龄每周增重约135克,料量增加6～7克/只;在20～24周龄,鸡体重增加最快。在11～23周龄平均每周增重达到130～160克,料量增加7～8克/只,一般不超过10克。此期间,得到充分发育的鸡对光刺激也比较敏感,在成熟的过程中也达到了相应的性成熟。

(六)配种前的选种

种公鸡长到18～20周龄,进行第三次选种,一般选择体重中等,体格健壮,胸平腿长,行动时龙骨与地面成45°角,体重比母鸡重30%～35%,冠髯鲜红而且较大,精液品质优良的种公鸡留作种用。淘汰那些体重过大,鸡冠发育过大,胸骨弯曲,胸部有囊肿,腿短或有缺陷的公鸡。此时的公母比例以1∶(10～15)为宜。

三、产蛋期的饲养管理

(一)预产期的饲养管理

预产期是指18～23周龄,虽然时间较短,却是肉种鸡从发育阶段

到成熟阶段转折的重要时期。此期的管理首先要对体成熟和性成熟进行正确的估测，然后制定一个合理的增重、增料、增光计划，使之与产蛋期的管理相衔接，一定要保证逐步平稳的转换。

（二）产蛋期的饲养管理

产蛋期可分产蛋前期、产蛋高峰期和产蛋后期三个时期。产蛋期的饲养管理好坏与种鸡的生产性能有直接的关系。

（1）喂料量　由于产蛋鸡不同时期对营养的要求有所不同，在喂料量上也不同。产蛋上升期是指产蛋率5%至产蛋高峰期这一阶段。产蛋上升期应以产蛋率的变化调整鸡群的饲料供给量。增料是决定鸡群能否按时达到产蛋高峰的关键措施。料量以产蛋率的递增速度供给，增料过快或过慢都会严重影响产蛋性能。产蛋高峰期指鸡群产蛋率在80%以上的这段时期。其饲料供给量根据上升阶段的饲喂量确定后，要尽量保持恒定，通常要保持到38周龄左右。产蛋下降期指产蛋高峰期过后至淘汰这段时间。这段时间内鸡的体重增长非常缓慢，维持代谢也基本稳定，随着产蛋率下降，营养需要量减少。为防止鸡体脂肪过量沉积和超重，应酌情减料。减料量的多少应根据产蛋率、采食时间、舍内环境温度及鸡的体重等因素来决定。

（2）光照管理　产蛋期的光照直接影响到产蛋量，光照刺激在母鸡上产蛋高峰期尤为重要，有规律的增加光照，可刺激母鸡平稳达到产蛋高峰。种鸡产蛋期的光照原则是：时间宜长，中途切不可缩短，一般以14～16小时为宜；光照强度保证在32勒克斯，在一定时期内可渐强，但不可渐弱。

（3）温湿度及通风管理　种鸡舍环境控制的基本要求是，温度适宜，地面干燥，空气新鲜，以保持肉用种鸡的健康和高产。产蛋鸡舍的理想温度为15～25℃，相对湿度以55%～65%为宜。产蛋鸡呼吸量大，而且采食量大，排泄多。因此要加强通风换气，夏季通风换气量可达7米^3/小时。

四、种公鸡的管理

1. 公鸡营养水平

(1)公鸡对能量和蛋白质的需要量　前苏联家禽营养标准(1985年版)中,人工授精的肉用型种公鸡的代谢能为11.72兆焦/千克,粗蛋白14%;蛋用型种公鸡的代谢能为11.72兆焦/千克,粗蛋白18%。

繁殖种公鸡的营养需要量比种母鸡低。无论是肉用型或蛋用型公鸡,采用代谢能10.88兆焦/千克～12.14兆焦/千克,蛋白质11%～12%的饲粮,均对繁殖性能无不良影响。低蛋白日粮对维持公鸡的正常体况有利,尤其是对于肉用型种公鸡更是如此。在实践中,如果种用期采精频率较高,建议采用12%～14%的蛋白质日粮,氨基酸平衡的无需再加任何动物蛋白质饲料之类。

若蛋白质过高,易造成公鸡血液中酮体急剧增加,酸中毒明显发展,从而消耗血液补偿蛋白质的碱性代谢和减少体内维生素含量。并由于酸中毒而破坏钙、磷代谢,出现软骨病以及"通风"等症状,从而降低精液品质和授精能力。

(2)钙、磷的需要量　根据报道,繁殖期种公鸡钙用量为1.0%～3.7%,磷0.65%～0.8%均未见对繁殖性能有不良影响。在实践中建议的钙用量为1.5%。

(3)维生素的需要量　目前各种育种公司和饲料公司提出的种鸡维生素需要量均高于NRC(第8版)标准的2～10倍,故在实践中应适当调整种公鸡维生素用量。综合各研究资料,建议繁殖期的维生素用量范围为:每千克饲粮中维生素A 10 000～20 000国际单位,维生素D 32 000～3 850国际单位,维生素E 20～40毫克,维生素C 0.05～0.15克。

2. 单笼饲养

繁殖期人工授精公鸡必须单笼饲养。若群养,由于应激,公鸡相互爬跨、争斗而影响精液品质。

3. 温度与光照

成年公鸡在20～25℃环境下，精液品质比较理想。温度高于30℃以上时，导致暂时抑制精子产生；而温度低于5℃时，公鸡性活动降低；光照时间12～14小时公鸡可产生优质精液，少于9小时光照则精液品质明显下降。光照强度在10勒克斯就可维持公鸡的正常繁殖性能，但弱光可延缓性的发育。

4. 体重检查

为保证整个繁殖期公鸡的健康和具有优质精液，应每月检查一次体重。凡体重降低在100克以上的公鸡，应暂停采精或延长采精时间间隔，一般5～7天采精一次，并另行饲养。

5. 断喙、剪冠和断趾

人工授精的公鸡要断喙，以减少育雏、育成期的死亡。自然交配的公鸡虽不断喙，但要断趾(断内趾及后趾第一关节)，以免配种时抓伤母鸡。父母代种鸡作标记或在高寒地区为防止鸡冠冻伤，可剪冠。具体方法是：将初生公雏用弧形手术剪刀，紧贴头皮剪去鸡冠。但炎热地区不宜剪冠，因为鸡冠是良好的“散热器”。

6. 诱使公鸡活动

公鸡腿部软弱或有腿病会影响配种，所以要诱使公鸡运动，锻炼腿力。采用公鸡饲槽可促使公鸡不断地运动，因为公鸡必须不断地跳起来才能从食槽中吃到饲料。也可在供应饲料时将谷粒饲料撒在垫料上，诱使公鸡抓刨啄食，既可达到锻炼、增强腿力的目的，又可促进垫料通风，同时也能防止公鸡腿部肿胀发炎。资料表明，饲养在金属地面的肉用种鸡，要比饲养在垫料地面上类似种鸡的受精率低，产蛋后24～48周受精率降低了17%左右。可能是因为公鸡脚底肿胀发炎，影响了公鸡配种。说明金属地面不宜饲养肉用种鸡。

7. 疾病治疗

在采精过程中，难免会引起种公鸡交配器发炎或抓伤，或因应激而引起的呼吸道、肠道疾病。一般根据季节、气候变化，在一段时间内投喂一些抗生素药物来预防或治疗。对个别疾病较重者，宜注射广谱抗生素治疗。

种公鸡最多用2年。但其成熟后第一年生活力最强，受精率最高，生产场一般只利用一年便淘汰。

第二节　快大型肉仔鸡生产

肉用仔鸡生产的最终目的是生长速度快、肉质细嫩、味美、耗料少、成活率高，从而获得较大的经济效益。目前，肉用仔鸡是指专门化的肉用型品种鸡，进行品种和品系间杂交，然后利用其杂交种，用蛋白质和能量较高的日粮，促进其快速育肥，一般饲养到8周左右进行屠宰。

一、一般原则

（一）肉用仔鸡的生长规律

肉用仔鸡在生长发育上，年龄愈小，相对增长愈大，饲料报酬愈高；相反，年龄愈大，相对增重愈小，饲料报酬则逐步降低。另外，饲养期愈长，饲料转化逐步降低，因为鸡重量大了以后，新陈代谢降低，加上基础代谢消耗增加而降低了饲料的转化率。因此要充分利用这一特点，尽量缩短饲养周期，及时上市。掌握肉鸡生长规律是提高生产性能获得良好经济效益的基础。

1. 相对增重规律

相对增重＝(末重－始重)÷始重×100%，即指这1周内比上周末体重增加了多少倍。肉用仔鸡以周龄来计算(表5-2)。这个指标反映出某个阶段生长速度的快慢。

表5-2　肉鸡相对生长速度

周龄	1	2	3	4	5	6	7	8	9
相对增重/%	275	163	76	53	37	99	19	19	15

从表 5-2 看出，肉鸡相对生长速度在第一周、第二周很快，特别是第一周，体重比出壳时增加近 3 倍。以后随周龄增长相对增重逐渐降低。说明肉用仔鸡早期生长速度非常快。认识这个规律就应采取措施加强早期饲养管理，防止失误。如果出现营养不良，管理不当或发生疾病等情况，就很难补救。因为肉用仔鸡整个周期很短，像百米赛跑一样，起跑慢了很难取得好成绩。饲养者务必特别重视。

2. 绝对增重规律

绝对增重＝末重－始重。肉用仔鸡也是以周龄来计算(表 5-3)。绝对增重反映的是直接增重效果。

表 5-3　肉鸡绝对增重　　克

增重	周龄									
	1	2	3	4	5	6	7	8	9	10
公鸡绝对增重	110	296	310	400	420	470	510	500	480	460
母鸡绝对增重	110	230	290	330	370	390	400	380	350	310
平均绝对增重	110	245	300	365	395	430	455	440	415	385

从表 5-3 中可看出，商品肉鸡出现绝对增重的高峰期是在第 7 周。高峰以前逐渐增加，高峰期以后逐渐下降。认识这个肉鸡绝对增重规律，在高峰期前，满足充分采食和适当的营养水平，控制饲养密度和保持垫草干燥，就能在短期内取得良好效果，如果错失良机，延长饲养期，则会造成明显的经济损失。

3. 饲料转化规律

在养殖业中肉用仔鸡是饲料转化效率最高的一种。由于饲料占总成本的 70%左右，充分认识肉鸡的饲料转化规律也是很重要的。肉仔鸡不同周龄的饲料转化率见表 5-4。

表 5-4　肉仔鸡不同周龄的饲料转化率

周龄	1	2	3	4	5	6	7	8	9	10
料蛋比	0.8	1.21	1.49	1.74	2.03	2.32	2.63	2.99	3.39	3.84

从表 5-4 中数据看出，每单位体重所消耗的饲料随肉鸡周龄的增长而增加。特别是 8 周龄以后，绝对增重降低，耗料量继续增加，使饲料效率显著下降。

根据这个规律，肉鸡饲养者应在 8 周龄以前采取科学饲养管理措施，使肉鸡达到上市体重要求，及时出场。能提前一天出场也会有明显的效益。当然究竟多大体重出场效益最佳，还要根据市场行情、鸡雏所占成本的比例以及饲料价格等来决定。

(二)最佳出栏时间的确定

肉鸡的出栏体重是影响肉鸡效益的重要因素之一。确定肉鸡最适宜出栏体重主要是根据肉鸡的生长规律和饲料报酬变化规律，其次要考虑肉鸡售价和饲料成本，并适当兼顾苗鸡价格和鸡群状况等。在生产实践中，养殖户通常根据平均体重大致符合要求，价格适中就出售了。

不过，养鸡的目的是想以最小成本取得最大的经济效益，所以在肉鸡出栏即将收获的时刻若能对肉鸡生产的全过程加以仔细观察分析，找出肉鸡的最佳上市时间，使养殖户饲养的每批肉鸡都能获得更多的利润。

为了便于广大专业户和中小型肉鸡场的应用，介绍三个计算公式。

1. 肉用仔鸡保本价格

又称盈亏临界价格，即能保住成本出售肉鸡的价格。其计算公式如下：

$$保本价格=\frac{本批肉鸡饲料费用}{饲料费用占总成本的比率}\div 出售总体重$$

公式中“出售总体重”可先抽样称体重，算出每只鸡的平均体重，然后乘以实际存栏鸡数即可。计算出的保本价格就是实际成本。所以，在肉鸡上市前可预估按当前市场价格出售的本批肉鸡是否有利可图。如果市场价格高出算出的成本价格，说明可以盈利；相反就会亏损，需要继续饲养或采取其他对策。

2.上市肉鸡的保本体重

是指在活鸡售价一定的情况下，为实现不亏损，必须达到的肉鸡上市体重。其计算公式如下：

$$\text{上市肉鸡保本体重}=\frac{\text{平均料价(元/千克)}\times\text{平均耗料量(千克/只)}}{\text{饲料成本占总成本的比率}}\div\text{活鸡售价(元/千克)}$$

公式中的“平均料价”是指先算出饲料总费用，再除以总耗料量的所得值，而不能用 3 种饲料的单价相加再除以 3 的方法计算，因为这 3 种料的耗料量不同。此公式表明，若饲养的肉鸡刚好达到保本体重时出栏肉鸡则不亏不盈，若想盈利，必须使鸡群的实际体重超过算出的保本体重。

3.肉鸡保本日增重

肉鸡最终上市的体重是由每天的日增重累积起来的。

由每天的日增重带来的收入（简称日收入）与当日的一切费用（简称日成本）之间有一定的变化规律，要经历“日收入＜日成本”、“日收入＞日成本”及“日收入＜日成本”三个阶段，整个过程是一个逐渐变化的动态过程。在肉鸡的生长前期是日收入小于日成本，随着肉鸡日龄增大，逐渐变成日收入大于日成本，日龄继续增大到一定时期，又逐渐变为日收入小于日成本阶段。在生产实践中，当肉鸡的体重达到保本体重时，已处于“日收入大于日成本”阶段，正常情况下，继续饲养就能盈利，直至利润峰值出现。若此时再继续饲养下去，利润就会逐日减少，甚至出现亏损。特别要注意的是，利润开始减少的时间，就是又进入“日收入小于日成本”阶段了，肉鸡养到此时出售是最合算的。可用下列公式进行计算：

$$\text{肉鸡保本日增重(千克/只·日)}=\frac{\text{当日耗料量}\times\text{饲料价格}}{\text{当日饲料费用占日成本的比率}}\div\text{活鸡价格(元/千克)}$$

经过计算，假如肉鸡的实际日增重大于保本日增重，继续饲养可增加盈利。正常情况下，肉鸡养到实际体重达到保本体重时，已处于“日收入＞日成本”阶段，继续饲养直至达到利润峰值，此时实际日增重刚好等于保本日增重，养殖户应抓住时机及时出售肉鸡，以求获得最高利润。因为这时已经达到了肉鸡最佳上市时间，如果继续再养下去，总利润就会下降。

二、肉仔鸡饲养管理要点

（一）管理方式

肉用仔鸡的管理方式有平养、笼养和笼平养混合三种。平养又有垫料饲养和网养两种。

（1）厚垫料平养　这种方法的优点是简便易行，设备投资少，胸囊肿的发生率低，残次品少。缺点是球虫病较难控制，药品和饲料费用较大。垫料应有 10～15 厘米厚，材质干燥松软，吸水性强，不霉坏、不污染。常用的垫料有切短的玉米秸、破碎的玉米棒、小刨花、锯末、稻草、麦秸、干沙等。经常抖动垫料，使鸡粪落到垫料下面。水槽（饮水器）及料槽（桶）周围的潮湿垫料要及时更换。饲养后期必要时应再加一层垫料。

（2）塑料网面饲养　由于离地饲养，鸡不与粪便接触，这种方式易控制球虫病，因而也得以广泛应用。采用时把方眼塑网铺在金属地板网（或竹夹板）上面，以增加弹性，减少胸囊肿。形式与蛋用雏鸡网养基本一样。金属网与塑料网均有定型产品。

（3）笼养　肉鸡笼养本身有增加饲养密度，减少球虫病发生。提高劳动效率，便于公母分群饲养等优点。但因鸡笼底网硬，笼养鸡活动受限，鸡胸囊肿和腿病较为严重，商品合格率低，推广应用不多。近年有科研单位和生产厂家的饲养试验证明，采用多层大笼饲养，在笼底上铺塑料网垫饲养肉仔鸡是可行的。由于地价日趋昂贵，笼养以增加单位面积鸡舍肉鸡饲养量，是今后肉鸡管理方式发展的方向

之一。为避免肉仔鸡笼养的弊病又利用其优点，有厂家在仔鸡2～3周龄内笼养，以后放在地面饲养，即采取笼养平养混合管理方式，也收到一定的效果。

（二）环境条件

环境条件的好坏直接影响到雏鸡成活率和生长速度，肉用仔鸡对环境条件的要求更为严格，关系更为密切，影响更为严重而且难以补偿，应给予特别重视。

1.温度

肉用仔鸡出壳后体温是39～41℃，当外界温度与体温相差8℃以上时，容易造成死亡。肉用仔鸡的供温标准见表5-5。

表5-5　肉用仔鸡的供温标准

周龄	1	2	3	4	5至出栏
温度/℃	32～35	29～32	26～29	23～26	21～23

饲养肉用仔鸡施温标准为：1日龄34～35℃，以后每天降低0.5℃，每周降3℃，直到4周龄时，温度降至21～24℃，以后维持此温度不变。当鸡群遇有应激如接种疫苗、转群时，温度可适当提高1～2℃，夜间温度比白天高0.5℃，雏鸡体质弱或有疫病发生时，温度可适当提高1～2℃。随着日龄的增长，要逐渐降温，切忌忽冷忽热。舍内温度适宜时，鸡群活泼、分散，采食饮水活动正常。温度过高时，雏鸡伸翅、张嘴喘气，不爱吃食，频频喝水；温度过低时，雏鸡闭眼吱叫，扎堆，挤向火源一边。饲养人员要经常观察鸡群变化，及时调节室温。

2.湿度

育雏第1周舍内保持60%～65%的稍高的湿度。主要是此时雏鸡体含水分量大，舍内温度高，湿度过低容易造成雏鸡脱水，影响鸡的健康和生长。2周以后保持舍内干燥，注意通风，避免饮水器洒水，防止垫料潮湿。

3. 通风

通风的目的是排除舍内产生的氨、二氧化碳等有害气体，空气中的尘埃和病菌，多余的水分和热量。恰当的通风可保持舍内空气新鲜，排除湿气，保持垫料的良好状态。通风不良的鸡舍经常氨气浓度过高。一般要求氨气浓度在 20 毫克/千克以内，超过 20 毫克/千克，时间稍长即可影响增重速度，饲料效率不佳，胸部囊肿增加，肉鸡等级下降。

由于肉用仔鸡采用高密度饲养，其生长速度快，随着体重增大，呼吸量也明显增加。因此，必须根据气温与肉用仔鸡的周龄和体重，不断调整鸡舍内的通风量。值得注意的是，不少鸡场或专业户，为了保持舍内育雏温度而忽略通风，结果造成雏鸡体弱多病，死亡增加，甚至有个别鸡场，将炉盖打开，企图提高舍温，结果造成一氧化碳煤气中毒。为了既保持舍温，又使空气新鲜，可以先提高温度，然后再适当打开门窗进行通风换气。通风效果取决于鸡舍内外温度之差。

4. 光照

光照是鸡舍内小气候的因素之一，对肉仔鸡生产力的发挥有一定影响。合理的光照有利于肉仔鸡增重，节省照明费用，便于管理人员的工作。肉仔鸡的光照制度有两个特点。其一是光照时间较长，目的是为了延长采食时间；其二是光照强度小，弱光可降低鸡的兴奋性，使鸡保持安静状态。保证肉仔鸡光照制度的这两个特点，则有利于提高其生长速度和饲料效率。

(1)光照方法及时间

①连续光照。目前饲养肉仔鸡大多实行 24 小时全天连续光照，或实行 23 小时连续光照，1 小时黑暗。黑暗 1 小时的目的是为了防止停电，使肉仔鸡能够适应和习惯黑暗的环境，不会因停电而造成鸡群拥挤窒息。有窗鸡舍，可以白天借助于太阳光的自然光照，夜间施行人工补光。

②间歇光照。指光照和黑暗交替进行，即全天施行 1 小时光照、3 小时黑暗或 1 小时光照、2 小时黑暗交替。大量的试验研究表明，施行间歇光照的饲养管理效果好于连续光照，但采用间歇光照方式，鸡群必

须具备足够的吃料和饮水槽位，保证肉用仔鸡有足够的采食和饮水时间。

③混合光照。将连续光照和间歇光照混合使用，如白天依靠自然光连续光照，夜间施行间歇光照。要注意白天光照过强时需对门窗进行遮挡，尽量使舍内光线变暗些。

（2）光照强度　在整个饲养期，光照强度原则是由强到弱。一般在1～7日龄，光照强度为20～40勒克斯，以便让雏鸡熟悉环境，以后光照强度应逐渐变弱，8～21日龄为10～15勒克斯，22日龄以后为3～5勒克斯。在生产中，若灯头高度2米左右，1～7日龄为4～5瓦/米^2；8～21日龄为2～3瓦/米^2；22日龄为1瓦/米^{2}左右。

（3）光源的选择　选用适宜的光源既有利于节省电费开支，又能促进肉用仔鸡生长。一盏15瓦荧光灯的照明强度相当于40瓦的白炽灯，而且使用寿命比白炽灯长4～5倍。另外，有实验表明，在肉用仔鸡3周龄后，用绿光荧光灯代替白炽灯，其光照强度为6～8勒克斯，结果肉用仔鸡增重速度快于对照组。

在生产中无论采用哪种光源，光照强度不要太大（白炽灯泡以小于60瓦为宜），使光源在舍内均匀分布，并且要经常检查更换灯泡以保持清洁，白天闭灯后用干抹布把灯管擦干净。

5.饲养密度

影响肉用仔鸡饲养密度的因素主要有品种、周龄与体重、饲养方式、房舍结构及地理位置等。如果房舍的结构合理，通风良好，饲养密度可适当大些，笼养密度大于网上平养。若饲养密度过大，舍内的氨气、二氧化碳、硫化氢等有害气体增加，相对湿度增大，厚垫料平养的垫料易潮湿，肉用仔鸡的活动受到限制，生长发育受阻，鸡群生长不齐，残次品增多，增重受到影响，易发生胸囊肿、足垫炎、瘫痪等疾病，发病率和死亡率偏高。若饲养密度过小，虽然肉用仔鸡的增重效果较好，但房舍利用率降低，饲养成本增加。

肉用仔鸡适宜的饲养密度为：1～2周龄25～40只/米^2；3～4周龄15～25只/米^2；5～8周龄10～15只/米^2。饲养密度还与饲养方式有

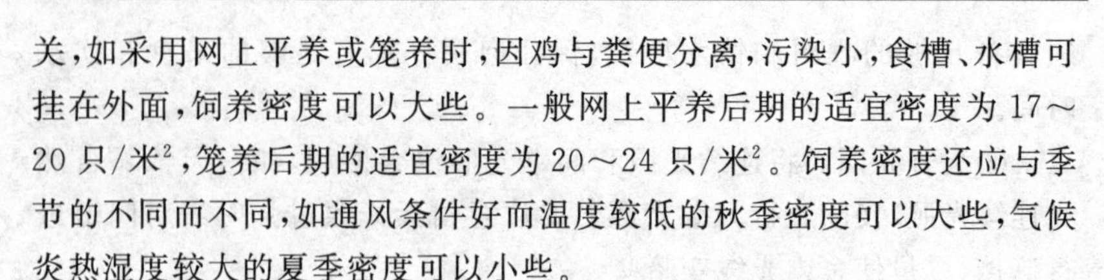

关，如采用网上平养或笼养时，因鸡与粪便分离，污染小，食槽、水槽可挂在外面，饲养密度可以大些。一般网上平养后期的适宜密度为17～20只/米^2，笼养后期的适宜密度为20～24只/米^2。饲养密度还应与季节的不同而不同，如通风条件好而温度较低的秋季密度可以大些，气候炎热湿度较大的夏季密度可以小些。

6.疫病防治

在7～8日龄和21日龄左右作两次鸡新城疫免疫(具体接种时间可依鸡群抗体效价情况而有所变动)，在8～10日龄和18～20日龄作两次法氏囊病免疫。肉鸡饲养量大，为减少劳力消耗和因捉鸡产生应激，免疫一般均采取饮水方式。作饮水免疫要注意清洗好饮水器，饮水中不能使用清洁剂或消毒液，否则会降低疫苗功效，在饮水中混入些脱脂奶(40升加115克脱脂奶)，可降低饮水对疫苗的不良反应，延长疫苗的有效时间。疫苗的使用应严格按药厂规定进行。此外，根据当地疫病流行情况，有时尚需接种传染性支气管炎疫苗等。

肉鸡平养最易发生球虫病，一旦患病，会损害鸡肠道黏膜，妨碍营养吸收，采食量下降。严重影响鸡的生长和饲料效率。如遇阴雨天或鸡粪便过稀，即应在饲料中加药预防。如鸡群采食量减少，出现便血，则应立即投药治疗。预防、治疗球虫时，必须注意药物残留问题。在出场前1～2周停止用药。预防球虫病必须从管理上入手，要严防垫料潮湿，发病期间每天清除垫料粪便，以清除球虫卵囊发育的环境条件。

(三)饲养

1.进雏和开食

雏鸡必须来自健康高产的父母代种鸡。种鸡无白痢、支原体病，种蛋大小符合标准，孵化厂清洁卫生。雏鸡站立平稳，活泼健壮，发育整齐，脚的表皮富有光泽。进雏前一两天调好育雏器和育雏舍的温度，在育雏器的周围互相间隔地摆放好饲料盘和饮水器，圈好护围，饮水器装满清水，使水温逐渐升高一些。雏鸡孵出后尽快运到育雏舍。雏鸡运至鸡舍后分别放到各育雏器附近。先饮水，2～3小时后开始喂料。如果雏鸡孵出时间较长或雏体软弱。可在开食前的饮水中加入一定量的补液盐,有利于体力的恢复和生长,也可喂饮速补一类的水溶性维生素和微量元素。雏鸡一开食即喂仔鸡前期的全价饲料,不限量,自由采食。

2. 饲喂

养肉用仔鸡可任其自由充分采食,每天加料 4 次。投料可刺激鸡的食欲,增加采食量。但每次添料不要超过饲槽深度的 1/3,过多会被刨出浪费。饲槽高度随鸡龄增长而调整,保持与鸡背同一水平,以免啄出饲料。肉鸡最好喂颗粒料,颗粒料营养完善,可促进采食,减少浪费,有利于增重。饲槽必须够用而且分布均匀,采食位置不足或摆放位置不当会影响鸡的采食,导致生长缓慢,发育不整齐。饲养人员应每天记录喂料量,鸡采食量的突然变化常常是患病或管理失误的反映,应立即查明原因,采取改进措施。

3. 饮水

水是最廉价的营养物质,在调节鸡的体温、输送营养物质、排出代谢废物等方面也起重要作用。因而新鲜、清洁而充足的饮水,对肉鸡正常生长至关重要。鸡的饮水量取决于环境温度及采食量(表 5-6)。

表 5-6　肉仔鸡每 1 000 只每天饮水量　　升

周龄	室温		
	10℃	21℃	32℃
1	23	30	38
2	49	60	102
3	64	91	208
4	91	121	272
5	113	155	333
6	140	185	300
7	174	216	28
8	189	235	450

4. 肉仔鸡饲养的关键技术

(1)加强早期饲喂　肉仔鸡生长速度快，相对生长强度大，前期生长稍有受阻则以后很难补偿，这与蛋用雏鸡有很大差别。在实际饲养时一定要使出壳后的雏鸡早入舍、早饮水、早开食。

(2)保证采食量　日粮的营养水平高，但若采食量上不去，吃不够，则肉鸡的饲养同样得不到好的效果。保证采食量的常用措施有：①保证足够的采食位置，保证充足的采食时间；②高温季节采取有效的降温措施，加强夜间饲喂，必要时采用凉水拌料；③检查饲料品质，控制适口性不良原料的配合比例；④采用颗粒饲料；⑤在饲料中添加香味剂。

(四)肉仔鸡饲养管理其他要点

1. 公母分群

肉用仔鸡公母分群饲养，是近年来随着肉鸡育种水平和初生雏性别鉴定技术提高而发展起来的一种饲养制度，它同目前普遍采用的混养式相比有其独到之处。在国内外肉用仔鸡的生产中越来越受到重视。

(1)公母分群饲养的理论依据　公母雏鸡由于生理基础不同，它们对生活环境和营养条件的需求和反应也不一样，主要表现在以下几个方面：

①生长速度不同。公鸡生长快、母鸡生长慢，在同样的环境和饲养条件下，4 周龄时公鸡比母鸡体重大 13%左右，6 周龄时大 20%，8 周龄时大 27%。

②营养需要不同。母鸡沉积脂肪能力强，对日粮中能量水平需求较高，公鸡沉积脂肪能力差，对日粮中蛋白质含量要求较高，对磷、钙、维生素 A、维生素 E、维生素 B_2 及氨基酸的需要量也多于母鸡。日粮中添加赖氨酸后，公鸡比母鸡反应迅速。

③羽毛生长速度不同。公鸡长羽慢，母鸡长羽快，因而反映出虽同期生长但对环境的要求却不同。同时公母鸡在胸囊肿病的发病率及严重程度上也大不相同，公鸡发病率严重程度要高于母鸡。

(2)公母分群饲养的优点

①提高饲料利用率,减少浪费。按性别的差异分别配制饲料,避免了母雏因过量摄入营养造成的浪费。同时,后期日粮可提前供给母雏,公雏继续供给蛋白质水平较高的日粮,使公雏能较长时间有效利用营养水平较高的日粮。实验证明,公母分群饲养,平均出栏体重比混养方式提高8%～15%,平均每只鸡体重增加200～350克,饲养期缩短3～5天,经济效益比混养方式提高了40%～41%。

②均匀整齐度增加。公母混养时,公母体重相差能达到500克左右。分养后,一般只差125～250克,这就使个体间体重差异达到最小,而且整个群体均匀整齐度提高。这样有利于批量上市和机械化屠宰加工,可提高产品的规范化水平。同时可利用公鸡、母鸡在生长速度、饲料转化率方面的差异,确定不同的上市日龄,可适应不同的市场需要,有利于经济效益的提高。

③产品质量大大提高。由于采用了与性别相适应的最佳饲养方式而使鸡群的发病率、死淘率都大大低于混养方式,而胸囊肿等缺陷鸡也减少了许多,胴体肌肉含量增加,内脏脂肪减少。如8周龄时母鸡腹脂可达10.8%,而公鸡仅3%左右,分群饲养可提早母鸡上市出售,从而减少了在加工过程中需要除去的多余脂肪。

(3)公母分群饲养的主要管理措施

①根据营养需要的不同,确定饲喂方式。按性别的不同调整日粮的营养水平,以满足不同的鸡群在不同的饲养阶段所需要的不同营养。在饲养前期,公雏日粮的蛋白质含量可达24%～25%,母雏则只需要21%,为降低饲养成本,在优质饲料不足的情况下,应尽量使用质量较好的饲料来喂公鸡。

②根据生长发育需要选择适宜的环境。公母鸡羽毛生长的速度不同,公雏羽毛生长速度慢,保温能力差,育雏时温度宜高一些,1日龄公雏35～36℃,母雏33～34℃,以后每天降低0.5℃,每周降3℃,直至4周龄时,温度降至21～24℃,以后维持此温度不变。如果遇到如防疫接种等应激反应大的情况,可将温度适当提高1～2℃,夜间温度比白

天高 0.5℃。要保持温度相对稳定,不能忽高忽低,同时要注意相对湿度的适宜性,以保证最少的耗料,最大的饲料报酬。由于公鸡体重大,胸囊病的发病率大大超过母鸡,所以对地面平养方式来说要增加垫料厚度,提供比较松软的垫料;而对网上平养方式来说,要选择质地柔韧、弹性大、硬度小的网片,尽量减少胸囊肿病的发病率。

③根据市场需要确定出栏时间。一般肉用仔鸡在 7 周龄以后,母鸡增重速度相对下降,饲料消耗急剧增加,这时如已经达到了上市体重即可提前出栏,而公鸡要到 9 周龄以后增重速度才下降,因而公鸡可到 9 周龄时上市,临近出栏前一周要掌握市场行情,抓住有利时机,集中一天将同一舍的鸡出售完毕,尽量避免零卖。

虽然公母分群饲养优点很多,但也不可忽视它的缺点,人工鉴别延长了开食时间,因此我们必须加强饲养管理,发挥其优点,克服弊病,这样才能使肉仔鸡的生产提高到一个新的水平。

三、夏季管理

夏季和冬季饲养肉用仔鸡,可以充分利用鸡舍及各种设备,挖掘生产潜力,提高劳动生产率,做到均衡生产,以满足市场的要求。在这两个季节里,只要根据各自的气候特点,采取相应的饲养管理措施,同样可以获得较高的成活率和合格的产品。

盛夏天气炎热,育雏期间的保温条件要求不高,时间也短,可以节省燃料,育雏成本低。但由于我国大部分地区夏季的炎热期持续 3～4 个月,给鸡群造成强烈的热应激,肉用仔鸡表现为采食量下降、增重慢、死亡率高等。如果鸡舍条件较差时,鸡体散热困难,稍有疏忽,便容易患病。因此,为消除热应激对肉用仔鸡的不良影响,必须采取相应措施,以确保肉用仔鸡生产顺利进行。

(一)做好防暑降温工作

鸡羽毛稠密,无汗腺,体内热量散发困难,因而高温环境影响肉用

仔鸡的生长。必须采取有效措施进行降温。

(1)鸡舍的方位应坐北朝南，屋顶隔热性能良好，鸡舍前无其他高大建筑物　鸡舍内通风要好，所有门窗要全部打开，但要在门窗上加上铁丝网，以防兽害。有条件可采用动力鼓风，以降低室温。

(2)搞好环境绿化　鸡舍周围的地面尽量种植草坪或较矮的植物，不让地面裸露，四周种树，如大叶杨、梧桐树等。

(3)将房顶和南侧墙涂白　这是降低舍内温度的一种有效的方法，对气候炎热地区屋顶隔热差的鸡舍为宜，可降低舍温 3～6℃。但在夏季气温不太高或高温持续较短的地区，一般不宜采用这种方法，因为这种方法会降低寒冷季节鸡舍内温度。

(4)在房顶洒水　这种方法实用有效，可降低舍温 4～6℃。其方法是:在房顶上安装旋转的喷头，有足够的水压使水喷到房顶表面。最好在房顶上铺一层稻草，使房顶长时间处于潮湿状态，房顶上的水从房檐流下，同时开动风机效果较好。

此外，还可采取在进风口处设置水帘、进行空气冷却、使用流动水降温或采用负压或正、负压联合纵向通风等措施，达到防暑降温的目的。

夏季虽然气温较高，但有些地区昼夜温差较大，或遇雨天和台风的天气，在育雏的初期仍然要做好保温工作。

(二)调整日粮结构和喂料方法，供给充足饮水

在育肥期，如果温度超过 27℃，肉用仔鸡采食量明显下降。因此可相应采取以下措施。

(1)提高日粮中蛋白质含量 1%～2%。多种维生素添加 0.3～0.5 倍，保证日粮新鲜，禁止饲喂发霉变质饲料，特别是湿料，喂湿拌料时要现拌现喂，少喂勤添。

(2)饲喂颗粒饲料，提高肉用仔鸡的适口性，增加采食量。炎热期停喂让鸡休息，减少鸡体代谢产生的增热，降低热应激，提高成活率。此外，炎热夏季必须提供充足的凉水，让鸡饮用。

(三)在饲粮或饮水中添加抗应激药物

①可在每千克饲粮中添加0.1～0.3克杆菌肽粉,连用。

②当舍温高于27℃时,可在饲料中添加150～300毫克/千克维生素C或在水中加100毫克/千克维生素C,白天饮用。因为热应激时,机体对维生素C的需要量增加,维生素C有降低体温的作用。

③高温季节,可在饲粮中加入0.4%～0.6%的小苏打或在饮水中加入0.3%～0.4%的小苏打,白天饮用,需注意的是:使用小苏打时应减少日粮中食盐(氯化钠)的含量。

④热应激时易出现低血钾,因而在饲粮中补加0.2%～0.3%的氯化钾,或在饮水中补加0.1%～0.2%氯化钾。补加氯化钾有助于降低肉用仔鸡的体温,促进生长。

(四)做好环境卫生工作,加强疾病防治

夏季要清除蚊蝇滋生地,垫料要保持干燥松软。控制舍内湿度不致过高。食槽、水槽要经常刷洗,定期消毒。做好疫病预防接种工作,加强鸡白痢、球虫病、曲霉菌病等的防治。

四、冬季管理

冬季气温低,鸡的食欲旺盛,疾病危害较少,成活率高。但用于保温的燃料费较高,饲料消耗稍多,饲养成本也高。另外,还需注意防治呼吸道疾病。因此,冬季的管理要点主要是防寒保温、正确通风、降低舍内湿度和有害气体含量等,在饲养过程中应注意以下几个方面:

1.做好保温工作

鸡舍要维修好,杜绝贼风。主要靠暖气、保温伞,火炉等供温,舍内温度不能忽高忽低,要保持恒温。在雨雪天和寒流期间,育雏温度宜高一些。为了减少鸡舍的热量散发,对房顶隔热差的要加盖一层稻草,窗户要用塑料膜封严,调节好通风换气口。

2.减少鸡体的热量散失

防止贼风吹袭鸡体；加强饮水的管理，防止鸡羽毛被水淋湿；最好改地面平养为网上平养，或对地面平养增加垫料厚度，保持垫料干燥。

3.通风透气

冬季饲养肉鸡仍然要注意通风，尤其是育雏期间。如只考虑保温而忽视了通风，这时内外温差大，室内水汽蒸发到屋顶变成水滴流下，以致室内湿度过大，导致一些条件性病原微生物（如大肠杆菌、沙门氏菌等）的繁殖而致病。因此，冬季育雏仍然要注意通风。通风时可适当提高室内温度，并避免冷风直接吹袭鸡群。同时正确的通风，会降低舍内有害气体的含量。

4.合理饲喂

冬季气温低，鸡的热量消耗大，要提高日粮的能量水平，但蛋白质水平要适当降一些，以免采食过多的蛋白质。饲喂湿拌料应现拌现喂，防治冰冻，有条件时喂热料，饮温水。

5.疾病防治

冬季应注意防治鸡的呼吸道、消化道疾病和维生素缺乏症。配制日粮营养要全面，应添加适量的防治药物。

6.注意防火

冬季养鸡火灾发生较多，尤其是专业户的简易鸡舍，更要注意防火，包括炉火和点火。同时要防止一氧化碳中毒，加强夜间值班工作，经常检修烟道，防止漏烟。

第三节　黄羽肉鸡生产

优质黄羽肉鸡是由一些地方黄羽土鸡经过多年的纯化选育并与生长速度快的引进肉鸡品系杂交配套产生的优质肉鸡品种，生产性能特别是产蛋性能有较大提高，生长速度也有所提高，体质、外形、毛色趋于一致。这些鸡种保留了原有地方土鸡的肉质风味，深受国内外消费者的欢迎。

优质黄羽肉鸡的特点：肉味鲜美，肉质细嫩滑软，皮薄，肌间脂肪适量，味香诱人。这些特点是快大型肉用型仔鸡无法比拟的。这种独特的风味，很符合海内外华人的传统吃鸡习惯，也是东南亚地区消费者青睐的食品。

一、黄羽肉鸡生产特点

①在特定条件下饲养的地方黄鸡，其肉质色香味俱佳，但繁殖力低，生长缓慢，饲料报酬差，这类肉鸡的生产成本高，生产量也很小。一些科研、教学单位和家禽育种企业，利用地方黄羽肉鸡为素材进行系统选育，引进隐性白羽快大型肉鸡品系，与地方优质肉鸡杂交，其中快大型肉鸡的血缘一般占25%～50%，其生长速度介于两亲本之间，这类杂交肉鸡既保持了地方鸡的风味，又兼备较高的产肉性能，使生产效益增加。国内部分优质黄羽肉鸡的生产性能见表5-7。

表5-7　国内部分优质黄羽肉鸡的生产性能

品种	饲养期/天	体重/千克	耗料增重比
惠阳胡须鸡	105	1.35	3.8
清远麻鸡	105	1.40	3.7
石岐杂鸡	105	1.50	3.5
北京油鸡	105	1.45	3.8
苏禽96黄鸡	70～95	1.5～1.8	2.5～3.0
882黄鸡	60(母)	1.45	2.3
	90(公)	1.95	2.8
江村黄鸡	63(母)	1.5	2.3
	90(公)	1.8	3.0

②优质黄羽肉鸡饲养中不刻意追求生长速度，而特别重视肉质和外观性状，要求上市时冠红、面红，毛黄(麻)、皮黄，胫细短而黄。优质

黄羽肉鸡售价比快大型鸡高得多。快大型鸡饲养中一味追求生长速度,生长速度越快越好。

③优质黄羽肉鸡公鸡和母鸡差别很大,母鸡价格是公鸡价格的3倍左右,母鸡多以活鸡的形式供应餐馆,公鸡多供应普通市民餐桌。快大型公母鸡销售上差别不大。

④劳动生产率高。在一般设备条件下,采用平面饲养方式1人可养1 000～1 500只肉用仔鸡。如果适当增加一些机械化设备,1个人就可饲养3 000～5 000只。在机械程度高的条件下,用多层笼饲养,1个人可养几万只,全年就可养十几万只至几十万只。

二、优质黄羽肉鸡的饲养管理

优质黄羽肉鸡生长快,饲料报酬高,肉质细嫩,味道鲜美,且具有"三黄"(羽毛黄、喙黄、胫黄)特点,目前成为发展肉鸡生产的一个重要方向。其饲养管理技术应符合该鸡种生理和生长的要求。与白羽快速生长的肉用仔鸡相比,优质黄羽肉鸡生长速度慢,周期长。从这一基本区别出发,在饲养管理方面,优质黄羽肉鸡有以下几个特点。

(一)饲养方式

优质肉鸡适应性强,可实行垫料平养、栅(网)养,也可采用笼养。优质黄羽肉鸡生长速度慢、体重小,因此胸囊肿现象基本不会发生,可以采用笼养,特别是后期肥育阶段,采用笼养可更明显的提高肥育效果。在广东一些大型黄羽肉鸡饲养场,0～6周育雏阶段采用火炕育雏,7～11周采用竹竿或金属笼网上饲养,12～15周上笼育肥。

(二)免疫内容

由于优质黄羽肉鸡饲养周期较长,与肉用仔鸡相比,应增加一些免疫内容。例如马立克疫苗必须在出壳后及时接种,否则在出场时正是马立克氏病发病的高峰期。对鸡痘,快大型肉用仔鸡一般可以不必免疫，而优质黄羽肉鸡一般情况下则应该刺种免疫，除非北方地区生长后期处于冬季可以不进行。其他免疫项目也要根据地区发病特点，加以考虑。

(三)饲养阶段和饲养标准

与速生型肉鸡相比，优质肉鸡带有地方鸡的特点。地方鸡种前期生长缓慢，在8周龄以后才出现生长高峰，饲养期一般为14～16周；杂交肉鸡多为中型黄鸡，它们的早期生长速度比地方肉鸡明显提高，10周龄体重达到1.65千克，10周龄后生长减缓。

根据优质肉鸡生长特点变化，将饲养期一般分为3个阶段，即育雏期(0～6周龄)、生长期(7～11周)和育肥期(12周以上)。

优质肉鸡生长慢，饲养周期长，对日粮养分含量的要求低于肉仔鸡。我国1986年颁布的地方品种肉用黄鸡饲养标准和各周龄体重及耗料量分别见表5-8、表5-9和表5-10。由于不同鸡种生长速度差异较大，饲养标准难以统一，各育种公司正在通过饲养试验研究制定，目前不宜盲目照搬速生型饲养标准，因为这些标准高于优质肉鸡的生长需要，影响饲料报酬和鸡肉品质。

表5-8　我国地方品种肉用黄鸡的饲养标准

周龄	0～5周	6～11周	12周以上
代谢能/(兆焦/千克)	11.72	12.13	12.55
粗蛋白质/%	20.0	18.0	16.0
蛋白能量比/(克/兆焦)	17.06	14.84	12.74

注：①其他营养指标参照生长期蛋用鸡和肉用仔鸡饲养标准折算。

②适用于广东等地方黄羽肉鸡，不适于各种杂交肉用黄鸡。

表5-9　地方品种肉用黄鸡的体重及耗料比　　克/只

周龄	周末体重	每周耗料量	累计耗料量
1	63	42	42
2	102	84	126
3	153	133	259

续表 5-9

周龄	周末体重	每周耗料量	累计耗料量
4	215	182	441
5	293	252	693
6	375	301	994
7	463	336	1 330
8	556	371	1 701
9	654	399	2 100
10	756	420	2 520
11	860	434	2 954
12	968	455	3 409
13	1 063	497	3 906
14	1 159	511	4 417
15	1 257	525	4 942

表 5-10　我国地方肉鸡日粮的营养水平

饲养阶段	0～4 周龄		5～10 周龄		10 周龄以上	
	代谢能（兆焦/千克）	粗蛋白质/%	代谢能（兆焦/千克）	粗蛋白质/%	代谢能（兆焦/千克）	粗蛋白质/%
高	12.55	21	12.55	19	12.55	16.5
中	11.72	20	12.13	18	12.34	15.5
低	11.30	19	11.51	17	11.72	15.0

三、育雏期的饲养管理

(一)接雏

应选择健康的雏鸡，其标准是：精神活泼，两眼有神，毛色纯黄或黄中带麻，绒毛整洁，脐部收缩良好，外观无畸形或缺陷，肛门周围干净，两脚站立着地结实，行走正常，握在手中饱满挣扎有力，体重达到 30 克以上。

(二)雏鸡饲养

肉鸡的饲养就是想方设法让鸡多吃,单位时间内吃得越多,则长得越快,饲料转化率越高。为此可采用少量多次的饲喂方法。育雏阶段每天加料5~6次,每次加的量少一些,让鸡全部吃干净,料桶空置一段时间后再加下一次料。这样可以引起鸡群抢食,刺激食欲。6~10日龄进行断喙,可用烙铁和专用断喙器将上喙切去1/2,下喙切去1/3,可预防啄癖,减少饲料浪费。最好断喙前后两三天内在饮水中加水溶性多维及抗生素类药物,以减少应激反应。20日龄后每百只鸡每周供给500克干净细沙,以增强鸡的消化功能、刺激食欲。做好育雏期间的免疫接种工作。小鸡饲养至30~40日龄转至中鸡舍饲养。

四、育成期的饲养管理

优质黄羽肉鸡6~10周龄为中鸡阶段,称育成期或生长期。这一时期肉鸡的体重增长较快,采食量不断增加,为骨架和内脏器官生长发育的主要阶段。

(一)公母分群饲养

同快长型肉用仔鸡一样,优质黄羽肉鸡公雏鸡个大体壮,竞食能力强,对蛋白质利用率高,增重快。母雏鸡沉积脂肪能力强,增重慢,饲料效率低。公母分群饲养可根据公母雏鸡生理基础的不同,采用不同的饲养管理方法,有利于提高增重、饲料转化率和群均匀度,以便在适当的日龄上市。

(二)营养水平调整

达到上市时间、体重,获得最大饲料报酬的营养水平,作为该鸡种的营养标准,在各期日粮中雏鸡供给高蛋白质饲料,以提高成活率和促进早期生长。为适应其生长周期长的特点,从中期开始要降低日粮的

蛋白质含量，供给沙砾，提高饲料的消耗率。生长后期，提高日粮能量水平，最好添加少量脂肪，对改善肉质、增加鸡体肥度及羽毛光泽有显著作用。

（三）密度管理

育成期饲养密度一般每平方米 30 只，进入生长期后应调整为10～15 只。食槽或料桶数量要配足，并升高饲槽高度，以防止鸡只挑食而把饲料扒到槽外，造成浪费。同时保证充足、洁净的饮水。

（四）保持稳定的生活环境

由于优质肉鸡的适应性比肉用仔鸡强一些，一般饲养鸡舍结构也比较简单，在日常管理中要注意天气变化对鸡群的影响，使技术环境相对稳定，减少高温和寒冷季节造成的不良影响。

（五）加强卫生防疫

鸡舍要经常清扫，定期消毒，保持清洁卫生，并做好疫苗的预防接种工作。饲料中添加抗菌、促生长类保健添加剂，以预防传染性疾病的发生。要根据鸡龄和地区发病特点确定防疫程序。

（六）阉鸡

优质黄羽肉鸡具有土鸡的性成熟较早的特点。性成熟时，公鸡会因追逐母鸡而争斗，采食量下降，影响公鸡的肥度和肉质，所以公鸡要适时去势。公鸡去势的目的是为了更好地改善品质，有利育肥。公鸡去势后，生长期变长，同时沉积脂肪的能力也增强。因此，阉鸡的肌间脂肪和皮下脂肪增多，肌纤维细嫩，风味独特。烹制的阉鸡，肉味鲜美，肉质细嫩，滑软可口。

不同品种类型的鸡性成熟期不同，去势时期也不同。一般认为广源和石岐杂鸡的体重在 1 千克时进行阉割较为合适。阉割的日龄大小往往会影响阉鸡的成活率和手术难易程度。如过迟、过大去势，鸡的出血量增加，甚至导致死亡；如过早、过小去势，由于睾丸还小，难以操作。此外，还应选择天气晴朗、气温适中的时节进行阉割；否则，阉鸡伤口容易感染、抵抗力下降、发病率和死亡率增大。阉鸡的方法如下。

(1)保定　术者先在大腿上铺盖一块塑料薄膜，以防鸡排粪弄脏衣服，然后把鸡的翅膀交叉扭叠，向后拉着双脚。用一根竹片横在两脚和胸下，再用绳子由下向上把鸡脚部分与竹片缠绕在一起，鸡的右侧部朝上。保定后把切口附近的羽毛拔除，用70%酒精涂擦手术部位、手术器械和术者手指，进行消毒。

(2)部位　阉割部位为最后一二肋间的上1/3处，自髋关节水平处向腹侧面作长约3厘米的切口。睾丸位于腰部前方的脊椎两侧，形状多为椭圆形，呈淡黄色。右侧睾丸比左侧睾丸略为超前并稍小些。睾丸前端和外侧都有系膜与气囊壁相连，所以在套取睾丸前必须断离睾丸前端或外侧的系膜。肠系膜把两侧的睾丸分隔开，在摘除左侧睾丸时，必须先捣破局部肠系膜。睾丸的后上方为肾脏。

(3)手术步骤　手术可以分为切开、扩创、套睾、摘睾等步骤。

①切开：用阉割刀切开与肋骨相平行的切口，先切透皮肤，再切破肌肉层，注意切口不要贴近肋骨边缘，以防损伤血管和神经。

②扩创：用扩创器扩大切口，用阉割刀柄尖端挑破腹膜和气囊壁，使切口通向腹腔。

用套睾器的勺向腹腔下部拨开肠道，可见到淡黄色的睾丸。配合使用套睾器的勺和阉割刀柄的尖端，拨托睾丸，撕破睾丸外侧被膜，使睾丸完全暴露在被膜外面。

③套睾：术者左手用阉割刀的刀柄尖端轻轻压住睾丸，同时以左手大拇指和食指捏住套睾器上的马尾线(或棕线)端，并使左手小拇指能自由调节马尾线的紧张度，用右手持套睾器，沿睾丸下缘套取睾丸。

在睾丸系膜处的马尾线要与套睾器交叉。对较大的公鸡，可斜向锯取睾丸；对于小公鸡，因为睾丸较小，锯取容易滑脱，侧以斜的方向向外慢慢的勒取。

④摘睾：摘睾丸的顺序主要看公鸡的大小。如果公鸡大，应先摘右

侧(即上面)睾丸,后摘左侧(下面)睾丸。在摘除右侧睾丸后,用阉割刀柄尖端把肠系膜挑破一小洞,再用套睾器沿小洞作纵行扩大,然后以上述方法对左侧睾丸进行套取和摘除;如果睾丸较小,也可直接绕过肠系膜前端摘除下列睾丸。如果公鸡小,则睾丸也小,摘睾顺序是先左后右。

术后的切口一般不需缝合,经 10 天左右即可愈合。如果切口过大,可加以缝合,以免肠管脱落。

(4)注意事项　阉割时要注意选择鸡只,防止大出血,排除皮下气肿。

公鸡必须健康无病,特别是无传染性疾病。鸡群中残次、瘦弱的个体也不予阉割。阉割的器具要经过消毒,否则易造成疾病传播。

阉割前后 5～7 天,每千克饲粮中添加维生素 K 2～4 毫克 ,有助于手术中止血。阉割后 3 天每日每只鸡肌肉注射青霉素 5 万单位和链霉素 10 万单位,也可肌肉注射庆大霉素 1 万单位,以防止术后感染。阉割后 10 天内不放养,不与不同栏的公鸡合群,最好单独饲养,以免引起争斗或惊扰,而导致伤口出血。

手术过程中,应避免损伤脊椎下面的大血管,以免鸡大出血而死亡。如果发现大出血,应立即用套睾器的勺压迫止血,或往腹腔浇些干净的凉水;待止血后,再把血凝块取出。术后发现皮下气肿,可用手指挤压,使气体从切口排出,或用针在气肿最突出的地方刺破,排除皮下气体。

此外,要防止鸡群啄癖的发生,减少其他应激因素对肉鸡生长发育的影响。

五、育肥期的饲养管理

优质黄羽肉鸡从 10 周龄到上市这一阶段为育肥期。优质黄羽肉鸡和土鸡的生长后期都有很好的沉积脂肪的能力,所以此期饲养的要点在于促进鸡体内脂肪的沉积,增加肉鸡的肥度,改善肉质,提高羽毛的光泽度,以保证在90～120日龄时能上市。

1.提高能量水平

育肥期要提高饲粮能量水平,高能量饲料能促使肉鸡沉积大量的脂肪。育肥期能量水平要求达到12.55兆焦/千克,粗蛋白15%即可。为此,通常在饲粮中添加5%～10%的油脂类如猪油、牛油或植物油等。这样可以使肉鸡沉积适度的脂肪,以改善肉质,增加羽毛的光泽度和商品屠体的外观美感,符合上市、出口的要求。

2.密度管理

此期的饲养密度以每平方米10只左右为宜。如果是家庭小群饲养,可因地制宜放养于田间或丛间、果林中,这样既可采食自然界的虫、草、脱落的籽食或粮食,又能增强体质,使上市鸡的外观更接近于土鸡,以满足消费者的心理要求。

3.肉鸡肥育与屠体品质控制

优质肉鸡对屠体质量有较高要求,一是有适量脂肪沉积,增加肌间脂肪和皮下脂肪含量,提高鸡肉的香味和口感;二是上市前几周不要饲喂含有不良气味的饲料原料;三是在饲料中添加含叶黄素的物质,使皮肤、胫、喙部产生深黄色,提高胴体外观质量。

4.提高饲料转换率

肉质肉鸡的饲料转化率低,为保证该类肉鸡的肉质,对饲料报酬重视不够,致使生产成本偏高。特别是饲养期长的地方鸡只饲料转化率更低,所以,尽量缩短饲养时间是增加生产效益的一个重要环节。适宜的上市时间,地方肉鸡一般不超过15周龄,杂交肉鸡10周龄左右出栏为宜。

第四节　生态肉鸡放养条件下的管理

生态放养是一种既节约能源又提高鸡肉品质的双赢的饲养方式。

生态放养就是把鸡放到野外去养，适宜场所包括荒地、果园、农田，鸡在宽广的放牧场地上能得到充足的阳光、新鲜空气和运动，采食青草、虫蛹、腐殖质、植物籽实等各种营养丰富饲料，在放牧地旁建立简易鸡舍，供鸡晚上或雨雪天气栖息，内设栖架，放牧开始时采用早上放开，使其自由采食，晚上收回的方式。平原地区一般采用半舍饲，即建立平养鸡舍，外设运动场与鸡舍相连，让鸡充分运动，在饲料中加入适量青绿蔬菜和人工昆虫，可保证肉蛋品质。生产中采用的饲养方式主要有果园放养、林地放养、滩区放养、山地放养等，下面分别进行介绍。

一、优质肉仔鸡果园放养

(一)果园放养的优点

(1)提高鸡肉品质　果园放养由于环境优越，鸡在果园可以采食到天然动、植物饲料。因此，羽毛光亮，肌肉结实，肉质鲜美，深受消费者青睐。

(2)节约饲料，降低饲养成本　果园放养鸡可在园中捕捉到昆虫，采食到青绿饲料，在土壤中寻觅到自身所需的矿物质元素和其他一些营养物质。适当补饲即可，减少了精饲料的供给，降低饲料成本，比圈养节约饲料30%～40%。

(3)提高水果品质　果园放养产生的鸡粪是很好的有机肥料，可减少化肥的施用量，鸡粪还可以改良土壤。鸡在果园可采食青草，捕捉昆虫，从而达到除草、灭虫的作用，减少了农药的使用，提高了水果品质。

(4)生态效益显著　过去养鸡除大型工厂化养鸡外，农村养鸡户都是在村庄附近建养鸡场，排污除臭设施不全，对居住环境影响极大，矛盾纠纷不断。果园放养在野外，解决了养鸡场、养殖场所紧张的问题，扩大了饲养量。加上定期翻耕土壤，几乎没有异味，生态效益显著。

(二)果园放养设施

(1)围网筑栏　在果园周边要有隔离设施,防止鸡到果园以外活动而走失,同时起到与外界隔离作用,有利于防病。果园四周可以建造围墙或设置篱笆,也可以选择尼龙网、镀塑铁丝网或竹围,高度 2.5 米以上,防止飞出。围栏面积是根据饲养数量而定,一般每 667 米^2 果园放养 80～100 只。

(2)搭建鸡舍　在果树林周边,选择地势高燥的地方搭建鸡舍,要求坐北朝南,和饲养人员的住室相邻搭设,便于夜间观察鸡群。雏鸡阶段鸡舍中要有加温设施,创造合适的环境条件。生长期白天在果园活动,晚上在鸡舍中过夜。鸡舍建设应尽量降低成本,北方地区要注意保温性能,南方地区要注意防潮隔热。鸡舍高度 2.5～3 米,四周设栖架,方便夜间栖高休息。鸡舍大小根据饲养量多少而定,一般每平方米饲养 10～15 只。

(3)设置喂料和饮水设施　包括料桶、料槽、真空饮水器、水盆等。喂料用具放置在鸡舍内及鸡舍附近,饮水用具不仅放在鸡舍及附近,在果园内也需要分散放置,以便于鸡只随时饮水。为了节约饲料,需要科学选择料槽或料桶,合理控制饲喂量。由于鸡吃料时容易拥挤,应把料槽或料桶固定好,避免将料槽或料桶挤翻,造成饲料浪费。料桶、料槽数量要充足,每次加料量不要过多,加至容量的 1/3 即可。

(三)放养规模及进雏时间

根据果园面积,每 667 米^2 放养商品鸡 80～100 只,进雏数量按每 667 米^2 100～120 只。一般在每年 2～6 月份进雏,放养期 3～4 个月。这段时间刚好是果园牧草生长旺盛、昆虫饲料丰富、果园副产品残留多,可很好利用。

(四)育雏期的饲养管理

(1)保持合适的鸡舍温度　雏鸡管理最重要的一点就是提供合理

的育雏温度。一船使用火炉、火道等加热方式供暖，运行成本低。电热伞育雏效果很好，但费用较高。1～3 日龄，育雏温度保持在 33℃左右，4～7 日龄 31℃左右，8～14 日龄 29℃左右，15～21 日龄 26℃左右，22～28 日龄 23℃左右，29 日龄以后鸡舍内温度保持在 18℃以上。保温的重点在 15 日龄以前，尤其是在晚上和风雨天气。30 日龄以后在无风的晴天中午前后，让雏鸡到鸡舍外附近活动，以尽快适应外界环境。

(2)搞好卫生防疫　雏鸡阶段最容易患病，要及时清理鸡舍地面粪便，定期进行消毒，按时接种疫苗，适时喂食抗菌药物和抗寄生虫药物，病鸡及时检查和处理。

(3)适应性饲喂　10 日龄前需要使用全价配合饲料，此后在晴暖的天气可以在饲料中掺入一些切碎的、鲜嫩的青绿饲料。15 日龄后可以逐步每日在鸡舍外附近地面撒一些配合饲料和青绿饲料，诱导雏鸡在地面觅食，以适应以后在果园内采食野生饲料。

(4)饮水　15 日龄前饮水器都放置在鸡舍内，之后在舍外也要放置一些。保持饮水器内经常有清洁的饮水。

(五)果园养鸡的日常饲养管理要求

(1)合理补饲　根据野生饲料资源情况，决定补饲量的多少，如果园内杂草、昆虫比较多，鸡觅食可以吃饱，傍晚在鸡舍内的料槽中放置少量的饲料即可。如果白天吃不饱，除了傍晚饲喂以外，中午和夜间另需补饲两次。雏鸡阶段使用质量较好的全价饲料，自由采食，5 周龄后可逐步换为谷物杂粮，降低饲料成本。

(2)光照管理　鸡舍外面需要悬挂若干个带罩的灯泡，夜间补充光照。目的是减少野生动物接近鸡舍，保证鸡群安全，同时可以引诱昆虫让鸡傍晚采食。

(3)观察鸡群　每日早晨鸡群出舍时，鸡只应该争先恐后地向鸡舍外跑，如果有个别的鸡行动迟缓或呆在鸡舍不愿出去，说明健康状况出现了问题，需要及时进行隔离观察，进行诊断和治疗。每天傍晚，当鸡群回舍补饲的时候要清点鸡数，看鸡的嗉囊是否充满食物以决定补饲量的多少。

(4)避免不同日龄的鸡群混养　每个果园内在一个时期最好只养一批鸡，相同日龄的鸡在饲养管理和卫生防疫方面的要求一样，方便管理。如果不同日龄的鸡群混养则相互之间因为争斗、鸡病传播、生产措施不便于实施等原因会影响到生产。如果想养两批鸡，最好是用尼龙网或篱笆把果园分隔成两部分，并设一定隔离距离，避免混群。

(5)防止农药中毒　果园为了防止病虫害需要在一定的时期喷洒农药，农药可对鸡群造成毒害。在选择果树品种时，优先考虑抗病、抗虫品种，尽量减少喷药次数，减少对鸡的影响。施药时应尽量使用低毒高效农药，或实行限区域饲养。

(6)防止野生动物的危害　果园一般都在野外，可能进入果园内的野生动物很多，如黄鼠狼、老鼠、蛇、鹰、野狗等，这些野生动物对不同日龄的鸡都可能造成危害。夜间在鸡舍外面悬挂几个灯泡，使鸡舍外面整夜比较明亮。也可以在鸡舍外面搭个小棚，养几只鹅，当有动静的时候鹅会鸣叫，管理人员可以及时起来查看。管理人员住在鸡舍旁边也有助于防止野生动物靠近。

(7)归舍训练　黄昏归巢是禽类的生活习惯，但是个别鸡会出现找不到鸡舍、不愿回鸡舍，晚上在果树上栖息的情况。晚上鸡在鸡舍外栖息，容易受到伤害。应从小训练傍晚回舍的习惯。做好傍晚补饲工作，并用哨子使其形成条件反射，能够顺利归舍。

(8)果实的保护　鸡觅食力强，活动范围广，喜欢飞高栖息，啄皮、啄叶，严重影响果树生长和水果品质，所以在水果生长收获期，果树主干四周用竹篱笆圈好，果实采用套袋技术。

(9)做好驱虫工作　果园放牧 20～30 天后，就要进行第一次驱虫，15 天后进行第二次驱虫。主要是驱除体内寄生蠕虫，如蛔虫、绦虫等。蛔虫病可使用驱蛔灵、左旋咪唑，每千克体重 1 片。绦虫病使用硫双二氯酚或丙硫苯咪唑。硫双二氯酚：每千克体重 150～200 毫克，内服，隔

4天同剂量再服1次。丙硫咪唑：每千克体重20～30毫克，1次内服。可在晚上直接口服投喂或把药片研成粉加入饲料中。翌日早晨要检查鸡粪，看是否有虫体排出，并把鸡粪清除干净，以防鸡只啄食虫体。如发现鸡粪里有成虫，翌日晚上可以同等药量驱虫1次。

二、优质肉仔鸡林地放养

成片的森林和树林中杂草和昆虫等野生饲料资源丰富，是放养优质肉鸡的理想场所。与果园不同的是，林地一般很少喷洒药物，可以减少农药中毒。

(一)放养林地选择

牧场应选择乔木林地为好，因灌木林不便于鸡活动和管理人员的巡视，同时应选择没有兽害的地方，放养密度以每667米^2 150～300只为宜。

(二)修建棚舍

应选择背风、向阳、地势高燥、平坦的地方建棚，就地取材，搭建简易棚台，只要白天能避雨遮阳，晚上能适当保温就行。

(三)设置围网

放牧林地应根据管理人员的放牧水平决定是否围网。围网采用网目为2米×2厘米的渔网即可，网高1.5～2米。在放牧期间应时常巡视，发现网破了应及时修补，预防鸡只走失。

(四)放牧与收牧

雏鸡一般在室内饲养1个月后，选择晴天在小范围内进行试收，再逐步扩大放牧范围和延长放牧时间。鸡只放牧期间每日傍晚必须进行收牧，并清点鸡数，观察健康状况，总结每日放牧情况。

(五)补饲

林地放牧饲料资源不能完全满足鸡的生长需要。特别是在牧草等天然食物不足的时候,所以必须进行补饲,以提高鸡只生长速度和均匀度。此外,林地中应多处放置清洁饮水供白天饮用。补饲一般在傍晚收牧后进行,但在出售前 1～2 周,应增加补饲,限制放牧,有利于肥育增重。补饲饲料、特别是中后期的配合饲料中不能加蚕蛹、鱼粉、肉粉等动物性饲料,以免影响肉的风味。要限量使用菜籽粕、棉籽粕,不要添加人工合成色素、化学合成的非营养性添加剂及药物等,以免影响肉的品质。可加入适量的橘子粉、松针粉、大蒜、生姜、茴香、桂皮、茶等以改善肉色、肉质和增加鲜味。

(六)树苗保护

有的地方在苗圃中放养优质肉鸡,需要注意的是春天树苗刚刚萌发的阶段不能让鸡群到苗圃地中活动,以免损坏幼苗。当树苗长到 1 米左右的时候,才能考虑放养鸡。

(七)防止兽害

大片林地中野生动物多,可能会危及鸡的安全,需要给予更多的关注。

三、优质肉仔鸡滩区放养

在降雨量比较少的季节,在一些较大河流的两岸会出现大面积的河滩,尤其是以黄河的河滩地面积最大。一些没有种植农作物的地方杂草丛生,昆虫很多,尤其是在比较干旱的季节滋生大量的蝗虫,对附近的农作物也造成严重的危害。利用滩区自然饲料资源养鸡不仅可以生产大量优质的鸡肉,还可以有效控制蝗虫的发生,有效保护生态环境。全国畜牧兽医总站已经在全国草原系统大力推广牧鸡、牧鸭治理

蝗虫的方法和技术，2003 年全国草原牧鸡治蝗面积 25 万公顷，取得了可观的生态、经济和社会效益。在黄河滩区也进行了试验，已经取得了成功。

(一)放养时间和密度

中原地区一般应该考虑在进入 4 月份以后放养，在其后的一段时期内滩区内的野生饲料资源丰富，特别是蝗虫逐渐增多，可以为鸡群提供充足的食物。同时，4 月份以后气温比较高，对于 30 日龄以后的鸡可以不采取加热措施。用尼龙网围一片滩地，根据滩地内野生饲料的丰富程度每 100 米^2 可以饲养鸡 10 只左右。要注意滩地的轮换利用。

(二)基本设施

需要用编织布或帆布搭设一个或若干个帐篷，作为饲养人员和鸡群休息的场所，也是夜间鸡群归拢的地方。在遇到大风或下雨的时候也可以作为鸡群采食、饮水和活动的场所。帐篷搭设要牢固，防止被风吹倒、吹坏。配置一个太阳能蓄电池，晚上照明用。挖一个简易的压井为鸡群提供饮水。

鸡舍也可采用塑料大棚式，一般宽 6 米，最高处 2.5 米，长度以鸡只数量的多少而定。棚顶内层铺无滴膜，其上铺一层 5～10 厘米厚的稻草，形成保温隔热层，在稻草上再用塑料薄膜覆盖，并用尼龙绳系牢固定。塑料大棚纵轴的两侧下沿可卷起或放下，以调节舍内温度和通风换气。棚内地面可垫细沙，使舍内干燥，每平方米养鸡 10～15 只，同时，搭建栖架，供夜间休息。

(三)放养驯导与调教

滩区面积较大，为使鸡群按时返回棚舍，避免丢失，鸡群脱温后就开始进行放养驯导与调教。早晨出舍、傍晚归舍时，要给鸡一个信号。如敲盆、吹哨，时间要固定，最好 2 人配合。一个人在前面吹哨开道并抛撒颗粒饲料，避开浓密草丛，让鸡跟随哄抢；另一个人在后面用竹竿驱赶，直到鸡全部进入饲喂场地。为强化效果，开始的几天，每天中午在放养区内设置补料桶和水盆，加入少量的全价饲料和干净清洁水，吹哨并引食。同时，下午饲养员应等候在棚舍里，及时赶走提前归舍的鸡，并控制鸡群的活动范围，直到傍晚再用同样的方法进行归舍驯导。如此反复训练几天，鸡群就能建立"吹哨—采食"、"吹哨—归舍"的条件反射，无论是傍晚还是天气不好时，只要给信号，鸡都能被及时召回。

(四)补饲与饮水

补饲定时定量，时间要固定，不可随意改动，这样可增强鸡的条件反射。夏、秋季可以少补，春、冬季可多补一些。30～60日龄日补精料25克左右，日补1～2次。60日龄后，鸡生长发育迅速，饲料要有所调整，提高能量浓度，喂量逐步增加，日补精料量30～35克，还需要增加油脂，但不可加牛油、羊油、鱼油等有异味的脂肪，油脂的添加量为3%。5～6月龄产蛋鸡每天每只补40～45克，7～8月龄补50～55克，分别在早晨和傍晚投喂。供给充足的饮水。野外放养鸡的活动空间大，一般不存在争抢食物的问题。但由于野外自然水源很少，必须在鸡活动的范围内放置一些饮水器具，如每50只放1水盆，尤其是夏季更应如此，否则，就会影响鸡的生长发育甚至造成疾病发生。

(五)夏季防暑

滩区一般缺少高大的树木，鸡群长时间处在日光直射下会发生中暑死亡。中午前后要注意选择能够遮阳的地方休息，并供给充足的饮水。没有树木的地方要考虑搭建有荫棚、遮阳网的棚舍，供鸡群中午休息。

(六)夜间照明

光照可以促进鸡体新陈代谢、增进食欲，特别是冬春季节，自然光照短，必须实行人工补光。晚上22:00关灯，关灯后，还应有部分光线

不强的灯通宵照明，使鸡能够行走和饮水，以免引起惊群，另外还可以防止野生动物靠近。在夏季昆虫较多时，夜间开灯可吸引昆虫，供鸡捕食。滩区一般缺乏电力供应，可以用太阳能蓄电池照明。

（七）随止意外伤亡和丢失

鸡舍附近地段要定期下夹子捕杀黄鼠狼，晚上下夹子，次日早晨要及时收回，防止伤着鸡。要及时收听当地天气预报，暴风雨来临前要做好鸡舍的防风、防雨、防漏工作，及时寻找天气突然变化而未归的鸡，以减少损失。

四、优质肉仔鸡山地放养

在生态条件较好的丘陵、浅山、草坡地区以放牧为主以补饲的方式进行优质肉鸡生产可以取得较高的经济效益。这种方式投资少，商品鸡售价高，又符合绿色食品要求，深受消费者青睐，是一项值得大力推广的绿色养殖实用技术。

（一）放养前的准备工作

（1）场地选择　山地放养必须远离住宅区、工矿区和主干道路，环境僻静安宁、空气洁净。最好在地势相对平坦、不积水的草山草坡放养，旁边应有树林、果园，以便鸡群在中午前后到树荫下乘凉。还要有一片比较开阔的地带进行补饲，让鸡自由啄食。

（2）搭建棚舍　在放养区找一背风向阳的平地，用油毡、帆布、毛竹等搭建简易鸡舍，要求坐北朝南，也可建成塑料大棚。棚舍能保温、挡风、遮雨、不积水即可。棚舍一般宽 4～5 米，长 7～9 米。中间高度 1.7～1.8 米，两侧高 0.8～0.9 米。覆盖层通常用 3 层，由外向内分别为油毡、稻草、塑料薄膜。对棚的主要支架用铁丝分四个方向拉牢，以防暴风雨把大棚掀翻。

（3）清棚和消毒　每一批肉鸡出栏以后，应对鸡棚进行彻底清扫，将粪便、垫草清理出去，更换地面表层土。对棚内用具先用3%～5%的来苏尔溶液进行喷雾和浸泡消毒，对饲养过鸡的草山草坡道路也应先在地面上撒一层熟石灰，然后进行喷洒消毒。无污染的草山草坡，实行游牧饲养，每批最好都用新棚。

(4)铺设垫草　为了保暖，通常需铺设垫料。垫料要求新鲜无污染，松软，干燥，吸水性强，长短粗细适中，种类有锯屑、刨花、稻草、谷壳等，也可以混合使用。使用前应将垫料曝晒，发现发霉垫草应当挑出。铺设厚度以3～5厘米为宜。要求平整，育雏阶段如用火炉加热，垫料距离火炉最少10厘米以上，以防发生火灾。

(5)放养规模和季节　放养规模以每群1 500～2 000只为宜，规模太大不便管理，规模太小则效益低，放养密度以每667米^{2}山地150只左右为宜，采用“全进全出制”。放养的适宜季节为晚春至中秋，其他时间气温低，虫草减少，不适合放养。

(6)饲料选择　选择的放养鸡的体重一般较小，生长速度较慢，对饲料营养水平的要求比较低。但也不能只喂简单原料，以免造成营养缺乏，影响生长发育，降低成活率。在放牧前应当选择适合放养鸡的系列全价颗粒料或全价配合饲料。开始放牧后，充分利用当地的饲料资源，在保证营养水平达标的前提下选用廉价原料。可以用饼粕类原料代替部分鱼粉或用芝麻粕、花生粕、菜粕等代替部分豆粕，也可以用山地种植的南瓜、番薯、木薯等杂粮代替部分混合料，但一定要注意各种营养物质的平衡。

(二)雏鸡(0～6周龄)饲养管理

雏鸡的生长发育特点是体温调节能力差、生长速度快、消化机能不完善、抗病能力差、敏感性强、胆小喜群居。因此，在饲养管理上要抓好如下几点：

(1)温度是育雏的首要条件　合适的温度是育雏成败的关键。入雏第1周鸡舍温度应当在33～35℃，以后每周逐步下调，5周龄以后保持常温(25℃左右)。应当经常巡舍，并根据情况适当调节舍温。热源

可采用煤炉或保温伞。

(2)湿度　育雏室相对湿度第1周要求70%～75%,以后应50%～60%,防止相对湿度过低。原则为前高后低,这样有利于雏鸡生长。

(3)通风　通风换气的目的一是满足雏鸡对氧的需要,二是防止氨气过浓,保持舍内环境卫生,做好舍温和通风的协调。鸡舍要求通风良好,在能保持温度和湿度的前提下,多开对流窗或装排气扇。

(4)光照　育雏的光照原则是:一是光照时间前长后短,二是强度前强后弱。1周龄内可保持24小时连续光照,一般要求是随着雏鸡日龄增大而相对减小光照时间和强度,直到自然光照为止。

(5)密度　为保证雏鸡群获得充分的运动和减少疾病的产生,密度要求是:1～10日龄,70～80羽/米^2;11～20日龄,50～70羽/米^2;21～30日龄,30～40羽/米^2;31～40日龄,20～30羽/米^2;41日龄以后,10羽/米^{2}左右。

(6)雏鸡的营养需要　一是饮水:雏鸡进舍后休息数小时,饮用接近舍温的凉开水,水中应加5%葡萄糖,0.1%维生素C。二是开食:饮水后进行开食,将全价料装进开食盘里,任其啄食不加限制。育雏前期以少喂勤添为原则。三是采食和饮水设备要充足:采食和饮水设备数量要充足,分布间距要均匀,并不断调节高度,及时逐步更换采食饮水设备,有利于鸡只体况均匀度的提高和减少不必要的损失。

(7)管理上注意经常观察鸡群　注意观察鸡群,及时发现问题并分析解决,对于育雏工作极为重要。方法是:早看粪便,晚听呼吸。开食摸嗉囊,喂料看采食,平时看精神。同时注意舍内环境控制状况、设备运转情况是否正常,饲料及饮水是否卫生,密度是否合适等。

(8)做好卫生防疫消毒工作　育雏用具定期消毒,特别是采食饮水设备每天应清洗消毒2次,定期检测饲料及饮水,饲料应无腐无霉,饮水符合卫生标准。严格遵守防疫消毒制度。以3%火碱消毒鸡舍周围及道路、厕所。指定并实施科学的免疫程序,做好从疫苗购入到免疫后效果测定的各个环节。有针对性地定期用拌料、饮水或注射投给适宜药物，特别是对白痢、呼吸道病、球虫病，预防性投药显得尤其重要。

（三）育成期（7～18周龄）饲养管理

此时育雏已结束，鸡体增大，羽毛渐趋丰满，鸡只已能适应外界环境温度的变化，是生长高峰时期，也是骨架和内脏生长发育的主要阶段，期间采食量将不断增加。这个时期要使优质山场放养鸡的机体得到充分的发育，羽毛丰满，健壮。山场放养育成期管理一般采取放牧＋补饲或半舍饲的饲养方式。优质山场放养鸡生长期的饲养管理与育雏期有相似之处，但由于其本身的特点，生产上应着重做好以下几方面工作。

（1）放养季节　选择尽量安排雏鸡脱温后在4～5月份以后，白天气温不低于18～25℃时开始放养。由室内饲养转为放养，在时间的长短上是逐渐过渡。开始放养的前3天以预防应激为主，在饲料或饮水中加入了一定量的维生素C。放养密度视山场植被情况，可每亩山场100只左右。放牧的时间为每天上午9:00到下午18:00。

（2）转舍和训练上栖架　转舍前一天在饮水中添加多维，将育成舍中均匀摆放料盘和饮水器，少量投料，饮水器注满，水中添加多维，在夜间将鸡由育雏鸡舍转入育成鸡舍，育成鸡一般会自行登上栖架，一夜给光照明，防止鸡受到惊吓。第二天白天打开鸡舍出入口，让鸡自行进入放牧场，不得驱赶。为使鸡尽快熟悉新的环境，进入放牧场，可在放牧场摆放料桶和饮水器。

转舍第一天鸡就会登上栖架，但仍有一部分不能攀登，且开始时鸡的位置不固定，前几天应适当增加夜间光照，待鸡全部上架后关灯，一般每只鸡的栖架位置为17～20厘米。

（3）调教　为使鸡按时返回棚舍，便于饲喂，脱温的鸡在早晚放归时，可定时用敲盆或吹哨来驯导和调教。在天气较好的情况下，用笼具将雏鸡运到放养场所，将它们放到野外，使其自由活动，采食，傍晚结合补饲用敲盆或吹哨等方法给鸡一个信号，最好俩人配合，一人在前面吹哨开道并抛撒饲料，让鸡跟随哄抢，等有部分鸡回来以后给鸡撒些饲

料，这样其他的鸡见有东西吃也会回来；另一人在后面用竹竿驱赶，直到全部进入饲喂场地。为强化效果，开始的前几天，每天中午在放养区内设置补料槽和水槽，加少量的全价饲料和清水，吹哨并引食1次。同时，饲养员应及时赶走提前归舍的鸡。傍晚再用同样的方法进行归舍驯导。如此反复训练几天，鸡群就能建立条件反射。鸡只要听到这种声音就会回来，无论是傍晚收鸡还是天气不好时都可用这种信号将鸡召回，很方便野外管理。如果饲养的数量不大，就可一直使用这种早放晚收的形式直到鸡长大，如果数量较大，这种方式就不太方便，可以在地里搭建一些临时的窝棚或简易房，只要能避风雨即可，这样可以很方便地放牧收回，现在野外放养多采用围网放养的方式，即用1.5～1.8米高的尼龙网或铁丝网把所选定的地块围起来，形成一个封闭的环境，鸡可以在这里面自由采食，以免鸡无限制的乱跑造成丢失。围网面积的大小视鸡群数量而定，一般一亩地视草场植被情况可放100只左右的鸡。

(4)定时定量补饲　由于鸡只的活动范围有限，所以它所采食的食物不可能完全满足其生长发育的需求，但又不能补饲过量，造成鸡对饲料的过度依赖，增加饲养成本，影响肉蛋品质，所以应及时的补饲，补饲一般一天1～2次均可，但时间要固定不可随意改动，可在早晨放牧前和晚上放牧后，喂料量注意早晨少，晚上足的原则。这样可加强鸡的条件反射，巩固训练成果。每天补饲的数量应视季节和所处地块食物的多少而定，盛夏各种昆虫植物较多，可适当少补饲，初夏或秋末食物欠缺可适当多补。一般补饲量占其采食量的1/3～1/2(30～55克/只)，另外在昆虫较多的季节可在鸡栖息的地方挂些紫光灯或一般白炽灯泡，夜间可吸引些山场昆虫供鸡采食，由于鸡的遗传基因决定它的生长发育较慢，所以在食物方面就不能欠缺，以免影响其发育。

夏秋季可以少补，春冬季可多补一些；30～60日龄日补精料25克左右，日补1～2次。参考配方为：玉米61%、豆粕15%、花生仁饼6%、麸皮7%、细糠5%、鱼粉3%、骨粉1.7%、植物油1%、食盐0.3%。8周龄后，要提高饲料的能量浓度和饲喂量，还需要增加油脂，但不可加牛油、羊油等膻味浓的脂肪。日补精料量，3～4月龄补30～

35克,5～6月龄补40～45克,7～8月龄补50～55克,日补2次,早、晚各1次。

(5)饲喂人工发酵虫　在放牧场内利用经杀菌消毒处理发酵的猪、鸡粪加20%的肥土和3%的糠麸拌匀堆成堆后,覆膜发酵7天左右,将发酵料铺在砖砌地面上,用草盖好,保持潮湿20天左右即可生虫。每天将发酵料翻撒一部分,供鸡食用,可节约饲料30%。

(6)补充光照　冬春季节自然光照短,必须实行人工补光。每平方米以5瓦为宜,从傍晚到晚22:00,从早晨6:00到天亮。不能猛然长时间补光,每天光照增半小时,逐渐过渡到晚上22:00。若自然光照超过每日11小时,可不补光。晚上熄灯后,还应有一些光线不强的灯通宵照明,使鸡可以行走和饮水。在夏季昆虫较多时,可在栖息的地方挂些白炽灯。

育成鸡达到140天且体重在1.0千克以上时,可将光照由14小时逐渐延长到16小时,以促进母鸡开产,体重不足时,应增加营养,待体重达到后再延长光照。

(7)防兽害和药害　要采取措施防止黄鼠狼、老鹰等天敌捕鸡。若在果园内放养鸡,喷洒农药时一定要使用生物农药。

(8)定期防疫与驱虫　按鸡疫病防疫程序,30日龄鸡新城疫Ⅰ系冻干苗滴鼻或点眼1.5头份,鸡痘皮下刺种双针;40日龄禽流感油苗茎背部皮下注射0.4毫升;50日龄喉气管炎冻干苗点眼1头份;60日龄新城疫Ⅰ系冻干苗肌肉注射1头份;90日龄喉气管炎冻干苗点眼1头份;110日龄鸡痘冻干苗皮下刺双针,新城疫油苗肌注0.6毫升,新城疫Ⅳ系饮水4头份;120日龄禽流感油苗肌注0.6毫升。由于在野外放养鸡不可避免地要接触到粪便、虫卵等,容易引起鸡的寄生虫病,所以要定期进行驱虫,一般用左旋咪唑或丙硫咪唑即可,同时也要定期用些球宝等药物驱一下球虫。

(9)精心管理　育成期管理要做到"五勤"。一是放鸡时勤观察。健康鸡总是争先恐后向外飞跑,病弱鸡行动迟缓或不愿离舍,病弱鸡只及时剔出。二是清扫时勤观察。清扫鸡舍和清粪时,观察粪便是否正

常。三是补料时勤观察。补料时勤观察鸡的精神状态,健康鸡往往显得迫不及待,病弱鸡不吃食或反应迟钝。四是呼吸时勤观察。晚上关灯后倾听鸡的呼吸是否正常,若带有“咯咯”声,则说明呼吸道有疾病。五是采食时勤观察。从放养到开产前,采食量逐渐增加为正常。若发现病鸡,应及时治疗和隔离。

(10)剪翅　鸡体重小,行动灵活易于飞跑,所以要进行剪翅。剪翅时要与疫苗防疫隔开,避免鸡受到大的应激反应。

(四)产蛋期(19 周龄以后)饲养管理

当母鸡体重达 1.3～1.5 千克时开始产蛋,商品蛋鸡群公母比例为 1∶25,母鸡应和公鸡在一起生长,这样可刺激母鸡生殖系统发育成熟的速度,提前开产和增加产蛋量。饲养管理是白天让鸡在放养区内自由采食,早晨和傍晚各补饲 1 次,日补饲量以 60～75 克为宜,鸡群能否获得高而稳的产蛋率,很大程度上取决于饲养管理,开产和进入产蛋期的饲养管理更为重要。除通过体重的测定来调整精料的补饲量、用营养水平和光照来控制开产日龄、根据产蛋率来调整更换蛋鸡料的时间等措施外,在整个产蛋期要做到以下几点。

(1)开产日龄的控制　鸡的开产日龄参差不齐。有的 100 多日龄见蛋,有的 200 日龄还不开产。这除了与该鸡种缺乏系统选育外,与饲养环境恶劣和长期营养不足有很大关系。因此,在搞好选种育种的同时,加强饲养管理和营养供应,是提高放养蛋鸡生产性能的关键措施。

对鸡的开产日龄应适当控制。一般是通过补料量、营养水平、光照的管理和异性刺激等手段,控制体重增长和卵巢发育,实现控制开产日龄的目的。例如华北柴鸡母鸡 140 日龄左右、体重达 1.4～1.5 千克时开始产蛋,为促使其性腺发育,在母鸡群里投放一定比例[1∶(25～30)]的公鸡,可加快母鸡生殖系统发育成熟的速度,提前开产和增加产蛋量。定期抽测鸡群的体重,如果体重符合设定标准,按照正常饲养,即白天让鸡在放养区内自由采食,傍晚补饲 1 次,日补饲量以 50～55 克为宜。如果体重达不到标准体重,应增加补料量,每天补料次数可达到 2 次(早、晚各 1 次),或仅在晚上延长补料时间,增加补料的数量,但一般在开产前日补料量控制在 70 克以内。

(2)训练产蛋　放养鸡群不同于笼养鸡群,产蛋需要在产蛋箱内,部分刚开产的鸡随地产蛋,久而久之形成恶癖,难以改正,因此,开产前,在产蛋箱内放完整的空蛋壳,待 80%的鸡开产后,可撤掉空蛋壳。对于个别到处下蛋的鸡,每次产蛋前强行关入产蛋箱,产完蛋后再放出,坚持 5～7 天可改变恶习。

(3)补饲　根据每天采食野生饲料的多少,给予补饲。一般食草量为 45 克,补饲量为 80～85 克。每天补饲 2 次,夏秋山场植被较厚时,第一次补饲在每天上午的 10:00～11:00,鸡群早晨天亮开始放牧,中午 11 点后逐渐回巢,视嗉囊的充实程度给予补充;第二次在归巢时,这一次一定要补充饱。冬季山场可供采食饲料少时,冬天可先适当加些粒料,如玉米、小麦、高粱等,再放牧,晚上归巢后喂饱。

(4)防止抱窝　部分放养鸡保留着就巢性(抱窝),为提高生产性能应逐渐淘汰就巢性强的鸡。当发现有的鸡有就巢行为时,如立毛、咕咕叫、久居产蛋箱等,应隔离出来,放入凉爽的房间,用强光照射或用公鸡追逐,待醒巢后放回。有的严重的鸡只可注射丙酸睾丸素等激素治疗。

(5)适时放鸡和归巢　冬季早晚气温较低,应晚放早归,但应保证放牧前和归巢后的饲喂;夏季早放晚归,注意中间的饮水和遮阳。注意收听天气预报,雷雨到来之前让鸡回巢,一旦不能回巢,暴雨会将鸡淋死或被雨水淹死。

(6)补充光照　为了保证产蛋,应当保证产蛋季节每天的光照时间达到 16 小时以上,所以鸡舍应安装照明设备,补充照明的同时,应补充饲料和饮水。

(7)防止兽害　放牧饲养鸡群的天敌是黄鼠狼、老鹰等,应当有防范措施,如经常有人巡视鸡群,发现兽害迅速制造声音将其吓跑;设稻草人;养狗等。可采用生物防范法,即每 100 只鸡配养 1～2 只鹅,夜间将鹅栖于舍外。

(8)减少破蛋和脏蛋,提高产品合格率　增加捡蛋次数:每天上午

捡蛋 2～3 次，下午捡蛋 2 次，将捡回的鸡蛋保存在 1～15℃的环境下。

产蛋箱内垫柔软垫料：垫料可用稻草、麦秸、麦糠、锯末等。厚度为 2～3 厘米。

防止丢蛋：对不在产蛋箱内产蛋的鸡，每天早晨摸一下是否有蛋，若有，应关闭在产蛋箱内，待其产蛋后放出，如此操作 3～5 次，可改变丢蛋的恶习。另外，产蛋季节，饲养员应经常到放牧地检查检查，看是否有鸡在野外下蛋，防止冻裂或腐败。

防止惊吓和疾病：鸡群受到惊吓或有病时，蛋壳变薄，破蛋增加，应注意。

供给充足的钙磷：日粮中缺乏钙磷时，易引起蛋壳变薄或变脆，破蛋增加，平时应注意补充。

(9)诱虫

①灯光诱虫。有虫季节在傍晚后于棚舍前活动场内，用支架将高压灭蛾灯悬挂于离地 3 米高的位置，每天照射 2～3 小时。

②激素诱虫。每亩放置 1～2 个性激素诱虫盒或以橡胶为载体的昆虫性外激素诱芯片，30～40 天更换 1 次。

思考题

1. 如何确定健康雏鸡？

2. 肉种鸡育雏期的饲养管理注意事项有哪些？

3. 肉种鸡育成期的饲养管理注意事项有哪些？

4. 肉种鸡产蛋期的饲养管理注意事项有哪些？

5. 种公鸡的管理注意事项有哪些？

6. 肉仔鸡常用生产方式有哪些？

7. 肉仔鸡饲养管理环境如何控制？

8. 黄羽肉鸡生产有何特点？

9. 规模化生态养鸡果园放养管理要点有哪些？

10. 规模化生态养鸡林地放养管理要点有哪些？

11. 规模化生态养鸡山地放养管理要点有哪些？

第六章

规模化肉鸡疫病综合防治技术

导　　读　本章主要介绍肉鸡防疫消毒的工艺技术，包括生物安全体系、消毒鸡群免疫接种、主要疫病的防治措施以及鸡场废弃物的处理。

第一节　兽医生物安全体系

在当前市场经济条件下，畜禽生产中的疾病（尤其是传染病）发生与否，已成为养殖企业经济效益好坏的主要制约因素。虽然加入世界贸易组织（WTO）为我国　禽产品进入国际市场打开了方便之门，但是各国为了保护本国的经济利益，纷纷设置了较高的技术壁垒。我国出口畜禽产品因疫病和药残问题被退货和销毁的事件频频发生，出口量逐年降低，呈现出易进难出的局面。要打破国际市场技术壁垒，甚至坚守住国内畜产品市场，就必须控制疫病，杜绝药残，提供“高品质、安全、无公害”畜禽产品，打破畜产品质量瓶颈。实践证明，畜禽商品生产只

靠传统的畜禽饲养方式和疫病防治方法，不可能走出疫病防治误区，推行生物安全体系才是从根本上控制疫病，解决疫苗兽药滥用而疫病长期难以控制问题的唯一出路。

一、生物安全体系的内涵

生物安全是近年来国外提出的有关集约化、规模化生产过程中保护和提高畜禽群体健康状况的新理论，是一种系统化的管理实践。它是指将可引起禽病或人畜共患病的病原微生物、寄生虫和害虫排除或者拒绝在场区之外的安全管理措施。即采取综合措施防止微生物、寄生虫、昆虫、啮齿动物和野生鸟类等所有有害生物进入场区和感染动物。简单地说，生物安全就是一种以切断传播途径为主的包括全部良好饲养方式和管理在内的预防疾病发生的良好生产管理体系。它重点强调环境因素在保证动物健康中所起的决定性作用，也就是保证畜禽生长处在最佳状态的生态环境体系中，保证其发挥最佳的生产性能。与药物、疫苗防治相比，生物安全体系是最有效的、成本较低的、安全的防疫方法。生物安全的具体内容包括以下内容。

（一）环境的控制

环境的控制包括鸡场场址的选择、鸡场的结构布局、合理设计场内道路、鸡场畜禽舍内外环境的控制。

(1)鸡场场址的选择　鸡场的场址是疾病防治中的关键因素之一，距离是传染病传播的天然屏障。在畜禽养殖密集的地区是很难防止某些高度接触性的传染病不传入邻近的畜牧场。因此，首先应该从人和动物安全出发，在贯彻隔离原则的前提下，选择鸡场位置。畜牧场最好应远离其他养殖场和交通要道的隔离区内，并建在上风区，同时处在地势高燥、空气清新、水质良好、水质未被污染的生态环境地区。远离交通干线和居民区 500 米以上，远离生活居民区、其他工厂、屠宰场、畜产品加工厂、垃圾场及污水处理厂 2 千米以上。

(2)鸡场的结构布局　从人、禽(畜)健康角度出发,按照各个生产环节的需要合理划分功能区,包括生活区、生产区、管理区和辅助区等,这样才能对人、鸡、设备的生物安全有保证。生产区是畜禽养殖场的核心部分,其排列方向应面对该地区的长年风向。为了防止生产区的气味影响生活区,生产区应与生活区并列排列并处偏下风位置。管理区是办公和接待来往人员的地方,通常由办公室、接待室、陈列室和培训教室组成,其位置应尽可能靠近大门,使对外交流更加方便,也减少对生产区的直接干扰。生活区主要包括职工宿舍、食堂等生活设施。其位置可以与生产区平行,靠近管理区,但必须在生产区的上风。辅助区内分两小区,一区包括饲料仓库、饲料加工车间、干草库、水电房等;一区包括兽医诊断室、隔离室、化尸池等。由于饲料加工有粉尘污染,兽医诊断室、隔离室经常接触病原体。因此,辅助区必须设在生产区、管理区和生活区的下风,以保证整个场的安全。各个功能区之间的间距大于 50 米,各栋畜(禽)舍间隔要在 6 米以上并用防疫隔离或围墙隔开。

(3)合理设计场内道路　道路是场区之间、建筑物与设施、场内与外界联系的纽带。畜禽养殖场与外界需有专用通道,场内主干道宽5～6 米,支干道宽 2～3 米。场内道路分净道和污道,净道不能与污道通用或交叉,隔离区必须有单独的道路。场内道路应净污道分离,两道互不交叉,出入口分开。运输畜禽的车辆和饲料车走净道,物品一般只进不出,出粪车和病死畜禽走污道。场区内道路要硬化,道路两旁设排水沟,沟底硬化,不积水,有一定坡度,排水方向从清洁区向污染区。

(4)鸡场畜禽舍内外环境的控制　养殖场内不允许饲养其他无关动物(如狗、猫等)。畜舍之间不宜栽种树木、房舍建筑应该具有相对的密闭性、防止飞鸟、野兽和老鼠进入畜舍传播疾病。鸡舍建筑结构力求合理以利于鸡舍小环境控制,减少应激。地面、天棚、墙壁耐冲刷消毒,设备器具便于安装拆卸、清洗消毒。墙体、屋面做好保温处理,取暖设施最好选择暖风炉＋机械通风。冬天采用横向机械通风,夏季采取纵向通风,有条件的安装水帘降温或喷雾降温设施,确保鸡舍内小气候环境适宜。

(二)人员的控制

由于养殖场的人员具有相对的稳定性,而养殖场内的人员具有较强的流动性,因此在某种程度上,控制养殖场人员的活动对于防止疾病有重要意义。

鸡场要严格执行进出人员、车辆登记和消毒制度。做到一切进入鸡场的人员、车辆、物品未经消毒不准进入场内。鸡场内部人员包括管理者和饲养员要严格实行饲养期内封闭式管理,严禁各种卖药和收买病死鸡、鸡粪的人员接近场区。所有人员吃住在场,不带可能有病源污染的食物。工作人员进入畜禽生产区要淋浴更换干净的工作服、工作靴。工作人员进入或离开每一栋鸡舍要养成清洗双手、踏消毒池、消毒鞋靴的习惯。尽可能减少不同功能区内工作人员交叉现象。主管技术人员在不同单元区之间来往应遵从清洁区至污染区,从日龄小的畜群到日龄大的畜群的顺序。饲养员及有关工作人员应远离外界畜禽病原污染源,不允许私自养动物。有条件的鸡场,可采取封闭隔离制度,安排员工定期休假。

(三)畜禽生产群的控制

(1)定期免疫接种　对畜禽群按照正确的免疫程序进行预防接种,才能使畜禽产生坚强的免疫力,既能达到预防传染病的目的,又能提高畜禽生产群对相应疫病的特异性抵抗力,是构建畜禽养殖场生物安全体系的重要措施之一。

(2)实行“全进全出”制　畜禽要来源于疫病控制工作完善的鸡场。每一个单元隔离小区严格实行“全进全出”的饲养方式,同群畜禽尽量做到免疫状态相同、年龄相同、来源相同、品种相同。

(3)防止应激　根据畜禽不同品种、不同年龄、不同季节制定适宜的饲养密度,实施合理的生物安全水平。尽可能减少日常饲养管理操作中对畜禽群的应激因素,使畜禽保持健康稳定的免疫力。

(4)疾病监测　保持对畜禽生产群的日常观察和病情分析,对饲养管理的每一个环节进行监控，排除所有潜在的危害性因素。定期进行健康状况检查和免疫状态监测，保持畜禽恒定的免疫水平。

(5)鸡苗控制　因生产、科研需要必须引种的，在引种前要对引种场的资质进行考察，对鸡苗进行严格的检疫，严把鸡苗的外表质量关，确保引种来自健康鸡群。

(6)药物预防　除进行疫苗接种外，群体进行药物预防也是重要的防疫措施之一。

(7)物品、设施和工具的清洁与消毒处理　对物品、设施和工具的清洁与消毒处理是贯彻“预防为主”方针的一项重要措施。平时做好厂区环境卫生工作，鸡场的器具和设备必须经过彻底清洗和消毒之后方可带入畜禽舍，日常饮水、喂料器具应定期清洗、消毒。在鸡场的大门口及每栋鸡舍入口处均要设置消毒池。

(8)饲料、饮水的控制　鸡病除了通过呼吸道感染外，消化道又是引起鸡病的一种通径，有的通过水污染感染，也有的通过场内人员的携带而感染，因而控制饲料及水的质量就显得更为重要。定期对饮水和饲料进行细菌、霉菌和有害物质的检测。饮水水质应符合 NY 5027《畜禽饮用水水质》的要求。养殖场使用符合无公害标准要求的全价配合饲料，推行氨基酸平衡日粮，减少余氮排出对环境的污染。防止饮水、饲料在运转过程中受到污染。

(9)垫料及废弃物、污物处理　粪便、污水、尸体及其他废弃物是病原体的主要集存地。垫料、粪尿、污水、动物尸体都应严格进行无害化处理，应建立生化处理设施，对垫料、粪尿、污水应进行生化处理和降解，动物尸体应深埋。

二、推行生物安全措施

(一)提高对生物安全措施的科学认识，改变传统疫病防治观念

生物安全措施是以畜牧生产的每一个环节为切入点开展的预防畜

禽疾病，提高畜禽生产性能的多学科综合运用互相渗透的体系。虽然已在国外成功运用，但国人还不甚了解。有必要通过政府部门，特别是业务部门进行广泛宣传，深刻领会生物安全体系的宗旨，然后结合当地实际情况来实施。因为不同生产类型有不同特色的生物安全体系，生产类型不同，则需要的生物安全水平也不同，其体系组成中各基本要素的作用和重要性也不一样，尤其是随着科学技术的发展，控制生物安全的环节和手段也在发展。

要推行生物安全措施，首先要改变传统的“先病后防”、“重治不重防”的错误观念，树立“无病先防”、“环境、饲养、管理都是防疫”的正确防疫理念。要让养殖业主清醒认识到一旦发生疾病，只能采取极为被动事倍功半的办法，不仅造成畜禽死亡，成本增加，产品质量下降的直接损失，从长远讲，疫病对环境产生污染，产品质量信誉下降，阻碍养殖业可持续发展，损失更是无法挽回的。其次要改变将疫病防治片面地理解成简单的喂药治病、免疫接种、疫病监测行为的狭隘的疫病防治观。应该认识到动物疫病是养殖技术水平的综合体现，动物疫病的控制必须从动物的种源安全，饲养条件、管理水平和防疫规则等环节采取综合措施，从动物福利和良种良法的角度提高防疫水平，真正将“预防高于一切”的理念渗透到生产管理的每一个环节，每一天的工作中去。

(二)改善畜禽养殖环境和设施，改变传统的养殖模式

我国畜牧业经过 20 多年来的发展，所有制结构已呈现多元化态势，国家、集体和个人三种饲养方式并存，大、中、小型养殖企业和农村个体养殖并存。一些中、小规模养殖户，由于资金短缺又受短期利益趋使，因陋就简，仓促上马，结果建起的畜禽舍结构、布局、环境设施不合理。在畜禽饲养密度增加条件下，其防疫能力低，是疫病易发、多发地区，造成了对环境的严重污染，形成了对当地养殖环境的破坏。

(三)推行养殖行业准入制度，提高养殖业主体素质是推行生物安全措施的保证

近几年来，许多地方政府一直将发展畜禽养殖错误地当作投入小、

见效快的农村脱贫致富的重头戏来抓。许多地方不具备防疫条件和专业技术水平也大搞养殖,出现千家万户搞养殖的局面。随着规模扩大,环境恶化,疫情日益严重,经济效益每况愈下,不仅无法实现增收致富的初衷,还造成对畜牧产业可持续发展的破坏。因此,业务行政部门应该进行行业特点和从业风险,行业生产规范等方面知识的宣传,制定行业准入标准,按生物安全体系要求从资金、场房、设施、技术条件、人员素质等方面综合评估其实现生物安全的能力,符合条件的方可从事畜禽养殖业。生物安全体系的推行应以适度规模集约化生产场为载体,应该提倡减少饲养单元,扩大单元饲养规模。只有这样才能不断提高畜禽养殖主体的从业素质,为生物安全措施的推行奠定基础。

三、鸡场建设中生物安全体系的实施

鸡场建设及管理中为保持鸡群的高生产性能,发挥最大的经济效益,应该针对疫病发生的三个基本要素,即病原体、易感动物和传播途径之间的复杂联系和相互作用,保证兽医生物安全的有效实施。

(一)鸡场的选址与建设

主要包括养殖场的选址、养殖场的合理布局、养殖场鸡舍内外环境的控制。实践证明,一些养殖场由于选址不当,或场内外布局不合理及舍内外环境不好控制,造成疾病屡屡发生,难以从根本上解决。建立一个科学的选址、结构的合理布局及舍内外环境的合理控制是养好畜禽的前提,定能给养殖场(户)带来无形的效益。

(二)健全的养殖场管理制度

主要包括人员安全管理制度,饲料安全管理制度,生产安全管理制度。

(三)健全的疾病控制体系

主要包括制定合理的免疫程序、提高疾病监测,做好疾病防控、控

制疫病扩散。

(四)完善的用药体制

鸡场应本着健康、高效、方便、经济的原则，通过饲料、饮水或其他途径有针对性地对鸡使用一些药物，以有效地防止各种鸡病的发生和蔓延。

(五)严格的消毒制度

主要包括鸡场、鸡舍门口处的消毒、鸡舍的消毒、种蛋的消毒、饲养设备的消毒和粪便的消毒。

(六)鸡场废弃物处理措施

主要包括鸡粪的开发利用、死鸡的处理以及污水的处理措施。

第二节　消毒

随着现代化、集约化养殖技术的推广，对饲养环境条件、管理技术水平的要求也日益提高。要想使鸡群发挥最大的生产性能，必须在整个生产周期中始终遵循生物安全体系原则。而消毒则是家禽饲养过程中最重要的生物安全措施之一，是贯彻“预防为主”方针的一项关键措施。消毒能消灭被传染源散播于外界环境中的病原体，切断传播途径，阻止疫病继续蔓延。因此，养鸡场更应重视消毒工作，千万不能掉以轻心，必须根据本场的实际情况，制定严格的消毒制度，在加强鸡场的饲养管理的同时，合理选择和正确使用消毒药物，定期对鸡场进行严格的消毒。

一、鸡场消毒的分类

根据消毒目的不同,可以把消毒分为预防性消毒、应急消毒和终末消毒。预防性消毒是在正常情况下,为了预防肉仔鸡传染病的发生所进行的定期消毒。应急消毒是在传染病发生时,为了及时消灭由病原鸡排出于外界环境中的病原体而进行的紧急消毒。终末消毒是在传染病扑灭后,为消灭可能残留于疫区内的病原体所进行的全面消毒。

根据消毒的方法不同,可分为机械性消除、物理消毒法、化学消毒法及生物消毒法。

(一)机械性消除

机械性消除是指通过机械性清扫、冲洗、洗擦、通风等手段以清除病原体为目的,是最常用的一种消毒方法,也是日常卫生工作的内容之一。采用清洗、洗刷等方法,可以除去圈舍地面、墙壁以及家禽体表污染的粪便、垫草、饲料等污物。随着这些污物的消除,大量病原体也被清除。

(二)物理消毒法

物理消毒常用的方法有高温灭菌、日光曝晒、紫外线照射等。

高温灭菌是通过热力学作用导致病原微生物中的蛋白质和核酸变性,最终引起病原体失去生物学活性的过程。它通常分为干热灭菌法和湿热灭菌法。禽场消毒常用火焰灼烧灭菌法。该法灭菌效果明显,使用操作也比较简单。当病原体抵抗力较强时,可通过火焰喷射器对粪便、场地、墙壁、笼具、其他废弃物进行灼烧灭菌,或将动物的尸体以及传染源污染的饲料、垫草、垃圾等进行焚烧处理;全进全出制动物圈舍中的地面、墙壁、金属制品也可以用火焰灼烧灭菌。

日光曝晒是一种最经济、有效的消毒方法,通过光谱中的紫外线以

及热量和干燥等因素的作用能够直接杀灭多种病原微生物。因此,日光消毒对于被传染源污染的牧场、草地、动物圈舍外的运动场、用具和物品等具有重要的实际意义。

紫外线照射也是鸡场常用的消毒方法。在紫外线的照射下,使病原微生物的核酸和蛋白发生变性。应用紫外线消毒时,室内必须清洁,最好能先洒水后再打扫,人离开现场,消毒的时间要求在 30 分钟以上。多用于更衣室、化验室。

(三)化学消毒法

化学消毒法是指用化学药物把病原微生物杀死或使其失去活性。能够用于这种目的的化学药物称为消毒剂。各种消毒剂对病原微生物具有广泛的杀伤作用,但有些也可破坏宿主的组织细胞。因此,通常仅用于环境的消毒。

化学消毒剂包括多种酶类、碱类、重金属、氧化剂、酚类、醇类、卤素类、挥发性烷化剂等。它们各有特点,在生产中应根据具体情况加以选用。其中臭氧是一种强氧化剂,比氯制剂、福尔马林等更强劲,在杀菌消毒、漂白除臭、去污、分解化学污染物的过程中臭氧还原成氧或生成水,不产生二次污染。因此,养鸡场应用此技术,不仅可杀菌消毒鸡舍,分解鸡排泄物异臭,清除冬天取暖的硫化氢等有害气体,而且定时饲喂鸡臭氧水,可改变肠道微生态环境,减少寄生菌的数量,提高有益菌酶活性,从而提高鸡尤其是雏鸡对饲料的利用率,促进鸡健康生长。在使用臭氧技术时,鸡舍可安装臭氧消毒净化器,标准为每 100～150 米^{2}的空间(饲养鸡为 1 000～1 500 只),臭氧发生量为 1 000 毫克/小时,在离臭氧净化器 4～5 米远的地方能闻到臭氧味即可,不必太浓,边制边用效果较好。

(四)生物消毒法

生物消毒法是指通过堆积发酵、沉淀池发酵、沼气池发酵等产热或产酸,以杀灭粪便、污水、垃圾以及垫草等内部病原体的方法。在发酵过程中，由于粪便、污物等内部微生物产生的热量可使温度上升达70℃以上，经过一段时间后便可杀死病毒、病原菌、寄生虫卵等病原体，从而达到消毒的目的；同时由于发酵过程还可改善粪便的肥效，所以生物消毒法在各地的应用非常广泛。

二、消毒药物的选择

（一）肉鸡生产中常用的消毒剂

（1）碱类消毒剂　用于消毒的碱类制剂有苛性钠、苛性钾、石灰、草木灰、苏打等。碱类消毒剂的作用强度决定于碱溶液中 OH^- 浓度，浓度越高，杀菌力越强。由于碱能腐蚀有机组织，操作时要注意不要用手接触，穿戴防护眼镜、手套和工作服，如不慎溅到皮肤上或眼里，应迅速用大量清水冲洗。氢氧化钠（苛性钠或火碱）是很有效的消毒剂，常用于禽舍及用具的消毒，但对金属物品有腐蚀性。

（2）过氧化物类消毒剂　主要有过氧乙酸，具强大氧化能力，易溶于水，对细菌、霉菌和芽孢有杀灭作用，较低的浓度就能有效地抑制细菌、霉菌的繁殖。由于它的性质不稳定，现多用A、B液分装，避光。使用时将A、B液混合后放24小时后才能发挥作用。配置后在常温下2天内使用完，低温4℃下使用不超过10天。除金属制品和橡胶外，可用于各种物品消毒，浸泡消毒使用0.2%浓度，喷洒消毒禽舍、饲槽、车辆等使用0.5%浓度；由于其不遗留残药，可进行鸡蛋外壳的消毒，浓度0.01%～0.5%；喷洒消毒密闭的实验室、无菌间、仓库等用5%，溶液用量为2.5毫升/米^3；0.2%～0.3%可进行鸡舍带鸡喷雾消毒，溶液用量为30毫升/米^3。

（3）含氯类消毒剂　主要有漂白粉、抗毒威、除菌净、氯胺、强力消毒灵等。它是靠消毒过程中释放有效氯起作用，但对病毒作用不大，性质不稳定，容易受日光照射和水质及pH影响，有效度易散失，需现配现用。常用药品有：

①漂白粉。漂白粉也叫氯石灰,是次氯酸钙、氯化钙和氢氧化钙的混合物,灰白色固体状,有强烈的氯臭。在使用前,应测定其有效氯含量,常用剂型有粉剂、乳剂和澄清液。配制漂白粉溶液时,一般以有效氯含量25%的漂白粉为标准根据公式计算用量(漂白粉需要量$=a\times 25/b$;a为有效氯含25%时漂白粉需要量,b为这次测定出的漂白粉有效氯含量)。漂白粉是水产养殖中一种廉价和广泛使用的强大杀菌剂和消毒剂。药物和泼洒均很方便,能预防和治疗多种微生物引起的疾病。一般5%溶液可杀死一般性病原菌,10%~20%溶液可杀死芽孢。常用浓度1%~20%不等。

②氯胺。性质稳定,在密闭条件下可长期保存,携带方便,易溶于水。消毒作用缓慢而持久,用于饮水消毒浓度为0.000 4%,污染器具和畜舍消毒为0.5%~5%。

③以二氯异氰尿酸钠为主要成分的强力消毒灵、灭菌净、抗毒威等,为新型广谱高效安全消毒剂,对细菌、病毒均有显著杀灭效果。白色粉末,易溶于水,性质稳定,易保存。用于喷洒地面和笼具等浓度为1∶200或1∶100水溶液,用于浸泡消毒种蛋、器皿等为1∶400。

(4)醛类消毒剂　如甲醛水溶液,具杀菌、防腐、防臭功效,但刺激性较大,对人有一定的毒害。戊二醛消毒剂是目前较常用的一种广谱、高效的消毒剂,杀菌能力比甲醛高2~3倍,杀菌速度很快,刺激性、腐蚀性和毒性都比较小。2%戊二醛溶液加入0.3%碳酸氢钠,能杀灭芽孢、细菌、真菌、结核杆菌和病毒,与非离子型化合物进行复配成强化戊二醛消毒剂,作用时间可长达18个月。目前,国内生产有两种剂型,即碱性戊二醛及强化酸性戊二醛,常用于不耐高温的医疗器械消毒,如金属、橡胶、塑料和有透镜的仪器。

(5)表面活性剂类消毒剂　这类消毒剂主要指带有亲水剂、亲油剂的化合物,能够增强液体的渗透能力,增溶、乳化、发泡,从而达到消毒效果,它主要包括以下几种:阳离子型表面活性剂、阴离子型表面活性剂、非离子型表面活性剂、两性离子表面活性剂。常用药品有:

①新洁尔灭。0.5%水溶液用于皮肤和手的消毒;0.1%用于玻璃

器皿、手术器械、橡胶用品的消毒；0.15%～2%用于禽舍空间喷雾消毒；0.1%用于种蛋消毒(40～43℃，3 分钟)。

②度米芬(消毒宁)。对污染表面用 0.1%～0.5%喷洒，作用 10～60 分钟，浸泡金属器械可在其中加入 0.5%亚硝酸钠防锈。

③洗必泰。0.02%水溶液可消毒手；0.05%溶液可冲洗创面，可消毒禽舍、手术室、用具等；0.1%用于手术器械消毒，食品厂器具、设备的消毒。

④消毒净。0.05%～0.1%水溶液用于皮肤和手的消毒，也可用于玻璃器皿、手术器械、橡胶用品等消毒，浸泡 10 分钟即可。

(二)影响消毒剂作用的因素

(1)表面干净度　被消毒对象表面干净与否直接影响消毒剂的效力。

(2)有机物存在　肉鸡有机排泄物或分泌物存在时，所有消毒剂的作用都会大大降低甚至无效，其中以季胺化合物、碘制剂、甲醛所受的影响较大，而石炭酸类与戊二醛所受影响较小。有机物以粪尿、血、脓、伤口坏死组织、黏液和其他分泌物等最为常见。因此，将欲消毒的器械等先清洁后才施用消毒剂为最基本的要求，可借助于清洁剂与消毒剂的合剂来完成。

(3)温度　温度升高可增加消毒杀菌率。大多数消毒剂的消毒作用在温度上升时有显著增加，尤其是戊二醛类，但易蒸发的卤素类的碘剂与氯剂例外，加温至 70℃时会变得不稳定而降低消毒效力。许多常用温和消毒剂，冰点温度时毫无作用。在寒冷时，最好将消毒剂泡于温水(50～60℃)中使用，消毒效果会较佳。甲醛气体熏蒸消毒时，室温提高到 20℃以上效果较好。须注意重要的是被消毒对象表面的温度，非空气的温度。

(4)浓度　各种消毒剂应按其说明书的要求，进行配制，一般情况下浓度越高其消毒效果越好，但势必造成消毒成本提高，对消毒对象的破坏也严重，而且有些药物浓度提高，消毒效果反而下降。

(5)时间　消毒剂需要一段时间(通常指24小时)才能将微生物完全杀灭,还要注意大多灵敏消毒剂在液相时才能有最大的杀菌作用,即欲消毒表面应是潮湿的。

(6)pH　卤素类(如碘剂与氯剂等)、合成石炭酸类在酸性时消毒效力较碱性时佳;阳离子表面活性剂则相反,在碱性时效力较酸性时佳。

(7)微生物种类　一般良好的消毒剂指在室温下10分钟内可杀死下列病菌:结核菌、溶血链球菌、大肠杆菌、白色念珠菌等,对养禽业,以家禽病原如新城疫等病毒或引起慢性呼吸道病支原体等为目标。

(8)用于调制稀释消毒液的水与容器　硬水配制消毒剂需提高药剂浓度,或先将水进行软化处理,否则消毒力会降低。石炭酸类消毒剂受硬水影响的程度,较碘剂或季胺化合物轻微,装药液的桶以塑胶制品为宜。

(三)使用消毒剂应注意事项

(1)应充分了解各种消毒剂的特性　依据鸡场的常见疫病种类、流行情况和消毒对象、消毒设备、鸡场条件等,选择适合自身实际情况的2种或2种以上不同的消毒药物,不要永远都使用同一种消毒剂。同时考虑药物生效快、稳定性好、渗透性强、毒性低、刺激性和腐蚀性小等特点及价格因素。

(2)保证物体表面洁净,否则不论是何种消毒剂都会降低其消毒效力　勿与其他消毒剂或杀虫剂等混合使用,尽可能用温水或热水稀释使用,卤素(氯与碘剂等)例外。另外,消毒后废水必须处理,不能直接放流。

(3)必须依厂商说明书使用

①药物浓度合适。这是决定消毒剂效力的首要因素,对黏度高的消毒剂在稀释时须搅拌成均匀的消毒液才行。a.稀释倍数。它是制造厂商依其药剂浓度计算所得,表示1份的药剂,以若干份的水来稀释而成。b.百分比。消毒剂浓度以%表示时,表示每100克溶液中溶解有

若干克或毫升的有效成分药品(重量百分率),但实际应用时有几种不同表示方法。

②药液的量要充足。鸡舍消毒时,单位面积内散布量与消毒效力有很大的关系,因为消毒剂要发挥效力,须先使欲消毒表面充分洒湿,所以如果增加消毒剂浓度 2 倍,而将药液量减成 1/2 时,会因物品无法充分湿润而不能达到消毒效果。通常鸡舍的水泥地面消毒 3.3 米^2 至少要 5 升消毒液。

③浸渍时间须足够。消毒剂的效力是以 20℃,10 分钟为标准,在实际操作时,最好至少有 30 分钟的浸渍时间。但浸渍消毒鸡笼、蛋盘等器具时,约 20 分钟即可。

(4)注意使用安全　对具有刺激性或腐蚀性的,切勿在调配药液时用于直接去搅拌或用手搓洗。不慎沾到皮肤时应立即用水洗干净。毒性或刺激性较强的消毒剂,使用时应穿防护衣与戴防护眼镜、口罩、手套。注意储存。对易燃性的(如磷制剂、苯甲酚等)物品,应小心火灼。

三、消毒程序

根据消毒的类型、对象、环境温度、病原体性质以及传染病流行特点等因素,将多种消毒方法科学合理地加以组合而进行的消毒过程称为消毒程序。

(一)非生产区的消毒

(1)人员消毒　分为体表消毒、鞋底消毒和人手消毒。

①体表消毒。进入养殖场的人员必须走专用消毒通道。通道出入口应设置汽化喷雾消毒装置。人员进入通道前先汽化喷雾,使通道内充满消毒剂气雾,人员进入后全身黏附一层薄薄的消毒剂气溶胶,能有效地阻断外来人员携带的各种病原微生物。可用碘酸 1∶1 500 稀释或绿力消 1∶1 800 稀释,两种消毒剂 1～2 个月轮换一次。

②鞋底消毒。人员通道地面应做成浅池型。池中垫入有弹性的室

外型塑料地毯，并加入消毒威 1∶1 500 稀释或菌毒灭 1∶1 300 稀释。每天适量添加，每周更换一次。

③人手消毒。可用碘酸混合溶液 1∶1 300 稀释，菌敌 1∶300 稀释。涂擦手部即可，无需用水冲洗。

(2)车辆消毒　大门设有消毒池。消毒池的长度为进出车辆车轮2个周长以上。消毒池上方最好建顶棚，防止日晒雨淋；应设置喷雾消毒装置。所有进入养殖场的车辆必须严格消毒。可用消毒威 1∶1 800 稀释或菌毒灭 1∶1 300 稀释。每天添加，7 天更换一次，1～2 个月互换一次。

(3)办公区及生活区环境消毒　正常情况下，办公室、宿舍、厨房、冰箱等必须每周消毒 1 次。卫生间、食堂等必须每周消毒 2 次。可用消毒威 1∶11 000 稀释或绿力消 1∶11 200 稀释。1～2 个月互换一次。

(二)生产区消毒

(1)鸡舍消毒　鸡舍消毒时清除前一批肉鸡饲养期间累积污染最有效的措施，使下一批家禽开始生活在一个洁净的环境。鸡舍全面消毒应按一定的顺序进行，一般是鸡舍排空、清扫、洗净、干燥、消毒、干燥、再消毒。

①鸡舍排空。鸡群更新的原则是“全进全出”制，以每年饲养 4 批为宜。将所有的鸡尽量在短期内全部清转，对不同日龄共存的，可将同一日龄的鸡舍及附近的鸡排空。

②清扫。鸡舍排空后，清除饮水器、饲槽的残留物，对风扇、通风口、天花板、栈梁、吊架、墙壁等部位的尘土进行清扫，清除所有垫料、粪肥。为防尘土飞扬，清扫前可先用清水或消毒药喷洒，清除的粪便、灰尘集中处理。

③洗净。清扫后，用动力喷雾器或高压水枪进行洗净，顺序为从上至下，从里到外。较脏的地方，可人工刮除，要注意角落、缝隙、设施背面的冲洗，绝不留死角。

④消毒。鸡舍经彻底洗净，检修维护后即可进行消毒。一般要求鸡舍消毒使用2种或3种不同类型的消毒药进行2～3次消毒。第一次常用碱性消毒药，第二次使用表面活性剂类、卤素类、酞类等消毒药，第三次常采用甲醛熏蒸消毒。

育雏舍的消毒要求更为严格，平网育雏时，在育雏舍冲洗晾干后用火枪灼烧平网，围栏与铁质料槽等，然后再进行药物消毒，必要时需清水冲洗、晾干或再转入雏鸡。

(2)鸡体消毒　鸡体是排除、附着、保存、传播疾病、病毒的根源，是污染也会污染环境。因此，必须经常消毒。带鸡消毒多用喷雾消毒。喷雾消毒可以杀死和减少鸡舍内空气中漂浮的病毒与细菌等，使鸡体体表(羽毛、皮肤)清洁。沉降鸡舍内漂浮的尘埃，抑制氨气的发生和吸附氨气，使鸡舍内较为清洁。一般10日龄以后的鸡可实行该法。育雏期宜每周1次，育成期7～10天1次，成鸡15～20天消毒1次，发生疫情时可每天消毒1次，喷雾粒子以80～100微米，喷雾距离1～2米为最好。舍内温度应比平时高3～4℃，冬季应使药液温度加热至室温，用量为60～240毫升/米^2，以地面、墙壁、天花板均匀湿润和鸡体表微湿的程度为止，3～4周更换一种消毒药为好。

(3)设备用具消毒　a.料槽、饮水器。塑料制成的料槽与自流饮水器，可先用水冲刷，洗净晒干后再用0.1%新洁尔灭刷洗消毒。在鸡舍熏蒸前送回去，再经熏蒸消毒。b.运鸡笼。送肉鸡到屠宰场的运鸡笼，最好在屠宰场消毒后再运回，否则应在鸡场外设定消毒点，将运回的鸡笼冲洗晒干再消毒。

(4)环境消毒　a.鸡舍间的隙地。每季度先用小型拖拉机耕翻，将表土翻入地下，然后用火焰喷枪对表层喷火，烧去各种有机物，定期喷洒消毒药。b.生产区的道路。每天用0.2%次氯酸钠溶液等喷洒一次，如当天运家禽则在车辆通过后再消毒。

(5)饮水消毒　肉鸡饮水应清洁无毒、无病原菌，符合人的饮用水质标准。饮水消毒的药物主要是氯制剂、碘制剂或季胺化合物等。

(6)药物、饲料等物料外表而消毒　对于不能喷雾消毒的药物饲料

等物料表面，采用全安1∶1 800或绿力消1∶11 500密闭熏蒸消毒。

(7)死亡动物及动物饲养废弃物的处理　垃圾、粪便、病死动物尸体要及时清运出动物舍和场区，病死动物尸体应采取焚烧、深埋等无害化处理措施。垃圾、粪便应在养殖场下风向集中做堆肥、发酵等无害化处理。

四、消毒时的注意事项

①熏蒸消毒禽舍时，舍内温度保持在18～28℃，空气中的相对湿度达到70%以上才能很好地起到消毒作用。盛装药品的容器应耐热、耐腐蚀，容积应小于福尔马林和水总容积的3倍，以免福尔马林沸腾时溢出使人灼伤。

②根据消毒药物的消毒作用、特性、成分、原理、使用方法及消毒对象、目的、疫病种类，选用两种或两种以上的消毒剂按一定的时间交叉使用，使各种消毒剂的作用优势互补，确保消毒效果。

③在活疫苗免疫接种前后3天内，或饮水中加入其他有配伍禁忌的药物时，应暂停带鸡消毒，以防影响免疫或治疗效果。带禽消毒时间最好固定，且应在暗光下进行，以防应激。

④消毒操作人员要佩戴防护用品，以免消毒药物刺激眼、手、皮肤及黏膜等。同时也应注意避免消毒药物伤害禽群及物品，严禁把氢氧化钠溶液作带禽喷雾消毒使用。

第三节　免疫接种

有计划的免疫接种，是预防和控制肉鸡传染病的重要措施之一。通过免疫接种，使机体产生对疾病特异性的抵抗力，尤其是对病毒性的传染病，减少疫病带来的损失，也减少由于用药造成的药物残留问题，而且免疫接种的费用也远比药物防治的费用低。下面仅从制定免疫程序和计划的基本原则、疫苗的选择和使用、免疫接种的途径和方法、免疫抗体的监测、免疫程序的制定及免疫接种失败的原因，对肉鸡的免疫接种进行阐述。

一、免疫接种的程序与原则

免疫接种是激发家禽机体产生特异性免疫力，使易感动物转化为非易感动物的重要手段，是预防和控制疾病的重要措施。免疫接种同时也是一项科学性极强的工作，任何小的失误都可能引起严重的后果，甚至造成全场停产。所以在每批肉鸡生产周期开始之前，必须首先制定好相应的免疫计划，供生产过程中参照执行。

不同地区或养鸡场应根据传染病的流行特点和生产实际情况，制定科学合理的免疫接种程序。具体原则如下：

第一，掌握威胁本地区或本养鸡场的疫病种类及其分布特点，以及本场疫情的历史和现状，将直接威胁生产，需要重点防范的疫病列入免疫计划。但对当地尚未发生的疾病，不要轻易引入疫苗，尤其是强毒性活疫苗。否则，很容易造成病原扩散，对血清学检测也会产生干扰。

第二，科学的免疫应建立在免疫监测的基础上。根据疫病监测和调查结果，分析本地区或本养鸡场内常见疫病的危害程度以及周围地区威胁性较大疫病的流行和分布特征，由于有些疫病的发病期较长，需要终生免疫，因此应根据定期测定其抗体消长规律确定首免日龄和加强免疫的时间。

第三，了解疫苗的免疫学特征。由于疫苗的种类、适用对象、保存方法、接种方法、使用剂量、免疫力应答时间、免疫保护效力、最佳免疫接种时机及间隔时间等各有不同，因此在制定免疫程序前，应充分考虑本地区常发多见或受威胁的传染病分布特点、疫苗类型、免疫效能和母源抗体等因素，这样才能使免疫程序具有科学性和合理性。

第四，一套免疫程序和计划在运用一段时间后，需要根据免疫效

果对其进行可行性评估，并做适当调整。

二、疫苗的选择和使用

疫苗是由免疫原性较好的病原微生物经繁殖和处理后制成的制品，接种于动物机体后，刺激机体产生特异性抗体，当体内的抗体滴度达到一定数值后，就可以抵抗这种病原微生物的侵袭、感染，预防这种疾病发生。疫苗的种类很多。疫苗（毒）株的活性可分为活苗和灭活苗两大类；按剂型可分为冻干苗、湿苗、佐剂苗等。按疫苗所含菌（毒）株的株数可分为单价苗、多价苗、联苗等。另外，还有现代生物工程产品，如亚单位苗、基因工程苗、合成肽苗等。

选择疫苗时，首先要考虑当地疫病的流行情况，流行程度轻的地区可用比较温和的疫苗类型，如 NDHitchner B_1 株和 Lasota 弱毒疫苗，而疫病严重地区则应选择效力较强的疫苗类型，如 ND（新城疫）Ⅰ系苗；对强毒疫苗（ILT 强毒）应该尽可能避免使用。

其次要考虑疫苗的类型。一般讲许多病原微生物有许多血清型（或亚型），选择疫苗的毒株要与当地流行的毒株保持一致，疫苗毒株的抗原性与感染病原的差异较大，很难取得良好的防疫效果。

再者，疫苗必须来自正规厂家生产的疫苗，严禁使用假冒伪劣的产品。另外，可根据免疫计划合理选用多联苗和多价苗。

在疫苗的使用方面，主要要注意七方面的问题：

（1）妥善保管、运输疫苗　生物药品怕热，特别是弱毒苗必须低温冷藏，要求在 0℃以下，灭活苗保存在 4℃左右为宜。要防止温度忽高忽低，运输时要有冷藏设备。若疫苗保管不当，例如不用冷藏瓶提取疫苗，存放时间过久而超过有效期，或冰箱冷藏条件差，均会使疫苗降低免疫力，影响免疫效果。

（2）正确使用　严格按说明书要求进行接种疫（菌）苗，不要随意改变疫苗标定的接种途径。另外，注意接种某些疫苗时能用和禁用的药物。在接种禽霍乱活菌苗前后各 5 天，应停止使用抗生素和磺胺类药物；在接种病毒性疫苗时，在前2天和后5天要用抗菌药物，以防接种应激引起其他病毒感染；各种疫苗接种前后，均应在饲料中添加比平时多1倍的维生素以保持鸡群强健的体质。

(3)疫苗应现配现用　稀释时绝对不能用热水，稀释的疫苗不可置于阳光下暴晒，应放在阴凉处，且必须在2小时内尽快用完。

(4)接种疫苗的鸡群必须健康　只有在鸡群健康状况良好的情况下接种，才能取得预期的免疫效果。对环境恶劣、疾病、营养缺乏等情况下的鸡群接种，往往效果不佳。

(5)选择接种疫苗的恰当时间　接种疫苗时，要注意母源抗体和其他病毒感染时，对疫苗接种的干扰和抗体产生的抑制作用。

(6)接种疫苗的用具要严格消毒　对接种用具必须事先按规定消毒。遵守无菌操作要求，接种后所用容器、用具也必须进行消毒，以防感染其他鸡群。

(7)做好免疫接种的详细记录　包括疫苗种类、来源、接种方法、操作人员等以及接种后(一般为7～14天)的效果监测。

三、免疫接种的常用方法

不同的疫苗、菌苗对接种方法有不同的要求，归纳起来主要有滴鼻、点眼、饮水、翼下刺种、肌肉注射、皮下注射及气雾等方法。

(一)滴鼻、点眼法

术者左手轻轻握住鸡体，食指与拇指固定住小鸡的头部，右手用滴管吸取药液，滴入鸡的鼻孔或眼内，当药液滴在鼻孔上不吸入时，可用右手食指把鸡的另一个鼻孔堵住，药液便很快被吸入。该法主要适用于鸡新城疫Ⅱ系、Lasota系疫苗、传染性支气管炎疫苗及传染性喉气管炎弱毒型疫苗的接种，多用于雏鸡的免疫。为使滴鼻、点眼法免疫接种达到以下预期效果，必须注意以下几个问题：

①滴鼻接种时，为防止不吸入，可用手按压一侧鼻孔来回吸收，一

定要让足够分量的疫苗吸入鼻腔。

②采用滴入法时，稀释液应用凉开水或蒸馏水，药液中不要随意加入抗生素。

③稀释药液要低温保存，当天必须用完。为减少应激，最好在晚上接种或在光线稍暗的环境下接种。随日龄的增加，每 1 000 头份苗所加的生理盐水量从 7 日龄的 50 毫升增加到 42 日龄的 100 毫升，并摇匀使内容物完全溶解。

④要求疫苗不污染鸡的其他部位或其他物体。

⑤鸡群中存在呼吸系统疾病时，不要用滴鼻法免疫，以防加重病情。

(二)饮水法

饮水法是将弱毒疫苗混入水中进行的免疫。此法应用方便，安全性好。其缺点是疫苗易受多种因素影响，免疫效果不整齐。适用于饮水法的疫苗有鸡新城疫Ⅱ系、Lasota 系疫苗、传染性支气管炎疫苗、传染性法氏囊病疫苗等。为使饮水免疫接种达到预期效果，必须注意以下几个问题：

①在投放疫苗前，要停供饮水 2～3 小时(依不同季节酌定)，以保证鸡群有较强的渴欲，能在 2 小时内把疫苗水饮完。

②配制鸡饮用的疫苗水，现用现配，不可事先配制备用。

③稀释疫苗的用水量要适当。正常情况下，每 500 份疫苗，2 日龄至 2 周龄用水 5 升，2～4 周龄 7 升，4～8 周龄 10 升，8 周龄以上 20 升。

④水槽的数量应充足、摆放均匀，可供全群鸡同时饮水。

⑤应避免使用金属饮水槽，水槽使用前不应消毒，但应充分洗刷干净，不含有饲料或粪便等杂物。

⑥水中应不含有氯和其他杀菌物质。盐碱含量较高的水，应煮沸、冷却，待杂质沉淀后再用。

⑦有条件时可在疫苗水中加 2%脱脂奶粉，对疫苗有一定的保护作用。

⑧要选择一天当中较凉爽的时间投放疫苗，疫苗水应远离热源。

(三)翼下刺种法

主要适用于鸡痘疫苗、鸡新城疫Ⅰ系疫苗的接种。进行接种时，先将疫苗用生理盐水或蒸馏水按一定倍数稀释，然后用接种针或蘸水笔尖蘸取疫苗，刺种于鸡翅膀内侧无血管处。小鸡刺种一针即可，较大的鸡可刺种两针。

(四)注射法

主要包括肌肉注射和皮下注射法。

(1)肌肉注射法　主要适用于接种鸡新城疫Ⅰ系疫苗、鸡马立克氏病弱毒疫苗、禽霍乱 G190E40 弱毒疫苗等。注射部位可选择胸部肌肉、翼根内侧肌肉或腿部外侧肌肉。多用于成鸡。鸡肉注射时要注意刺入深度，避免伤及内脏及血管神经。

(2)皮下注射法　主要适用于接种鸡马立克氏病弱毒疫苗、新城疫Ⅰ系疫苗等。接种鸡马立克氏病弱毒疫苗，多采用雏鸡颈背皮下注射法。注射时，先用左手拇指和食指将雏鸡颈背部皮肤轻轻捏住并提起，右手持注射器将针头刺入皮肤与肌肉之间，然后注入疫苗。

注射免疫应该注意的问题：

①免疫接种用针头和注射器要煮沸 20 分钟以上，或者进行高压灭菌，不要用消毒药消毒，特别在注射活菌苗时，更不要用消毒药消毒。

②疫苗瓶上应固定针头吸液，严禁用注射针头直接吸液，以防疫苗被注射针头污染，人为制造传染。吸液时应允许震动摇匀。

③要准备足够数量的针头，每 30～50 只备 1 个针头。注射水剂时使用 5～6 号针头，注射油乳剂时使用 8～9 号针头。

④疫苗的剂量、数目应按配方配好，疫苗混合后应单瓶使用。

⑤在进行疫苗注射前 1～3 天最好带鸡消毒，每天 1～2 次。鸡群中存在鸡痘、葡萄球菌病、硒缺乏症时，应改用其他方法免疫，防止因针孔感染造成传染病暴发。

⑥要接种健康鸡只。发生应激现象时不可接种疫苗。

⑦在使用连续注射器注射疫苗时，应检查定量是否准确，防止定量不准造成免疫失败或严重的不良反应。注射部位要消毒。

⑧注射后针头、注射器要彻底清洗煮沸消毒，装疫苗的原瓶要焚烧。

（五）气雾法

主要适用于接种鸡新城疫Ⅰ系、Ⅱ系、Lasota系疫苗、传染性支气管炎弱毒疫苗。此法是用压缩空气通过气雾发生器，使稀释的疫苗液形成直径为1～10微米的雾化粒子，均匀地悬浮于空气中，随呼吸而进入鸡体内。气雾法适用于密集鸡群的免疫，使用方便，节省人力。疫苗的稀释以蒸馏水为好，疫苗量应增加30%或1倍，最好加入0.1%的脱脂奶粉或3%～5%甘油。为避免气雾免疫诱发支原体病，雾滴大小要适中，一般要求喷出的雾粒在70%以上，雾粒的直径应在1～10微米。喷雾时房舍要密闭，要遮蔽直射阳光，保持一定的温、湿度，最好在夜间鸡群密集时进行，待10～15分钟后打开门窗。气雾免疫接种对鸡群的干扰较大，尤其会加重鸡病毒、霉形体及大肠杆菌引起的气囊炎，应予以注意，必要时于气雾免疫接种前、后在饲料中加入抗菌药物。

四、免疫抗体的监测

免疫抗体监测是检验免疫质量最直接、最有效的方法。通过有效的免疫效果监测，才能确定科学的免疫程序、免疫时间，选择优质的疫苗、准确的免疫剂量，确保免疫质量，为防控重大动物疫病决策提供依据。免疫程序受到动物体内抗体水平、预期饲养时间、免疫方法、疫苗种类和当地疫病流行情况等因素的影响。良好免疫效果需要优质的疫苗和最佳的免疫时机两个重要因素，根据畜禽母源抗体水平决定首次免疫的时间，通过监测体内抗体的消长情况决定再次免疫的最佳时间。一般活苗在免疫后1周抗体开始上升，2周时达到峰值,可以维持 2 个月;灭活苗在免疫后 2 周抗体开始上升,4 周时达到峰值,可以维持 3～4 个月。免疫效果可通过监测动物免疫前后的抗体水平进行评估。

五、免疫失败的原因分析

在生产实践中,我们常遇到畜禽已接种了某种疫苗,但在规定的免疫期内抗体监测时达不到水平,这就是通常所说的畜禽免疫失败。造成免疫失败的因素很多,也很复杂,但主要有以下几方面。

(一)疫苗

(1)疫苗的效价不足　如疫苗贮藏时间长,超过有效使用期;运输时温度高或阳光直射暴晒;稀释浓度不够或稀释液不当:饮水免疫水质不良或含有消毒剂;疫苗品种不对;免疫用容器不干净;疫苗中混有配伍禁忌的药物或其他疫苗等,均可导致疫苗效价不足。

(2)疫苗剂量不适　如注射器失控,剂量不准确;用苗时没混匀;高温喷雾免疫时,细雾滴挥发快;剂量过大或频繁免疫等。

(二)鸡群自身因素

①鸡体本身不适合免疫。日龄过小,母源抗体过多,机体已感染或处于潜伏期,应激强烈,环境恶劣、营养不良、免疫缺陷等均影响免疫效果。

②接种时部分动物已亚临床感染或处于潜伏期或在免疫阴性期感染强毒,在接种后会诱发病情,造成免疫失败。

③鸡群在接种前后缺乏良好的管理。接种是利用疫苗的致弱病毒去感染机体,这与天然感染得病一样,只是病毒的毒力较弱而不发病死亡,但机体要经过一场斗争来克服疫苗病毒的作用后,才能产生抗体。所以在接种前后应尽量减少应激。温度应适宜,不能太热太冷,保温伞的温度要适当提高,如遇天气恶劣,免疫应改期进行。接种期间不能缺

水，在水中适当添加电解质和维生素，尤其是维生素 A、维生素 E 和维生素 C 更为重要。饲料要充足而且此期间不能减料，鸡舍要有足够的新鲜空气，垫料湿度要合适。

(三)免疫程序不当

(1)接种时间不适合　同一部位繁殖的活苗不宜同时接种，如新城疫弱毒苗接种后 1 周内不宜用传染性支气管炎弱毒疫苗；接种传染性支气管炎弱毒苗后 2 周内不宜用新城疫弱毒苗；接种传染性喉炎弱毒活苗前后各 1 周内，不要使用其他呼吸道的弱毒活疫苗；接种新城疫或传染性支气管炎弱毒活苗后不到 6 周，使用该病的灭活疫苗，效果较差，应相隔 8 周或更长时间。

(2)接种过于频繁　除少数疫苗如马立克氏病、减蛋综合征、鸡痘、脑脊髓炎等病外，绝大多数疫苗的接种要获得良好的免疫效果均需经过首免，1 周后产生抗体和记忆细胞，等到抗体较低时再进行二免，这时记忆细胞立即发挥作用，在 3～4 天之内即产生抗体，待机体抗体降至相当程度时再次免疫，此时抗体产生得更快更多，这全是记忆细胞的功劳，也是正常的免疫机理。在经过 3～4 次弱毒疫苗免疫之后(每次都要等到抗体下降到其一定程度)再用灭活疫苗则抗体会保持在相当高的水平，且下降缓慢，同时个体的抗体差异也较少，并获得良好的免疫效果。

(四)其他因素

(1)接种技术或方法不当　1 日龄雏鸡用新支疫苗气雾免疫时，宜用粗雾滴(大于 100 微米)，不宜用细雾滴，否则会造成严重反应而发生死亡；鸡群血清学检查为败血支原体或滑液囊支原体病阳性时，不能采用喷雾免疫；疫苗解冻或稀释不当，采用饮水免疫前限水过分或不足；疫苗稀释后未在规定时间内用完；喷雾不均匀，注射针头污染，针头口径过大或过小等。

(2)人为因素　即免疫接种计划到实施过程中出现疏漏环节。免疫接种操作不当,打“飞针”或注射器漏液,针头过粗或进针角度不正确,致使注射剂量不准;接种时,操作无次序或无标记,造成漏防或重防;疫苗稀释后接种过程或饮水时间过长,致疫苗效价降低;饮水免疫时水中含有氯及其他消毒剂,饮用水酸碱度不适宜,防疫器械内残留有消毒剂等使疫苗效力降低。

(3)药物因素　某些治疗传染病的药物有免疫抑制作用;在接种疫苗前后一周内使用了降低动物免疫作用的药物和添加剂。

六、常用的免疫程序

免疫程序的制订受多方面因素的影响,不能随便硬性统一规定,各单位相应鸡群的免疫程序还要根据本单位的具体情况适时调整。表6-1至表6-3列举了几种免疫程序作参考。

表6-1　适用于鸡新城疫清净地区的安全鸡场

日龄	免疫项目	疫苗名称	用法用量	说明
4	传染性支气管炎	H120	点眼、滴鼻或饮水	
10	鸡新城疫	Ⅱ系、Ⅳ系或N79	点眼、滴鼻或饮水	亦可用肾病变型油苗一次肌肉注射
18	传染性法氏囊病	中等毒力弱毒苗	点眼、滴鼻或饮水	
28	传染性法氏囊病	中等毒力弱毒苗	点眼、滴鼻或饮水	
30	传染性支气管炎	H52	点眼、滴鼻或饮水	
35	鸡新城疫	Ⅱ系、Ⅳ系或N79	点眼、滴鼻或饮水	

表6-2　适用于新城疫流行地区的鸡场

日龄	免疫项目	疫苗名称	用法用量
7	鸡新城疫、传染性支气管炎	H120＋N79	一倍量混合滴鼻点眼
14	鸡传染性法氏囊	中等毒力弱毒苗	一倍量饮水免疫
21	鸡新城疫	N79	三倍量饮水免疫
30	鸡新城疫	N79	三倍量饮水免疫

表 6-3　优质肉鸡的免疫程序

日龄	疫苗种类	免疫方法
1	马立克氏病疫苗	颈部皮下注射
7～10	新城疫-传支-肾传支三联苗	点眼、滴鼻
12～15	法氏囊病疫苗	饮水、滴鼻
20～22	法氏囊病疫苗	饮水、滴鼻
25～28	新城疫-传支-肾传支三联苗，同时注射新城疫油苗	点眼、滴鼻，同时颈部皮下注射0.3～0.5毫升/支
30～35	鸡痘疫苗	刺翅
40～45	鸡传染性喉气管炎疫苗(疫区使用)	点眼
55～60	新城疫-传支二联苗，同时注射新城疫油苗	点眼、滴鼻，颈部皮下注射0.5毫升/支

第四节　药物防治及药物残留控制

在与疾病的抗争中，药物不仅是治疗肉仔鸡传染病的重要武器，而且许多药物也是预防鸡病的添加剂。它们对肉鸡生长有调节代谢、促进生长、改善消化吸收、提高饲料利用率等作用。因此，越来越多的药物正应用于肉鸡生产中，成为综合性防治措施的一个重要组成部分。

一、生态肉鸡预防用药使用准则

(一)正确的选择药物

每种药物的抗原抗体不同，所以预防用药必须要进行选择。当某种疫病同时有几种药物可选择时，可根据以下五个原则来选择。

(1)预防效果　应考虑病原体对药物的敏感性和耐药性，选用预防效果最好的药物。所以，在使用药物以前或使用药物过程中，最好进行药物抗敏性试验，选择最敏感的药物用于预防，或选择抗菌谱广的药物用于预防，一般都能够收到良好的效果。

(2)有效剂量　不同的药物,达到预防疫病作用的有效剂量是不同的,必须达到某种药物的最低有效剂量,才能收到应有的效果。因此,在使用药物预防畜禽疫病时,要按规定的剂量,均匀的拌入饲料或完全溶解于饮水中,以达到药物预防的作用。

(3)药物的性质　有些药物是水溶性的,有些是悬浮剂,有些则只适用加入饲料中;有些只在肠道中起作用(不能进入血液),有些可进入血液中,运行到各个部位起作用;有些药物要在短期内大量使用才有效,因此必须了解药物性质,合理选择和使用药物。

(4)药物的毒性　大剂量或长期使用某些药物,会引起动物中毒。例如,磺胺类药物,对鸡特别是雏鸡具有一定的毒性,如果以 0.5%浓度混饲雏鸡 8 天,可引起中毒反应;成年鸡则会影响食欲,降低产蛋量。呋喃类药物大剂量或长期连续应用时,易引起毒性反应。鸡不能用敌百虫做驱虫药内服,即使外用也应十分小心,以免中毒。

(5)药物的价格　在集约化养殖场中,鸡群数量很大,预防用药开支很大,为了提高利润,降低成本,应尽可能选用价廉易得而确有预防作用的药物。

(二)选择合适的用药方法

不同的给药方法会影响药物的吸收速度、利用程度、药效出现时间及维持时间,甚至还可引起药物性质的改变。预防药物常用的给药方法有混水给药、混饲给药、气雾给药、药浴等方法。生产实际中要根据具体情况,正确选择。

(三)注意肉鸡个体、性别、年龄、体重及体质状况的差异

(1)个体差异　一般来说,同种动物对同种药物,多数具有相似的敏感性和反应性,但在个别情况下,有些动物会对药物有特殊的敏感性和反应性,应加以注意。

(2)性别和年龄差异　一般情况下,雄性动物比雌性动物对药物的耐药性较强,用药剂量应比雌性动物大一些。幼龄动物比成年动物对

药物的敏感性高,应适当减少用量。

(3)体重及体质状况　体重大的动物较体重小的动物对药物耐药性强。因此,药物预防时应注意体重的影响,最好根据体重给药。体质强壮的动物应比体质弱的动物对药物的耐受性强。因此,对体质弱的动物,应适当减少药量。

(四)注意防止药物中毒

有些药物其有效剂量与中毒剂量之间距离太近,如喹乙醇,若掌握不好剂量就会引起中毒。有些药物在低浓度时具有预防和治疗作用,而在高浓度时则会变成毒药,如敌百虫,在使用时要倍加小心。

(五)注意配伍禁忌

当两种或两种以上药物配合使用时,有的会产生理化性质的改变,使药物产生沉淀或分解、结块、变色,从而影响预防或治疗效果,甚至失效或产生毒性,如磺胺药(钠盐)与抗生素(硫酸盐或盐酸盐)混合产生中和作用(水中有沉淀出现),药效会降低。维生素属酸性,遇碱性药即分解失效。在进行药物预防时,一定要注意配伍禁忌的问题。

(六)慎重使用新药

使用的新药必须经过专业部门的鉴定及主管单位的审核批准,其所提供的资料应该是可靠的。在使用前应参阅有关资料,在试用当中应注意观察防治效果和远近期毒性反应。

二、生态肉鸡兽药防治及药残控制

(一)药物应用

(1)预防用药　根据鸡场的具体情况,选择添加抗生素和抗球虫类药物,有利于抑制体内病原微生物或寄生虫的繁殖,达到防病之目的。

但为了控制药物残留，避免不良影响，除了尽量少用、严格控制计量外，还应按无公害肉鸡饲养规定用药的种类和停药期用药。

(2)抗应激用药　由于鸡群处于应激时机体的抵抗力下降，易于诱发其他疾病。因此，尽量防止和减少应激状态发生，同时还要及时补充营养物质，添加高于饲养标准12倍的维生素和适量的抗菌药物，使鸡群尽快适应，减轻应激反应。

(3)治疗用药　肉鸡生长迅速，抵抗力相对较弱，加上饲养密度较高等因素，更易引起疾病的发生。此时，必须立即采取相应的紧急措施，除必要的隔离消毒淘汰外，还应针对病因，有的放矢地选择抗生素类、磺胺类、抗寄生虫类药物等进行治疗。但同时要注意药物的使用剂量一定要适当，疗程要充足，以求彻底治愈，避免复发。

(二)药物的毒副作用

(1)细菌耐药性增加　动物机体长期与药物接触，造成耐药菌不断增多，耐药性不断增强。抗菌药物残留于动物性食品中，同样使人也长期与药物接触，导致人体内耐药菌的增加。

(2)对临床用药产生影响　长期接触某种抗生素，可使机体免疫功能下降，以致引发各种病变，或用药时产生不明原因的毒副作用，给临床诊治带来困难；抗菌药物失效，使医疗费用过高，加大了饲养成本，使养殖利润下降；给新药开发带来压力。

(3)兽药残留污染环境　动物用药以后，药物以原形或代谢产物的形式随粪、尿等排泄物排除，残留于环境中，在多种因子作用下，可产生转移、转化或在动植物中富积。

(三)药物残留控制方法

生态肉鸡药物残留控制方法，要执行无公害肉鸡饲养管理规程中关于兽药使用的规定。无公害兽药的使用准则：肉鸡饲养者应供给动物适度的营养，所用饲料和饲料添加剂应符合NY 5037《饲料和饲料添加剂管理条例》的规定，饲养环境应符合NY/T 388《畜禽场环境质量

标准》的规定，按照 NY/T 5038《无公害食品　肉鸡饲养管理准则》加强饲养管理，采取各种措施减少应激，增强机体自身的免疫力；应严格按照 NY 5036《无公害食品　肉鸡饲养兽医防疫准则》的规定做好预防，防止发病和死亡，及时淘汰病鸡，最大限度地减少化学药品的使用。必须使用兽药进行鸡病的预防和治疗时，应在兽医指导下进行。应先确定致病菌的种类，以便选择对症药品，避免滥用药物。所用兽药应符合《中华人民共和国兽药典》、《中华人民共和国兽药规范》、《兽药质量标准》、《进口兽药质量标准》和《兽用生物制品质量标准》的有关规定。所用兽药应产自具有兽药生产许可证并具有产品批准文号的生产企业，或者具有《进口兽药登记许可证》供应商。所用兽药的标签应符合《兽药管理条例》的规定。

《无公害食品　肉鸡饲养兽药使用准则》对肉鸡饲养中允许使用的饲料添加剂和治疗药物的品种、用量及休药期作了详细的规定。见表 6-4 和表 6-5。

表 6-4　无公害食品肉鸡饲养中允许使用的药物饲料添加剂

类别	药品名称	用量（以有效成分计）	休药期/天
抗菌药	阿美拉霉素 avilamycin	5～10 克/吨	0
	杆菌肽锌 bacitracin zinc	以杆菌肽计 4～40 克/吨，16 周龄以下使用	0
	杆菌肽锌＋硫酸黏杆菌素 bacitracin zinc and colistin sulfate	2～20 克/吨＋0.4～4 克/吨	7
	盐酸金霉素 chlortetracycline hydrochloride	20～50 克/吨	7
	硫酸黏杆菌素 colistin sulfate	20～20 克/吨	7
	恩拉霉素 enramycin	1～5 克/吨	7
	黄霉素 flavomycin	1 克/吨	0
	吉他霉素 kitasamycin	促生长：5～10 克/吨	7
	那西肽 nosiheptide	2.5 克/吨	3
	牛至油 oregano oil	促生长：1.25～12.5 克/吨；预防：11.25 克/吨	0
	土霉素钙 oxytetracycline calcium	混饲 10～50 克/吨，10 周龄以下使用	7
	维吉尼亚霉素 virginiamycin	5～20 克/吨	1

续表 6-4

类别	药品名称	用量（以有效成分计）	休药期/天
抗球虫药	盐酸氨丙啉＋乙氧酰胺苯甲酯 amprolium hydrochloride and ethopabate	125 克/吨＋8 克/吨	3
	盐酸氨丙啉＋乙氧酰胺苯甲酯＋磺胺喹啉 amprolium hydrochloride and ethopabate and sulfaquinoxaline	100 克/吨＋5 克/吨＋60 克/吨	7
	氯羟吡啶 clopidol	125 克/吨	5
	复方氯羟吡啶粉(氯羟吡啶＋苄氧喹甲酯)	102 克/吨＋8.4 克/1 000 千克	7
	地克珠利 diclazuril	1 克/吨	
	二硝托胺 dinitolmide	125 克/吨	3
	氢溴酸常山酮 halofuginone hydrobromide	3 克/吨	5
	拉沙洛西钠 lasalocid sodium	75～125 克/吨	3
	马杜霉素铵 maduramicin ammonium	5 克/吨	5
	莫能菌素 monensin	90～110 克/吨	5
	甲基盐霉素 narasin	60～80 克/吨	5
	甲基盐霉素＋尼卡巴嗪 narasin and nicarbazin	30～50 克/吨＋30～50 克/吨	5
	尼卡巴嗪 nicarbazin	20～25 克/吨	4
	尼卡巴嗪＋乙氧酰胺苯甲酯 nicarbazin＋ethopabate	125～8 克/吨	9
	盐酸氯苯胍 robenidine hydrochloride	30～60 克/吨	5
	霉素钠 salinomycin sodium	60 克/吨	5
	赛杜霉素钠 semduramicin sodium	25 克/吨	5

表 6-5　无公害食品肉鸡饲养中允许使用的治疗药

类别	药品名称	剂型	用法与用量（以有效成分计）	休药期/天
抗菌药	硫酸安普霉素 apramycin sulfate	可溶性粉	混饮：0.25～0.5 克/升，连饮 5 天	7
	亚甲基水杨酸杆菌肽 bacitracin methylene	可溶性粉	混饮，预防：25 毫克/升；治疗：50～100 毫克/升，连用 5～7 天	1
	硫酸黏杆菌素 colistin sulfate	可溶性粉	混饮：20～60 毫克/升	7
	甲磺酸达氟沙星 danofloxacin mesylate	溶液	20～50 毫克/升 1 次/天，连用 3 天	
	盐酸二氟沙星 difloxacin	粉剂、溶液	内服、混饮：5～10 毫克/千克体重，2 次/天，连用 3～5 天	1
	恩诺沙星 enrofloxacin	溶液	混饮：25～75 毫克/升，2 次/天，连用 3～5 天	2
	氟苯尼考 florfenicol	粉剂	内服：20～30 毫克/千克体重，2 次/天，连用 3～5 天	30 天暂定
	氟甲喹 flumequine	可溶性粉	内服：3～6 毫克/千克体重，2 次/天，连用 3～4 天，首次量加倍	
	吉他霉素 kitasamycin	预混剂	100～300 克/吨，连用 5～7 天，不得超过 7 天	7
	酒石酸吉他霉素 kitasamycin tartrate	可溶性粉	混饮：250～500 毫克/升，连用 3～5 天	7
	牛至油 oregano oil	预混剂	22.5 克/吨连用 7 天	
	金荞麦散 pulvis fagopyri cymosi	粉剂	治疗：混饲 2 克/千克；预防：混饲 1 克/千克	0
	盐酸沙拉沙星 sarafloxacin hydrochloride	溶液	20～50 毫克/升，连用 3～5 天	
	复方磺胺氯哒嗪钠 compound sulfachlor pyridazine sodium	粉剂	内服：20＋4 毫克/（千克体重·天）连用 3～6 天	1

续表 6-5

类别	药品名称	剂型	用法与用量（以有效成分计）	休药期/天
抗菌药	延胡索酸泰妙菌素 tiamulin fumarate	可溶性粉	混饮：125～250 毫克/升，连用 3 天	
	磷酸泰乐菌素 tylosin	预混制	混饲：26～53 克/吨	5
	酒石酸泰乐菌素 tylosin tartrate	可溶性粉	混饮：500 毫克/升，连用 3～5 天	1
抗寄生虫药	盐酸氨丙啉 amprolium	可溶性粉	混饮：48 克/升，连用 5～7 天	7
	地克珠利 diclazuril	溶液	混饮：0.5～1 毫克/升	
	磺胺氯吡嗪钠 sulfaclozine sodium	可溶性粉	混饮：300 毫克/升混饲，600 克/吨，连用 3 天	1
	越霉素 A destomycin A	预混剂	混饲：10～20 克/吨	3
	芬苯哒唑 fenbendazole	粉剂	内服：10～50 毫克/千克体重	
	氟苯咪唑 flubendazole	预混剂	混饲：30 克/1 000 千克，连用 4～7 天	14
	潮霉素 B hygromycin B	预混剂	混饲：8～12 克/吨，连用 8 周	3
	妥曲珠利 toltrazuril	溶液	混饮：25 毫克/升，连用 2 天	

第五节　主要疫病的防治技术

随着生活水平的日渐提高，消费者对肉蛋的品质、口味、营养成分及安全性等要求越来越高。而目前集约化养鸡场生产的快大型肉鸡，尽管具有生长周期短、饲料转化率高等优点，但存在添加剂残留、食品安全、动物福利和健康等一系列问题。因此，根据生态学和经济学的原理，利用林地、草地、果园、农川和荒山等资源，以自由采食和自然舍养相结合的生态放养鸡受到消费者的普遍欢迎。但由于饲养管理技术不配套，鸡疫病频频发生，严重影响了饲养户的积极性和经济收入，制约

着生态放养鸡产业的发展。因而,正确了解和认识当前鸡病的流行动态,对于及时有效地防止鸡病的发生,最大限度地减少由此带来的经济损失,对提高养鸡业经济效益具有重大意义。

一、疫病的流行特点

(一)病原出现变异,非典型疾病增多

在禽病的发生和流行过程中,由于一些病原体出现了变异,导致临床症状非典型化,如有的病原毒力减弱,再加上禽群在免疫接种时基础抗体水平、个体差异及人为因素(疫苗保存不当、接种剂量不准确、免疫程序不合理等)造成禽群免疫水平不高或不一致,致使某些禽病在流行情况、症状和病变等方面出现非典型化,使某些原有的疾病以新的临床症状、病理变化出现,如目前发生的非典型新城疫就是一个明显的例证。

(二)超强毒株出现

有的病原毒力增强,导致虽然经过免疫接种,但仍常出现免疫失败,如马立克氏病病毒和传染性法氏囊病病毒都出现了超强毒株。对于控制超强毒株感染,除科学使用疫苗外,应尽量减少病毒所造成的环境污染,加强卫生消毒,减少一切不良应激,使禽群处于一个良好的环境中。

(三)旧病不断以全新面目出现

目前,一些危害养鸡生产的疾病,在饲养环境不良、疫苗接种程序不科学、疫苗质量低下的养禽场中呈现旧病继续发生,新病不断出现的特点,如新城疫、传染性支气管炎、马立克氏病、鸡白痢、禽伤寒、大肠杆菌病、葡萄球菌病、球虫病等老病常年不断发生与流行,与此同时不少新病先后发生,如肾型与腺胃型传染性支气管炎、肿头综合征、肉鸡腹

水综合征、鸡病毒性关节炎等。

(四)某些细菌性疾病和寄生虫病危害日趋严重

随着规模化养禽场的增多及其规模的不断扩大,环境污染也越来越严重,细菌性疾病和寄生虫病明显增多,其中不少病原广泛存在于环境中,可通过多种途径传播,这些病原微生物,已成为养禽场的常在菌。另外,某些损害免疫系统的疾病如传染性法氏囊病、鸡传染性贫血等未能得到有效控制,造成部分禽的免疫功能缺陷及抵抗力下降,从而诱导细菌性疾病的发生与流行。更为主要的原因是养殖户盲目大剂量滥用抗菌药物,使一些常见细菌产生了较强的耐药性,一旦发病后,诸多药物都难以奏效。因此,加强饲养管理,提高禽群抗病力,加强环境卫生消毒和合理用药对有效控制细菌性疾病十分重要。

(五)混合感染和继发感染增多

随着疫病的增多、养殖密度的加大,加上环境消毒不严、预防措施不力等因素。单一病原在临床上已很少见,而很多病例是由两种或两种以上病原对同一禽体产生致病作用,使禽并发、继发和混染的发病率上升,常出现病毒病与病毒病、病毒病与细菌病、细菌病与细菌病、细菌病与寄生虫病同时发生,尤其以新城疫、温和型流感、传染性法氏囊病、传染性支气管炎等病毒病的混合感染尤为突出,此类病毒病混感容易造成鸡群极高的死亡率。因此,在进行疾病诊治时兽医工作者要分清主次,将临床诊断与实验室检验结合,综合分析,作出正确判断。

(六)营养代谢疾病和中毒性疾病增多

在规模化养禽条件下,如果饲料原料加工或储存不当,可造成维生素氧化、分解,易引起某些维生素和微量元素缺乏。饲料原料、饮水受霉菌毒素、农药、化工废弃物等污染,饲料中大量添加喹乙醇等药物亦容易引起中毒。这些营养代谢疾病和中毒性疾病在临床上呈增多趋势,给养禽业造成了一定经济损失,应引起重视。

二、控制肉鸡疾病的几个关键时期及控制措施

在肉鸡生长前期、中期和后期，各有不同的易发病，养殖中要分阶段抓住防病重点，采取相应的防治措施。

（一）饲养前期（0～10日龄）

主要控制沙门氏菌和大肠杆菌。死亡率一般在2%～3%，约占全期死亡总数的30%。

1.常见疾病及原因

（1）鸡沙门氏菌病　鸡沙门氏杆菌病是由沙门氏菌属的致病性细菌引起的一种急性、败血性雏鸡传染病，症状是排泄灰白色粥样或水样稀便，成年鸡多为局限性生殖系统的慢性或隐性传染。沙门氏杆菌主要影响雏鸡的成活率。其发病原因一是种鸡场未做鸡白痢杆菌病净化，种蛋与孵化环节消毒不严格，使之垂直感染；二是种鸡孵化场的环境卫生差，当鸡舍通风不畅，闷热或阴冷，饲养密度过大，垫料潮湿时易诱发该病；三是种鸡防疫措施不善。

（2）大肠杆菌病　鸡大肠杆菌病是由大肠杆菌的某些血清型引起的传染病，主要临床特征是引发急性败血症和气囊炎、脐炎、关节炎、卵黄性腹膜炎、脑炎、肠炎和全眼球炎等，其中雏鸡大肠杆菌败血症，会引起较高的死亡率。一年四季均有发生，在多雨、闷热、潮湿季节多发，为条件性致病菌。尤其是在育雏期间，饲养管理不良、鸡舍阴暗潮湿、环境卫生条件差等均可诱发大肠杆菌病的发生。生态鸡因其所处环境的特殊性，常常接触污染的饮水、饲养用具以及食用发霉变质的饲料，都会造成该病感染或发生。

2.控制措施

从正规的、条件好的孵化场进雏；改善育雏条件，改用暖风炉取暖，减少粉尘，保持适宜的温、湿度，切记温度忽高忽低，以防感冒；用药要及时，选药要恰当。同时喂一些增加抵抗力的营养添加剂，如葡萄糖、电解多维、育雏宝等，一般用药 3～5 天即可大大降低死亡率。

(二)饲养中期(20～40 日龄)

主要控制球虫病(地面平养)、支原体病和大肠杆菌病，同时密切注意法氏囊病。死亡率一般在 3%左右，约占全期死亡总数的 35%。

1. 常见疾病及原因

(1)鸡球虫病　鸡球虫病是一种或多种球虫寄生于鸡肠黏膜上皮细胞内引起的一种急性流行性的原虫病。临床表现主要有小肠型和盲肠型。主要发生在 3 月龄以下的小鸡，其中 15～45 日龄最易感染，发病率和死亡率都很高。发病原因主要是生态鸡接触地面的病鸡粪便、污染饲料等。

(2)鸡支原体病　鸡支原体病是由鸡败血支原体引起的鼻道、气管、支气管和气囊的慢性进行性疾病，多呈慢性经过，病程较长。临床主要表现为流鼻涕、咳嗽、气喘、呼吸啰音、消瘦和生产性能下降。主要发生在 5 周龄以上的雏鸡。本病一年四季均可发病，但以秋冬季节舍饲雏多发。鸡舍通风不良，饲养密度大、拥挤，维生素类营养物质缺乏，鸡群长途运输，粗放的饲养管理等诸因素，是本病发生和流行的诱因。

(3)鸡传染性法氏囊病　鸡传染性法氏囊病是由传染性法氏囊病病毒引起鸡的一种急性、高度接触性传染病。发病率高，病程短。主要病状为腹泻、颤抖、极度虚弱。法氏囊、肾脏的病变和腿肌胸肌出血，腺胃和肌胃交界处条带出血是具有特征性的病变。幼鸡感染后，可导致免疫抑制，并可诱发多种疫病或使多种疫苗免疫失败。鸡传染性法氏囊病已成为影响生态雏鸡成活率的重要传染病之一。其原因一是免疫接种时间掌握不准；二是疫苗使用方法不正确；三是饲料霉变，使饲料营养标准降低，维生素及微量元素不全，加之环境污染，消毒不严，饲养管理不规范等，也是造成传染性法氏囊病发生与传播的原因。

2. 控制措施

①改善鸡舍条件，加大通风量(以保证温度为前提)，控制湿度，保持垫料干燥，经常对环境、鸡群消毒。

②免疫、分群前给一些抗应激、增强免疫力的药物并尽量安排在夜间进行，以减少应激。

③用药预防。a.预防球虫应选择几种作用方式不同的药物交替使用，注意耐药性及药物残留，有条件的采用网上平养，使鸡与粪便分离，减少感染机会。b.对大肠杆菌用药，要选择高敏药物，剂量要足，疗程要够。切记试探性用药，以免延误最佳治疗时期，造成不应有的损失。c.由于新城疫、支气管炎活苗对呼吸道影响较大，所以免疫后应马上用一次防呼吸道、支原体的药物。法氏囊活苗对肠道有影响，易诱发大肠杆菌，因此免疫后要用一次修复肠道的药物。d.如果有法氏囊炎发生，应及时用药物治疗，早期可胸肌注射高免卵黄抗体。一定要控制住，否则后期非典型新城疫发生的几率很大。

（三）饲养后期（45 日龄至出栏）

主要控制大肠杆菌、非典型新城疫及其混合感染。死亡率一般占3%～4%，约占全期死亡总数的35%。

1.非典型新城疫病及其混合感染

近年来典型的新城疫病已不多见，以发病率不高、临床症状表现不明显、病理变化不典型、死亡率低为特征的非典型新城疫病则屡见不鲜。特别是中期发生法氏囊病的鸡群，由于免疫器官被抑制很易诱发非典型新城疫，而临床多表现为大肠杆菌的病变，忽视了新城疫的治疗造成大量死亡。非典型新城疫病主要发生于具有母源抗体的雏鸡或已免疫接种新城疫病疫苗的鸡群，临诊症状和病理变化表现不明显，病程长，往往个别发病，零星死亡。该病发生无明显的季节性，雏鸡的发病率和死亡率高于成年鸡。其原因主要是饲养环境的特殊性，或采用饮水法免疫时常因群体过大造成饮水不均，或生态鸡过多采食青绿饲料和饮用坑洼积水等。

2.控制措施

①改善鸡舍环境，增加通风量，勤消毒。用2～3种消毒药交替使用。注意免疫前后各2天不能做环境消毒。

②做好前中期的新城疫免疫工作，程序合理，方法得当，免疫确实。

③预防用药，此时用药要把抗生素与抗病毒药联合使用。切记顾此失彼，并注意停药期。

④喂益生素，调整消化道内环境，恢复菌群平衡，增强机体免疫力。

第六节　鸡场废弃物的处理

随着规模化生态放养鸡的发展，我国正从散养小型经营向大规模、集约化方向转换，但由于环境的不完善治理，鸡场废弃物成为巨大的环境污染源。鸡场废弃物主要包括鸡粪和鸡场污水；生产过程及产品加工废弃物，如死胎、蛋壳、羽毛及内脏等残屑；鸡的尸体，主要是因疾病而死亡的鸡只；废弃的垫料；鸡舍及鸡场散发出的有害气体、灰尘及微生物；饲料加工厂排出的粉尘等。这些废弃物中，以未经处理或处理不当的粪便及污水数量最大，最易对环境造成污染。但如果经无害化处理并加以合理利用，则可变为宝贵的资源。因此，随着我国规模化养鸡生产的不断发展，鸡粪等废弃物的科学处理和利用已成为亟待解决的问题。

一、鸡场废弃物种类及污染途径

鸡场废弃物主要包括鸡粪(尿)、死鸡、污水等，它们富含氮，极易腐败，还常常带有病原微生物。鸡场废弃物产量很大，如果处理不当，将对水、土壤和空气等环境因素造成很大污染。污染途径主要有：

1. 病原

包括细菌、病毒、真菌和寄生虫等，其主要来源是病死鸡、粪尿、羽毛及内脏。病原体可通过饮水，直接接触，感染鱼类等途径最终使人被感染。同时，病原体也可通过废弃物的传递使鸡群反复感染。

2.有毒物质

以硝酸盐为主，由于鸡粪中氮含量较高，而含氮物质在外界环境中部分转变为硝酸盐。硝酸盐极易随地表径流和地下水运动而四处扩散。饮水中过量的硝酸盐可使婴儿发生蓝婴症，可致死婴儿。因此，极受环保部门的重视。

3.耗氧物质

鸡场废弃物中存在大量耗氧物质，如氨等。这些物质一旦进入水中，将使水中溶入的氧量大幅度降低，如1克铵态氮彻底氧化需要约4.2克氧，水中氧量降低，将造成鱼大量死亡，并使水转变成为厌氧环境，产生大量甲烷、氨等，产生恶臭。

4.恶臭

主要是由于粪、死鸡等废弃物处理不及时而出现的不完全氧化（发酵）。主要成分为氨、甲硫醇、硫化氢等。恶臭既危害公共环境，又影响鸡的生产性能。

5.蚊蝇

鸡场废弃物是蚊蝇滋生的环境，如处理不好，将导致蚊蝇泛滥，形成公害。

二、鸡场废弃物的处理与利用

（一）鸡粪的处理与利用

1.鸡粪的产量及主要成分

鸡粪是由饲料中未被消化吸收的部分以及体内代谢产物，消化道黏膜脱落物和分泌物，肠道微生物及其分解产物等共同组成的。在实际生产中，鸡粪中一般含有洒落的饲料、脱落的羽毛以及破蛋以及垫料等。被鸡消化的饲料中含有高于其他动物粪便中的营养成分。另外，鸡的相对采食量大，消化能力较差，因此粪便产量很大。因而，作为一种饲料原料资源来开发是相当重要的，对未来养殖业发展有重大意义。

2.鸡粪的处理与利用

总的来说利用方式有两种:用作肥料和生产能源。

(1)用作肥料　鸡粪中含有丰富的氮、磷、钾、钙、镁、硫及其他一些重要微量元素,能满足植物的多种养分需求,能增加土壤中有机质含量,改良土壤结构,提高肥力。随着我国无公害粮食、蔬菜、水果的发展,有机肥料的需求量也不断增加,用畜禽粪便制作有机肥具有一定的市场前景。目前,鸡粪常见的处理方法有以下两种。

①脱水干燥处理。新鲜的鸡粪主要成分是水,通过脱水干燥处理,使鸡粪的含水量降到15%以下。这样,一方面减少了鸡粪的体积和重量,便于包装运输;另一方面可有效地降低鸡粪中微生物的活动,减少营养成分特别是蛋白质的损失。脱水干燥处理的方法主要有高温快速干燥、太阳能自然干燥及鸡舍内干燥等。

②发酵处理。鸡粪的发酵处理是利用各种微生物的活动来分解鸡粪中的有机成分,可以有效地提高这些有机物质的利用率。在发酵过程中形成的特殊理化环境也可基本杀灭鸡粪中的病原体,主要方法有充氧动态发酵、堆肥处理等。

将粪便作为肥料时,一是要在粪便施入土地后经过耕翻,使鲜粪尿在土壤中分解,不会造成污染,不会散发恶臭,也不招引苍蝇;二是畜禽排出的新鲜粪尿须及时施用,否则应妥善堆放。此外,将鸡粪作为肥料使用时,必须考虑两个方面的因素:一是鸡粪中主要营养元素的含量及其利用率。二是拟施肥土壤的养分需求。如果鸡粪施用量以氮素平衡为基础来确定,则磷和钾的供给量一般会超过谷类作物需要量;鸡粪中微量元素的含量很高。鸡粪经干燥或好氧发酵后还可用于园艺生产中,成为一种新兴的优质复合肥和土壤调节剂。

(2)生产能源　饲料是具有能量的有机物,这些潜在于饲料中的能量被微生物分解而释放,叫生物能。畜禽采食饲料后,大约可利用其中能量的49%~62%,其余的随粪尿排出。在发展中国家,尤其是在农村,能源不足是制约生产发展和生活水平提高的主要因素之一。因而,

利用鸡粪创造新能源，是解决某些地区能源供求矛盾的一条新途径。

①沼气：是在厌氧环境中，有机物质在特殊的微生物作用下生成的混合气体，其主要成分是甲烷，占60%～70%。沼气可用于鸡舍采暖、农户照明、做饭及供暖等，是一种优质生物能源。

粪便产生沼气的条件：第一，保持无氧环境，如建造四壁不透气的沼气池，上面加盖密封。第二，需要充足的有机物，以保证沼气菌等各种微生物正常生长和大量繁殖。一般每立方米发酵池容积每天加入1.6～4.8千克固形物为适。第三，有机物中碳氮比适当。在发酵原料中，碳氮比一般为25∶1时，产气系数较高，这一点在进料时须注意，适当搭配，综合进料。第四，注意温度。沼气菌生存温度范围为8～70℃，但沼气菌的活动以35℃最活跃，此时产气快且多，发酵期约为一个多月。如池温在15℃时，则产生沼气少而慢，发酵期约为一年。第五，注意pH。沼气池保持在pH 6.4～7.2时产气量最高。如果发酵液过酸，可用石灰水或草木灰中和。

②直接燃烧：本法比生产沼气简单易行，只要有专门燃烧畜粪的锅炉就行，基本上不存在残渣处理问题。缺点是燃烧时产生的烟尘对大气有污染；畜粪须事先干燥，再烘干、晒干过程中产生的恶臭也会污染大气；冬季需贮备足够的干燥畜粪；经济效益低于用作饲料或用作肥料。

③其他：a. 生产发酵热。在堆粪中安放金属水管，通过水的吸热作用来回收粪便发酵产生的热量。回收到的热量，一般可用于畜舍取暖保温。本法虽然热量不大，但可结合堆肥来进行，一举两得。另外，其设备和操作也相当简单。b. 生产煤气、"石油"、酒精。使畜粪中的有机物质在缺氧高温条件下加热分解，从而产生以一氧化碳等为主体的可燃性气体。其原理和设备大致上与用煤产生煤气相仿。c. 发电。世界上第一座以鸡粪为燃料的发电站——英国的艾伊电站早在1993年10月就投入运转。发电的原理类似沼气池，它是将粪便发酵，产生甲烷等可燃性气体，将其燃烧产生电能，在此过程中还可以产生热水和肥料等有用的副产品。

(二)污水的无公害处理

1. 鸡场污水的来源

养鸡场所排放的污水,主要来自清粪和冲洗鸡舍后的排放的废水以及屠宰加工厂和孵化厂等冲洗排放的污水。据测算,每只成年肉种鸡平均产粪180克/天,需冲洗水300克/天,故污水量是相当可观的。屠宰加工厂的污水主要来自血液、羽毛和内脏的处理用水,刷洗地面和设备所排放的污水。国外规定每1 000只肉鸡的屠宰用水量为45吨左右,排放的废水约26.7吨;我国的中小型屠宰加工厂约需12.8吨。

2. 废水处理技术和工艺

(1)处理技术　a. 物理处理:畜禽场棚含内利用人工清运干粪后排出的污水,一般仍然残留有较多的圆形物,采用物理方法(如固液分离、沉淀、过滤等)主要是将这部分残留物分离出来,降低污水中有机物质浓度。可作为禽畜牧场污水的预处理手段,为后续处理系统(如曝气复氧、微生物菌分解、生物膜处理等)作准备。b. 化学处理:污水的化学处理方法是利用化学反应的作用,使污水中的污染物质发生化学变化而改变其性质。畜禽污水的化学处理一般可分为中和法和絮凝沉淀法等。c. 中和法:通过预先调节污水的pH,起到污水预处理的作用。d. 絮凝沉淀法:针对污水中含有的胶体物质、微细悬浮物和乳化油等进行处理。常用的絮凝剂有明矾、硫酸铝、三氯化铁、硫酸亚铁等。

(2)处理工艺　a. 厌氧处理法:隔栅→沉砂→厌氧→充氧曝气→沉淀→出水。b. 正规二级处理法:隔栅→沉砂→沉淀→曝气→沉淀→出水。c. 氧化塘处理法:隔栅→沉砂→沉淀→厌氧→兼性→自然氧化(或水生植物)→排水。

(3)处理方法　a. 化粪池。主要是利用厌氧微生物对污水进行发酵,从而达到降解有机物质的目的。现在一般使用三格化粪池,即串联的三室。第一室主要起沉淀区作用,也有部分固体物质进行分解,该室通常还处于好氧状态,污水中溶解态的有机物降解不多,第二、三室处于完全厌氧消化状态,主要对污水中溶解态的有机物进行厌氧分解。

通过这一处理，固体物质去除率达 90%～95%。b.曝气复氧处理。经过物理处理、化学处理、三格化粪池等预处理后排出的污水，以及沼气工程产生的沼液，其污染物浓度仍然较高。采用曝气复氧处理，主要作用是在污水中增加氧气，从而促进好氧微生物降解，达到污水净化作用。曝气复氧处理一般可使污水降解 10%～30%。c.氧化塘。一般作为畜禽污水的二级净化处理系统，预处理后的污水通过微生物的净化活动而得到处理。氧化塘又名稳定塘。氧化塘按分解形式可分好氧型、兼性型和厌氧型，经氧化塘处理停留 15 天时间，一般能够做到达标排放。氧化塘主要种植水葫芦、水花生、鸭跖草和虾蚶草等，这些植物能耐高有机物质的污水，根系能净化污水，同时又为水生动物提供食物。d.人工湿地。是一个人造的完整的湿地生态系统，由水生植物、碎石煤屑床、微生物等构成，污水流经人工湿地发生过滤、吸附、置换等物理、化学作用和植物、微生物吸收、降解等生物作用，从而达到净化水质的目的。e.生物菌处理。通过改进传统的污水处理工艺后，再采用各种生物技术，培养出特异的微生物菌群，以此降解有机物，控制或抑制臭味产生，从而达到净化水质的目的。目前已开始应用和试验的微生物菌处理技术有生物膜技术、直接在污水中加入微生物菌处理技术和流离技术。

将处理后的污水浇灌农田菜地、饲料地、果园或排入氧化糖（或鱼塘），以促进浮游植物、浮游动物和鱼虾生长，并借助氮磷—藻类—鱼虾食物链，减少氮、磷对地面、水域环境的污染。

（三）死鸡的无公害处理

在养鸡生产过程中，由于各种原因使鸡死亡的情况时有发生。如果鸡群暴发某种传染病，则死鸡数会成倍增加若这些死鸡若不加处理或处理不当，尸体能很快分解腐败，散发臭气。特别应该注意的是患传染病死亡的鸡，其病原微生物会污染大气、水源和土壤，造成疾病的传播与蔓延。死鸡的处理可采用以下几种方法。

（1）土埋法　这是利用土壤的自净作用使死鸡无害化。采用土埋法，必须遵守卫生防疫要求，即尸坑应远离鸡场、鸡舍、居民点和水源；掩埋深度不少于 2 米；必要时尸坑内四周应用水泥板等不透水砌严；死鸡四周应洒上消毒药剂；尸坑四周最好设栅栏并做上标记；较大的尸坑盖板上还可预留几个孔道，套上 PVC 管，以便不断向坑内扔死鸡。

(2)焚烧处理　对死鸡进行焚烧处理是一种常用的方法。以煤或油为燃料，在高温焚烧炉内将死鸡烧成灰烬，可以避免地下水和土壤的污染问题。但这种方法常常会产地大量臭气而且消耗燃料较多，处理成本较高。因此，在选择焚烧炉时，应注意最好有二次燃烧装置，以清除臭气。

(3)饲料化处理　死鸡本身的营养成分丰富，蛋白含量高，如果能在彻底杀灭病原菌的前提下，对死鸡做饲料化处理，可获得优质的蛋白质饲料。如利用蒸煮干燥机对死鸡进行处理，通过高温高压先对死鸡做灭菌处理，然后干燥、粉碎可获得粗蛋白质含量高达 60%的骨肉粉。

(4)堆肥处理　鸡的尸体因体积较小，可以与粪便的堆肥处理同时进行。死鸡与鸡粪进行混合堆肥处理时，一般按每份(重量)死鸡配 2 份鸡粪和 0.1 份秸秆的比例较为合适。在发酵室的水泥地面上，先铺上 30 厘米厚的鸡粪，然后加上一层厚约 20 厘米的秸秆，最后放死鸡，死鸡层还要加适量的水，以此规律逐层堆放。这是一种需氧性堆肥法，对于患传染病死亡的鸡尸体来说，一般不用此法处理。以保证防疫上的安全。

(四)其他废弃物的无害化处理

1.屠宰废弃物的处理与利用

鸡屠宰加工的副产物有鸡毛、鸡血、鸡内脏和鸡骨等。1 天宰杀 1.2 万只的活重为 2.5 千克/只的肉仔鸡屠宰厂，可日产 1.05 吨鸡血，4.7 吨内脏(包括鸡头等)，4.0 吨湿羽毛，合计约 9.75 吨。如能对其适当加工，可用以加工成 2.7 吨羽毛粉、肉骨粉和血粉等，这既可以防治环境污染，又可增加工厂的产值和利润。

(1)羽毛的收集、处理和利用　鸡的羽毛上附着有大量病原微生

物，如果不经过加工处理而随地抛撒，则有可能造成疾病的四处传播。羽毛中蛋白质含量高达 85%，其中主要是角蛋白，其性质极其稳定，一般不溶于水，盐溶液及稀酸、碱。即使把羽毛磨成粉末，动物肠胃中的蛋白酶也很难对其进行分解和消化。一般采用高温高压水煮法、酶处理法、微生物法、碱水解法、挤压膨化法、还原氨法等加工处理方法加工成羽毛粉，作为蛋白供饲料来源。

(2)鸡血的收集、处理与利用　鸡血中含有丰富的蛋白质、矿物质、氨基酸及多种微量元素，是优良的蛋白质饲料来源。可制成血粉供动物利用。简单的血粉加工法是将血液煮沸后，用螺旋或液压榨油机压榨去水分，或用麸皮等吸附水分。然后晒干或在 90℃下用烘干设备烘干，用粉碎机或球磨机粉碎即获得细粉状血粉。

(3)废弃内脏的收集与加工　一般现代化的家禽屠宰加工厂均采用管道真空吸取收集内脏的方法。其内脏吸取过程较简单：装于各所需工位的入料装置，吸入下脚料，下脚料顺着管道被送到旋风式收集器上面的入口，在回旋气流的作用下，空气不断地再被真空泵抽出，下脚料则落进下面的贮存期待运。由于产生的下脚料本身含有一定的水分，不需另外用水就可被管道真空吸取，因而工厂用水量不再增加，内脏中的蛋白质和脂肪，也就不会被水带走。鸡胆、鸡内金及鸡肠等内脏的加工，一般采用脱脂与脱水干燥后制成肉粉作饲料用。

2.孵化厂废弃物的处理与利用

在孵化过程中，也有大量的废弃物产生，第一次照蛋时，可挑出部分未受精蛋(俗称白蛋)和少量早死胚胎(俗称血蛋)。出雏扫盘之后的残留物以蛋壳为主，有部分中后期死亡的胚胎(俗称毛蛋)。

(1)白蛋和死胚蛋处理工艺　我国传统上，白蛋主要用于食用和食品加工，不少地方有食用毛蛋的习惯，白蛋和毛蛋的食用要注意卫生，避免腐败物质及细菌造成的中毒。白蛋、血蛋和毛蛋也可与其他孵化废弃物混合处理，或制成粉状饲料加以利用。

(2)蛋壳处理工艺　孵化废弃物中有大量蛋壳，将清洁蛋壳放入沸水中煮沸 0.5 小时，捞出后在 132℃下烘干后粉碎。蛋壳粉含钙24%～

37%,有机质(主要是粗蛋白)约12%。用蛋壳粉可以代替饲料中其他钙补充料。

思考题

1. 生物安全体系的内涵包括哪些内容?
2. 如何推行生物安全措施?
3. 鸡场建设中生物安全体系如何实施?
4. 鸡舍常用消毒方法有哪些?
5. 使用消毒剂应注意事项有哪些?
6. 常用消毒剂种类有哪些?
7. 免疫接种的常用方法有哪些?
8. 影响免疫效果的因素有哪些?
9. 肉鸡主要疫病有哪些,如何进行防治?
10. 鸡场废弃物种类有哪些?
11. 鸡粪的处理方法有哪些?
12. 如何对死鸡进行无公害处理?

第七章

肉鸡福利

导　　读　本章主要介绍动物福利的概念、肉鸡动物福利影响因素以及保障肉鸡福利的措施。

第一节　动物福利

一、动物福利的概念

所谓动物福利就是使动物在无任何痛苦、无任何疾病、无行为异常、无心理紧张压抑的安适状态下生长发育。Hughes(1976)把动物福利定义为“动物在精神和生理上完全健康并与环境协调一致的状态”。Broom(1986)提出动物福利是指动物在舒适环境下表现出的状态，它反映动物的生理、心理健康状况。Hurnik(1988)提出动物福利应该是以不存在阻碍动物维持正常生活、健康和舒适的不良刺激、超常刺激或任何负荷条件，或人为地剥夺动物的各种需要为特征。Curtis 等

(1997)认为动物福利就是动物的康乐。我国台湾学者夏宇宙(1990)认为动物福利就是“善待活着的动物,减少死亡的痛苦”。具体地讲,就是应让动物享有国际上公认的五大自由:①享有不受饥渴的自由,保证提供充足的清洁水,保持健康和精力所需要的食物,主要目的是为了满足动物的生命需要;②享有生活舒适的自由,提供适当的房舍或栖息场所,动物能够得到舒适的休息和睡眠;③享有不受痛苦、伤害和疾病的自由,保证动物不受额外的疼痛,预防疾病和对患病动物及时治疗;④享有生活无恐惧和悲伤的自由,保证避免动物遭受精神痛苦的各种条件和处置;⑤享有表达天性的自由,提供足够的空间、适应的设施,以及与同类动物伙伴在一起。

动物福利的基本出发点是让动物在康乐的状态下生存,也就是为了使动物能够健康、舒适而采取的一系列管理措施和给动物提供相应的外部条件。动物作为一种生命形式,同人类一样有着基本生存需要和高层次的心理需要,它们需要基本的饮食、饮水,需要适宜的活动空间和生活环境,需要安全感,需要表达自己的天性等。目前,对任意一个动物品种的福利状况还没有一个清晰的了解,但可以肯定的就是,生命有机体必须有一个满足其生物学需要的环境,如果这些需要没有得到满足,生命就会出现痛苦、疾病和死亡。“需要”在这里有两种理解,一种是维持有机体正常发育和健康的生理及心理上的需要,这种“需要”按其对动物产生的作用可以分为维持生命需要、维持健康需要和维持舒适需要,这些都是动物应该得到满足的;另一种是动物为了获得对环境的某一特征的感受或控制而产生的一种需求或欲望,因为动物在某些欲望指使下的行为会给其他动物个体或自身带来危害,例如鸡的啄羽及一些动物的陈规行为等,这些“欲望”则是在实际生产管理中应避免的问题。

二、肉鸡福利的影响因素

据报道,最近亚洲地区禽流感的暴发与高密度饲养条件和恶劣的

生存环境有关，这种信息提示我们应该关心动物，关心家禽的饲养环境，即要关心家禽的福利。实际上，国际上动物福利理念的提出已有100多年历史，美国、加拿大等国都进行了动物福利方面的立法工作，在畜禽饲养、运输、屠宰过程中均有实施。2007年，欧盟达成立了一项新的促进肉鸡福利的法案，该法案制订了一套比以往更为严格的福利措施，包括对养殖密度的限制、对养殖行业的培训、标签的管理以及违规者的处罚等。我国的动物福利方面的措施也在不断得到提高。但在家禽领域，随着集约化程度的提高，蛋鸡笼养、肉鸡健康以及屠宰方面存在的种种问题逐渐显现，关心家禽福利，也就保证了使用禽产品的人类的健康。

（一）肉鸡的福利

家禽养殖由传统的粗放式经营转为集约化经营，极大地提高了生产水平，增加了经济效益。但在生产率提高，生产成本降低，生产规模扩大的同时，肉鸡福利也只是一纸空文，很少企业会为了提高肉鸡的福利待遇，而给它们创造良好的生存条件。

最近半个世纪以来，遗传选择、杂种优势、管理上的变化、营养水平的提高、疾病控制等多方面的作用，已经使肉鸡的生长速度得到逐步提高。在20世纪40年代，肉鸡需要12周达到上市体重2千克，而如今只需要6周的时间。高生长速度的同时，一些肉鸡的健康和福利问题就比较突出。举例来说，对火鸡进行高生长速度和宽胸的选择导致了由于组织中血液供应不足而引起的疾病。火鸡和肉鸡经常表现出骨骼方面的疾病，尤其是骨盆肢（股骨、髌骨、胫骨、趾骨）和相应的肌腱。这些疾病主要是由于肌肉的生长和骨骼的发育不协调所致。骨骼的异常还有可能进一步恶化导致运动障碍，肉鸡身体组成的不同步生长还会导致肺动脉高血压，还有不知原因的“猝死病”等。

在家禽行业，肉鸡健康问题受到了广泛关注，也对快速生长型肉鸡的负面作用进行了大量研究，关系是复杂的，有时并不是利用遗传或非遗传的手段就能解决问题。但是通过在家禽的各个阶段来调整其生长速度是一种可行的能减轻目前健康问题的方法。

(二)影响肉鸡福利的因素

1.环境与肉鸡福利

这里所指环境是从肉鸡自身的感受出发,从肉鸡的心理和身体方面进行考量的多种外界因素总和。环境的好坏不能用人的主观意识进行判断,而是从肉鸡的感觉、表现、行为等方面进行界定。一个不良的环境,如高温拥挤、高氨气浓度等,会影响肉鸡的健康与福利水平,甚至会造成死亡。

(1)温度　温度对肉鸡的健康和福利有重要影响,无论是温度过高或是过低,都会引起肉鸡的不适,进而产生热应激或冷应激,影响肉鸡健康和福利。

雏鸡由于羽毛稀少,保持体温能力差,需要较高的环境温度。刚出壳雏鸡需要环境温度32～35℃。1周内,禽舍温度可逐渐降低到32℃,第三周降低到26℃。在育雏期,如果室内温度低,雏鸡将互相拥挤,不但会影响其正常发育、诱发疾病,甚至会出现踩压死亡;如果温度过高,雏鸡张口喘气,食欲减少,饮水量增加,易患呼吸道疾病,生长发育缓慢,死亡率升高。在育成期,如果温度过高,肉鸡呼吸加快,采食量降低,容易引起呼吸性碱中毒、导致热应激,进而免疫力下降,死亡率升高;如果温度过低,肉鸡抵抗力下降,易患感冒或其他呼吸道疾病,影响肉鸡健康。

现代肉鸡舍内应能很好地控制温度,避免温度过高或过低,使肉鸡受到热应激和冷应激,从而影响肉鸡的生产性能和福利。温度控制系统必须既能够升温又能够降热,来维持肉鸡健康和福利所需的温度;设备必须提前预热来接雏,从而确保不会伤害肉鸡的福利;当5%或更多肉鸡表现出持续喘气时,应该迅速采取措施来降低环境温度;应该每天记录最高、最低温度,注意不好的或潜在的应激。

(2)通风　通风系统的设计对肉鸡福利有重要的影响，由于肉鸡的生长速度快，新陈代谢旺盛，并且属于高密度饲养。随着鸡只的不断生长，需要的新鲜空气量也越来越多；排出的粪便及产生的有害气体也越来越多，良好的通风有利于调整肉鸡舍内空气温度、湿度、有害气体，如 CO_2 和 NH_3 浓度，还有利于清除空气灰尘，减少空气尘埃。防止肉鸡暴露在污染的环境中，从而避免污染物质的危害和机体抗病力的降低。

(3)拥挤与垫料质量　饲养密度的大小可以直接影响肉鸡的活动空间、行为，也可以间接影响其他环境因素如温度、湿度、垫料和空气质量等。鸡舍内部环境质量的高低还依赖于垫料质量。垫料质量的好坏直接影响家禽的健康与福利，如果在垫料材料中含有化学物质，也可能在肉鸡的组织中发生残留。

研究认为，饲养密度在 25 千克/米^2(每平方米 12.5 只)时，肉鸡的大部分福利问题都可以避免；密度超过 30 千克/米^2(每平方米 15 只)时，福利问题发生的频率直线上升。密度在一定范围内，有利于提高经济效益与福利，超过这一范围，增加密度就会极大地损害肉鸡福利。此外，鸡舍内理想的垫料的含水量应保持在 20%～25%。垫料的使用时间过长也可能产生病原菌而影响肉鸡福利。重复使用垫料还会引起寄生虫如蛔虫、绦虫和球虫疾病，并会使死亡率上升。

(4)氨气　氨气被认为是肉鸡舍里最有害的气体，氨气的浓度取决于饲养密度，垫料质量和通风效果。随着肉鸡年龄的增长以及粪便的堆积，鸡舍中的氨气浓度也会越来越大。潮湿与高温相结合会促进细菌的生长，在这个过程中细菌分解有机物质也会产生氨气。它常被吸附在鸡的皮肤黏膜和眼结膜上，从而对其产生刺激并引发各种疾病，诸如腹水症，胃肠炎，呼吸道疾病都与高浓度的氨相关，不同浓度氨对家禽的健康造成的影响不同。当氨浓度为 50 毫克/千克时，已经观察到有“中毒现象”和气管炎的发生，这些气管与肺脏的损害致使肉鸡更容易遭受大肠杆菌等细菌的感染，从而对肉鸡的生产性能和福利造成较大影响。虽然氨气浓度高达 50 毫米/米^3 是很少见的，但在垫料潮湿的情况下，这种可能性就会增大。因此，在肉鸡福利指南中，控制舍内氨气浓度已经成为一个重要的问题。也有研究指出，鸡长时间接触高水平的氨气（50～100 毫米/米^3）不仅可引起角膜结膜炎（视觉缺失），也与气囊炎、病毒感染和废弃产品的发生率升高有关系。

2. 生产管理与肉鸡福利

生产者常常在生产管理中通过一些手段来提高肉鸡的生产效率，缩短肉鸡的出栏时间，但这些措施却有悖于肉鸡的生活习性，从福利的角度出发，这些措施是不可取的。

（1）限饲　限饲在肉鸡生产上有积极的一面，例如可以防止种鸡过肥，防止腿病、骨骼问题以及心脏疾病所引起的死亡等，但同时也给肉鸡造成了极大的痛苦，这是肉鸡福利遇到的两难问题。种肉鸡处于生长期时，它们的日粮受到严格的限制，导致了慢性饥饿、沮丧和应激。这严重影响了肉鸡的生理需求，降低了肉鸡的福利水平。生产者需要采取新的方法来饲喂和管理肉种鸡，以便减少残酷的限饲制度所造成福利下降的后果。

（2）光照　光照对于肉鸡来说是一种非常重要的管理工具，肉鸡接受自然光照比较好，因为自然光中含有的紫外光可以促进维生素 D 的合成，促进骨骼的代谢，但是目前没有系统的研究。

光照较低可能降低肉鸡体增重、导致眼睛损害、增加死亡率和导致肉鸡的生理学变化。非常昏暗的光照能导致肉鸡的福利问题，增加光照对于促进肉鸡运动和减少腿病是必要的。光照过度对肉鸡也是有害的，肉鸡光照强度超过 150 勒克斯，不会降低体增重，但会增加好斗行为。持续光照制度有许多缺点，肉鸡较少活动，腿部问题更加普遍，眼睛损害也可能发生；代谢问题也普遍发生；肉鸡的休息被打扰，引起生理应激。总的来说，渐增或间歇光照制度，即光照和黑暗交替的制度，能有效地降低这些问题。

（3）运输与屠宰　虽然运输和屠宰已经属于饲养的最后环节，但也是主要的、涉及多因素的、强应激的生产管理事件，如果不能进行正确的操作，就可能威胁到肉鸡的生命安全，严重影响肉鸡的福利。

①运输。在运输过程中有很多因素影响家禽福利,包括人为处理、气温的变化、饲料和水的缺乏、新奇、限制、噪声、运动和把不熟悉的鸡群混在一起等。不适当的处理和运输会导致鸡群死亡、撞伤和骨骼碎裂等。从饲养地到屠宰加工厂往往有一段距离,运动、摇摆、开车、停车对家禽来说都是一种应激,运输车里的微气候也会导致温度和空气的变化,这使得控制空气质量参数变得非常困难。运输使家禽非常疲劳,肉鸡在运输过程中体重会减轻,运输路程越长,体重减少也会随之增加。所以我们在运输过程中应该尽量避免嘈杂的声音、难闻的气味、不熟悉的同伴,最大限度地缩短运输距离,保证宽敞的运输空间,从而确保肉鸡在运输过程中的健康与福利。直接在家禽饲养地进行屠宰会完全减免这一步骤。

②屠宰。家禽屠宰前的处理程序包括从鸡场抓鸡、运输、装卸等,对家禽来说,这是遭受很大应激的时间,对家禽福利产生很大影响。这种应激将会导致运输时的死亡,家禽的受伤、因炎热导致的不适、脱水等,造成家禽运输途中死亡的主要原因是充血性心力衰竭和处理不当造成的外伤。

在家禽被运到屠宰场之前,它们已经遭受一系列的应激,肉鸡在屠宰前必须限制饲喂以清空肠道,在这种情况下,运输后通常会导致鸡只的衰竭,脱水是因为在运输前和运输途中没有提供充足的饮水,尤其当天气干旱和长途运输时更加严重,抓鸡过程不当会引起鸡的疼痛,屠宰后发现40%的鸡只身上有青肿淤血现象。无论是手工或机械抓鸡,都会引起心跳的加快,意味着应激发生,但是机械化抓鸡的心跳速度很快降下来,表明机械抓鸡情况下家禽福利状况会好一些。

在生产中,常用的屠宰方法有吊链和电击,用吊链把鸡群吊起来进行屠宰降低了家禽福利,家禽通常会挣扎,导致撞伤、骨骼断裂和无效的击昏,家禽的跖关节被吊起,设计一个合适的脚镣可能会提高肉鸡屠宰时的舒适度而提高肉鸡福利。采用电击屠宰,是在神志完全清醒的状态下将肉鸡倒吊悬挂,用通电的水浴将其击晕,然后割开其颈部血管放血使肉鸡致死,这些环节都可以造成严重的动物福利问题。

(三)肉鸡福利保障措施

1.了解肉鸡的行为

动物行为学是研究动物行为的科学,即研究动物同其周围事物连续地相互作用的动态过程,如雏鸡的采食行为、成年鸡的采食行为、饮水行为、性行为、群体行为以及笼养鸡的异常行为等。学习肉鸡的行为学的目的是了解肉鸡的行为及其本质,创造适合肉鸡习性的条件,使它生活更舒适,能够更好地发挥生产性能,为人类提供更优质的产品。

2.做好饲养管理工作

(1)基本要求　肉鸡给予垫料或褥草,适当减缓生长率,给予每只肉鸡较大的空间和场地,限制饲喂时可采用较为温和的方式,即采食量比自由采食量降低5%,肉鸡生长阶段大部分时间均进行限饲;肉种鸡需要提供栖架以利于正常的休息;在场地上定时撒些谷物,满足其啄食的行为需要;降低饲养密度,保证有足够的空间和场地用于活动、采食饮水,并有良好的群居环境;种鸡性成熟时,限饲可以稍微放宽些,但是整个成年期均需要坚持温和的限饲模式。成年后,公母鸡实施分饲,有助于更好满足各自营养需求。

(2)改善环境　在保证稳定的生长环境下,如果要改善生产环境,需要确定所采用的方法一定要能够减少肉鸡的恐惧,应该清楚一定程度的新奇确实可以对动物产生刺激,但是新奇过度可能使鸡只感到害怕。改善环境从两方面着手,其一在于为动物提供必须的环境配套设施以满足其特定行为模式的表达,如设置栖木、垫料和鸡窝等;其二在于为动物提供一些与其某些行为表达无关,但明显增强动物应答反应的物体、声音或气味。另外,时常观察鸡群,挑出受伤的、发病的、没有生产能力的鸡只是非常必要的。在淘汰鸡时,房舍内须准备额外的空间来处理淘汰家禽;鸡笼须进一步改进以便于将鸡从鸡笼移出。

(3)调整日粮,确保鸡只的营养水平　通过调整日粮结构可以提高鸡只的抗应激能力,减少代谢病的产生。对于饲养在容易引起热应激条件下的肉鸡,降低饲料粗蛋白水平,添加合成氨基酸,保证氨基酸的

摄入，提高脂肪供能比例有助于降低鸡只饲料热增耗和代谢产热，添加一系列功能性物质也可以提高鸡只的抗应激能力。肉鸡生长快，其间容易发生相关代谢病。为降低肉鸡伤害，我们应该人为地控制肉鸡的生长曲线，采取各种方式，例如粉料饲喂、定性和定量限饲来降低肉鸡的生长速度，进而有效缓解各种代谢病。

(4)搞好疾病预防和治疗工作　a.改善鸡只的生活环境，摒弃掠夺式生产方式；b.制定有效的预防免疫及保健程序；c.及时监测和检疫鸡群状态；d.使用质量好的保健添加剂和药品；e.给药过程中要尽量减少对鸡群的应激；f.严格遵守药品标示的使用方法、剂量和停药期，保障食品安全；g.对于患病的鸡群，应及时采取有效措施对其进行治疗和适当护理，防止疾病的加重，在已经无治疗价值的情况下，应对其实施安乐死(电麻法、饱和硫酸镁法、戊巴比妥钠法及氯化钾法等)，减少患病鸡只的痛苦，以提高它们的福利水平；h.采用标准的屠宰生产线速度、刺激电流及电压，维持设备的稳定性。

(5)搞好鸡只的运输与管理

①减少抓鸡的应激。抓鸡有人工抓鸡和机械抓鸡，无论哪一种处理方式均对鸡只产生一定的应激影响。考虑到动物福利，我们应该采取一些措施尽量减少抓鸡的应激。雇佣一些经验、知识丰富和奉献精神强的工作人员；确定每笼装鸡的数量以及鸡只在柳条箱或笼中的时间长短，然后选择合适的鸡只日龄，合适的时间抓鸡(应避开阴雨天气，炎热的季节最好在黑夜进行)；抓鸡前可在料中或饮水中添加抗生素和双倍的多种维生素及电解质，将促进因抓鸡及运输所导致鸡体损伤的恢复。

②运输孵化蛋和刚孵出的小鸡应注意的内容。控制温度和湿度对鸡蛋很重要；用手把小鸡从孵化器内转移到轻质的有通风孔的装载箱内；产蛋鸡的装载箱不要有公鸡；卵黄囊的保留可使小鸡在24小时甚至更长的运输途中，减少死亡率；用卡车和飞机运输小鸡，要保持箱内的温度和通风情况一致；正常装载密度运输小鸡时，车厢内的最适温度为24～26℃。

③运输肉鸡和肉种鸡的福利。装运前，运输工具必须消毒。在押运途中，为了防止鸡只应激，在转运前10～12天要根据鸡只的来源情况，按途中饲养标准和饲喂方法，用准备的饲料饲喂一段时间，以便提高鸡只在途中的适应性。在运输途中，押运员必须与常用饮水、饲料供应点紧密联系，以便解决动物的饲料和饮水问题。根据行程、气候、鸡只种类等情况，适当安排饮喂，每天不得少于两次，每次间隔8小时，夏季天热时要增加饮水一次。另外，用锯末做车厢垫料，可保持运输工具和鸡只的清洁卫生，并大大提高鸡只在途中的福利水平。

第二节 生态养鸡与肉鸡的福利

以欧洲为代表的多数国家，近十多年来在动物福利方面的呼声愈来愈高，即要求禁止鸡笼养、给动物以自由等，并于1999年就制定了法律禁止鸡笼养，要求到2012年时在欧盟国家全面禁止笼养。当然，随着2012年的临近，这种要求能否实现，还是推迟实现，目前还很难料定。但关于笼养鸡的替代模式目前已经研究开发了几种，并已在荷兰、德国等欧盟国家的规模化养鸡中开始推广应用。这些模式大多以栖架或多层网架替代笼子，鸡可以在鸡舍内较自由地活动，舍内自动喂料供水、自动环境控制、设产蛋箱自动集蛋。一般在鸡舍外两侧还设有小规模的类似室内的运动场，在天气舒适的情况下，可以自由进出到运动场上活动。这种多层网架养鸡工艺模式，可以设3～4层叠层网架，饲养密度可达20～25只/米^2。由于鸡群的活动量增加，健康水平有了一定的提高。但舍内粉尘浓度等空气质量指标较笼养蛋鸡舍要高3～4倍。在德国，这种养殖模式生产的鸡蛋较笼养鸡蛋的市场价格每打要高0.2欧元，而比户外散养的有机柴鸡蛋的价格每打又要低约0.2欧元。

德国相关农业工程研究组织和企业，抓紧研究开发新型替代笼养鸡的福利型养殖工艺模式和成套设备。新的养殖工艺模式和环境控制

技术不断涌现,大有引领国际新潮流的趋势。这些新的养殖工艺与装备,更加符合动物的行为需求,有利于动物的健康水平的提高,生产性能指标也不错,非常值得我国现代养鸡模式研究开发的参考。

在肉鸡饲养环节,我国目前还无法实现高标准的动物福利要求,肉鸡的饲养密度仍然比较大,生活条件还比较差。肉鸡笼养也是我国目前主要的饲养方式,中国作为 WTO 成员,养鸡业必须在保护动物福利与国际接轨,采取相应的对策,并积极探索替代笼养的饲养方式。

一、加快动物福利立法,积极推进肉鸡业生产方式转变

在动物福利立法过程中,要注意结合我国现有的生产力水平、社会文明发展程度以及公民科学文化素质,建立适合中国国情的动物福利法律体系。要全面提高我国肉鸡饲养环节中的基本生存福利水平,必须改变这种分散粗放的落后生产力方式,从推行无公害肉鸡标准化饲养入手,大力提高我国肉鸡业规模化、专业化、产业化水平,积极推行肉鸡定点屠宰,逐步改善屠宰运输环节中的肉禽福利。

二、推广生态养鸡,提高肉鸡福利

近些年来,随着养鸡业的迅猛发展,也带来了诸如环境污染、肉蛋品质下降等问题。同时随着人民生活水平的提高,人们愈来愈重视食品安全,追求优质、营养和无公害的绿色食品,在纯天然、无污染的山地、丘陵、林间、果园放养所得的禽产品更备受消费者青睐。生态放养鸡就是从农业可持续发展的角度,根据生态学、生态经济学的原理,将传统养殖方法和现代科学技术相结合,根据不同地区特点,利用林地、草场、果园、农田、荒山等资源,进行规模养鸡,让鸡自由觅食昆虫和野草、饮露水、补喂五谷杂粮,严格限制化学药品和饲料添加剂等的使用,以提高肉蛋风味和品质,生产出符合绿色食品标准的产品。我国拥有

大面积的荒山、草坡、草场、滩涂等自然资源，而且我国正在大规模推行退耕还林、还草工程，发展生态养鸡具有得天独厚的资源优势；广大农村特别是贫困山区和革命老区经济发展滞后，发展生态养鸡业可以在利用较少蛋白质和能量饲料的情况下，充分利用当地自然资源实现脱贫致富；我国地方家禽品种资源丰富，列入家禽品种志的有 81 种，这些地方鸡种大多具有抗病力强、耐粗饲的特性，适合放牧饲养。

生态放养鸡利用果园、山地、林地作为鸡的栖息地，鸡的活动范围大、采食范围广，可大量采食果园和林地的害虫，营养全面，生产速度快、产蛋率高，具有良好的生态效益和经济效益。同时，散养的方式可以增强鸡的抗病能力，在林地、果园养鸡远离村庄，可减少对居住环境的污染，避免和减少鸡病的相互传播，提高鸡的成活率。生态饲养的鸡其产品风味独特，品质优异，是真正的绿色食品，深受消费者欢迎。同时，生态养鸡可使鸡自由地表达习性，有效防止啄羽、啄肛等啄癖的发生，改善了家禽福利状况，是适合中国国情的解决家禽福利问题的生产方式。

思考题

1. 动物福利概念？
2. 影响肉鸡福利的因素有哪些？
3. 如何提高肉鸡福利？

第八章

规模化鸡场的经营管理

导　读　本章介绍规模化肉鸡场的经营管理措施，包括鸡场的经营方式与决策、鸡场的计划管理、生产管理以及财务管理等几部分。

第一节　鸡场经营方式与决策

一、规模化肉鸡养殖鸡场经营方式

三分技术，七分管理，同样的规模，同样的资金与技术条件，不一样的管理，造成的效益之间的差异可以达到20%～30%。因此，必须重视对规模化生态肉鸡场的经营管理。作为肉鸡场的管理人员或鸡场主，应积极主动学习有关管理方面的知识，大胆探索有效的管理方法或模式，将人力、物力、财力有机地结合起来，唯有如此才能获得较为可观的经济效益与社会效益，在激烈的市场竞争中立于不败之地。

养鸡业是微利行业，讲究(经济)规模效益。在市场经济条件下，鸡产品的价格不甚稳定。我国加入世界贸易组织后，养鸡业面临巨大的考验，挑战和机遇并存，在这样的背景下养鸡业必须实行产业化经营，其必要性还可以从以下几方面得知：

①从防疫角度讲，任何鸡场都应实行“全进全出”制，即一个鸡场应该只养同日龄的鸡群。这批鸡出售或淘汰后停养10～30天(以便消毒鸡舍及场地)再养下一批鸡。

②鸡舍内外无传染源。主要是饮水、卫生消毒、免疫投药都要符合要求。本场与其他禽场最好要相距至少1 000米，本场内部布局合理。

③饲养人员在鸡的一个饲养周期内，最好要做到不离鸡场，这也是从防疫角度出发。

④饲料供应必须正常。

⑤鸡产品能按计划及时出售

因为鸡产品是现货产品。如鸡蛋冬天个把月，夏天1周就会变质，肉用仔鸡养的太久，因个体太大难以销售，同时饲料报酬大大降低。

因为养鸡行业的这些特点，只有通过产业化这个途径才能有效地发展生产。养鸡产业化经营就是养鸡农户、基地(公司)、加工、流通(市场销售)有机结合；产前、产中、产后各个环节统一经营服务，这种生产经营形式叫养鸡产业化经营。养鸡产业化经营后，养鸡户的良种鸡(能适应市场需求的)来自基地(公司)。专用饲料和技术等能得到基地(公司)的关顾；鸡产品可及时按买卖合同销售给基地(公司)或运到加工企业加工成食品销售出去。这样可以打破行政区域界限，突破鸡产品生产、加工、流通的分割。

二、养鸡产业化经营模式

目前随着市场经济体制框架的基本建立，养鸡业面临许多新情况，新问题，给农户鸡场的发展带来新的挑战与机遇。具体说就是随着生产的不断发展和市场经济体制的不断完善，鸡产品已进入“买方市场”。

也就是说，关键问题是能否将产品以合理的价格卖出去；而不是能否生产以及生产多少产品的问题。人们对鸡产品的需求由过去偏重数量变为现在追求优质化、多样化和专一化。

养鸡业的发展由过去单一资源约束变为市场、资源双重约束，并在一定程度上以市场约束为主。由此可见，养殖户必须减少生产上的盲目性，否则鸡场就会因产品不能以合理的价格卖出去而亏本很多。换句话说，鸡产品能否顺利进入市场，直接影响农民增收和养鸡生产的顺利进行。千家万户的农户养鸡以个体生产经营为主体，生产的组织化程度很低，养鸡经济效益往往每况愈下。鸡产品的市场竞争受到国内和国际的双重压力。随着我国畜牧业对外开放的不断扩大，和国内畜产品大市场大流通格局的逐步形成，养鸡业将面临竞争日益激烈的国内、国际两大市场的压力。在这样的形式下实现养鸡的产业化十分必要。当前养鸡产业化经营模式主要有以下几种。

1. 养鸡合作社（协会）

根据自愿、民办、民营、民受益的原则，在地域相近的一定范围内，以若干农户养鸡场为纽带，紧密联合饲料加工销售商，鸡产品销售经纪人队伍，鸡产品加工单位和畜牧兽医技术服务单位等，成立养鸡合作社或协会，选出领导人并设立精干的日常办事机构，制定行之有效的章程，具体签订各种买卖合同（特别是鸡产品买卖合同）。这样农户即可根据合同，有计划地进行养鸡经营，这就能顺利地实施养鸡“一条龙”的生产经营。合作社（协会）内部及时互通生产经营信息，协调安排鸡产品生产经营及营销策略，规范成员的生产经营行为。并成为其成员与地方政府的桥梁；同时还制定出优惠扶持政策，依法保证成员的权益。

2. 公司（基地）加农户模式

这就是农户鸡场为公司（基地）养鸡。也就是说，雏鸡、饲料等从公司（基地）购回，鸡产品直接出售给公司（基地）。产、供、销均以合同形式加以约束。这种模式的关键是公司（基地）要有相应的鸡产品销售加工能力和可靠的批发零售市场；另外，还要有一支鸡产品销售队伍或经济人队伍。公司（基地）要对农户鸡场提供必要的服务。

3.养鸡联营公司模式

即若干专业化鸡场联营，产、供、销一条龙经营。这种模式的关键也是鸡产品的销售要有保证。

4.政府扶持下的公司+基地+示范户+农户的经营模式

首先，政府在人员、资金、政策、技术等方面给予支持，公司逐步形成集育种、孵化、饲料加工、疫病防治、产品贮存和销售为一体的龙头企业(公司)；为了保证产品的供应，便于养殖技术的推广和普及，公司建起与之直接联系的生产基地，负责种的扩群、产品供应、技术示范等；之后分别建起以基地为中心的示范户和以示范户为中心的普通农户，如此形成逐渐扩大、逐级示范的模式。上一级为下级培养技术人员，每一层次均培养技术队伍。

三、产前决策

为了实现经营目标，在多个可以相互取代的生产经营方案中，选择一个最佳方案来实施的过程叫产前决策。产前决策主要包括以下几方面主要内容。

(一)经营方向决策

养鸡场经营方向决策是指办什么类型的鸡场，就是办商品鸡场还是种鸡场；是办蛋鸡场还是肉用仔鸡场；是否办孵化场。这要看办什么鸡场经济效益高，它必须依据市场需求，价格和生产成本等因素决定。

最好能根据前3年和未来2年的市场行情，以中等生产水平，作出最好、一般、最差三档经济效益预测。如平均效益还没有银行利息或者国债利息高，那就暂不养鸡。这里必须指出，雏鸡和种蛋是养鸡业的主要生产资料，其品质优劣，饲养好坏，关系到千家万户的养鸡效益高低。故适宜由技术过关条件较好的专一化鸡场养种鸡。其中对祖代鸡场的要求更高，父母代鸡场次之。农户养商品鸡较多。另外还应指出，肉用仔鸡生产规模大(一般一年养4～5批，每批少则几千羽多则上万羽)、周转快(2个多月养一批)，对鸡品种、饲料、防疫等方面要求高，在经营

方向决策时应考虑是否具备有关条件。

鸡场的经营类型可分为专业化鸡场和综合型鸡场两大类。

专业化鸡场是指在商品鸡场、种鸡场、育种鸡场、育雏育成鸡场、孵化场、饲料厂中只经营某一种性质的场。当然，单一经营并不是只可办一个场，而是可以办若干个同一性质的鸡场。例如，1万～3万只的养鸡场(要占地0.27～8公顷)，容易做到“全进全出”，这样规模的鸡场比较适宜；如果需要办大鸡场，那么可以办若干个3万只鸡场。

专业化鸡场人、财、物的利用率较高，几乎没有什么空闲时间。另外，专业化鸡场容易使职工熟悉自己的工作，提高劳动熟练程度，也就是说，专业化鸡场的职工其工种可以长期固定，不必要换，这样可以使其不断提高工作水平。

农户养鸡场一般都是专业化鸡场，因为综合型鸡场头绪多，经营范围大，规模大，往往难以兼顾。综合型鸡场既养种鸡、蛋鸡，又养肉用仔鸡，有的还办孵化场，饲料加工厂、鸡产品加工厂等，当然不是把它们都挤在一起，应有一个较合理的布局。这种牧、工、商一条龙的生产经营，技术要求较高，但总的说来经济效益也较高，市场竞争能力也较强。

另外，规模化生态养鸡场，即是从生态经济效益出发，按“食物链”原理，综合利用生产资源，在鸡场内附设饲料种植，养鱼、养猪等产业。

(二)经营规模决策

这是考虑需要和可能两个方面，要讲究“适度规模”、“规模效益”“经济规模效益”。农户鸡场可充分利用旧房、空房，以减少基建投资。开始时规模不宜过大，待有经验后再扩大规模。大中小型鸡场各有利弊。一般而言，小鸡场经济效益较高(相对地说)，投资回收快，平均饲养周期短，饲料报酬及成活率均较高；大鸡场生产稳定性强，能均衡上市，易搞机械化劳动生产率较高。医药费支出较低。

(三)饲养方式决策

即采用密闭式还是开放式或半开放式养鸡，受自然环境影响大，鸡的生产性能不稳定，但投资小，省电。当前笼养鸡比较普遍，鸡舍利用率高，管理方便。

第二节　鸡场的计划管理

规模化生态养鸡是有一定规模，并且工艺流程比较完善的养殖方式。在建设时应有详尽的生产工艺流程。在这里各项流程应该是衔接的，如同工业生产一样，应该而且可以制定详尽的生产计划。

一、制定计划的依据

1.生产工艺流程

生产计划必须以生产工艺流程作为依据。

2.经济技术指标

各项经济技术指标是制定计划的重要依据，可以说制定计划就是制定各项经济技术指标。

①饲养手册上的各项指标，现在不论进口鸡种或者国产鸡种都列有详尽的生产指标，一般都按周龄列出。饲养手册上所列指标是在良好条件下可以达到的指标，数据偏高，而我们的实际条件则有很大局限性，因此在制定计划时不能套用饲养手册上的经济技术指标。可以在此基础上适当降低作为制定计划的依据。

②近三年本场实际达到的水平，但这是偏低指标，最常用的是平均先进指标。

③生产条件的改善，由于采用了新技术、新工艺或新的种鸡，如鸡舍通风系统由横向通风改为纵向通风，是生产条件有了很大改善，因此经济技术指标应适当提高。

④计划指标与承包指标，承包指标常低于计划指标，以保证承包人

有产可超。也可以两者相同，提高超产部分的提成，或适当降低计划指标。

二、生产计划的基本内容

当建立肉鸡生产体系，实现产、供、销一条龙，特别是打开了市场的销售后，为保证这个体系的正常运转都必须按计划执行。整个生产体系是一环扣一环，其中任何一环出了问题，不按计划执行，势必影响整个生产计划，打乱预定的生产目标。因此周密的计划、严格按计划生产是这个体系运转的根本保证。

（一）父母代种鸡场生产计划

①出孵雏鸡数量、年、月、周出孵数。

②种蛋数量、年、月、周、日产种蛋数量，周或每3天入孵蛋数量。

③产蛋种鸡数量，后备鸡数量，雏鸡数量。

④引进父母代种蛋或雏鸡数量、日期。

⑤鸡舍的使用计划（空闲、消毒、维修等）。

⑥饲料供给计划按年、月、周的雏鸡、中鸡、产蛋前期、产蛋后期的需要计划。

⑦全场消毒防疫计划。

⑧全场主要设备维修、保养计划。

⑨职工培训及休假、福利计划。

（二）商品代鸡场生产计划

①全年生产规模。

②采用不同饲养工艺，全年所产批次，间隔消毒时间，确定每批生产数量。

③进雏鸡计划，落实到当年的月、日。

④成鸡出场计划，落实到月、日。

⑤饲料需要计划，按月、周制定出每季度和全年需要的饲料数量、种类，并保证有2～3天的预备量。

⑥鸡场消毒、防疫计划。

⑦鸡场设备维修计划及其他计划。

(三)饲料厂生产计划

①根据各饲养场报来的全年需料计划，制订全年、各月、每天的生产计划，并保证各种饲料有10%左右的机动和贮备数。

②根据全年需要计划和饲料配方制定出原料采购计划。这是一项复杂的工作，但又是整个生产体系的物质基础。主要粮食、豆饼等原料应保证有2～3个月的贮备，有些添加剂也应有较多的贮备。

③能源消耗及人员组织安排计划。

④设备检修计划。

⑤车辆运输计划。

(四)肉鸡宰杀厂生产计划

①毛鸡供应计划，按季、月、周、天可以出场的毛鸡多少，能收购的多少，订立合同，以确定运输和生产计划。

②根据鸡源情况、供电情况决定季、月、天的生产计划，根据运输情况确定生产班次。

③销售计划，落实各个销售网点和定点供应单位所要鸡的数量和时间。

④根据价格和市场变化确定冷藏计划。

⑤在保证宰杀的前提下，安排检修设备。

⑥提出其他包装材料及配件和材料的计划。

(五)技术服务部计划

①饲养专业户及鸡场的防疫计划。

②药品及疫苗计划。

③饲养设备更新、维修计划。

④平衡雏鸡、饲料供应计划。

⑤协助商品代鸡场制定有效生产计划。

肉鸡生产体系的建立，除了靠计划衔接各个部分外，还有更实质的内容是经济利益的分配，只有各个环节都有了合理的经济利益，才能保证预定计划得以实行。

三、肉种鸡群更新周转计划的制定

制订肉种鸡群周转计划的目的，是为了考虑各方面的因素，使种鸡场生产出数量最多、质量和数量相对稳定的合格种蛋。因为无论是本场孵化、饲养，还是提供其他孵化场、肉仔鸡场孵化和饲养，都要求种蛋数量相对稳定，以便于安排种蛋孵化和肉仔鸡饲养。种蛋太少或中断，造成孵化场和肉仔鸡场设备闲置，就需要找蛋源；种蛋数量太多，超出孵化和饲养能力，则需要出售种蛋或雏鸡，可能造成损失。为了使种鸡获得良好的产蛋高峰，在制定生产计划时，要尽量避免高温高湿的月份和最寒冷的月份，除非有一定的降温条件和充足的保温条件。肉种鸡使用期限一般为64～66周，如果饲养不好产蛋率下降快，使用期限可能会缩短。最好能根据各方面情况（如饲料原料价格、鸡产品国内国外价格和鸡蛋、猪肉等副食品市场价格走势），对我国周期性的肉鸡市场规律进行预测，据此进一步完善种鸡生产计划，使产蛋高峰尽可能避开市场波谷期。

肉种鸡生产一般分为一段式和两段式两种，前者指种鸡饲养全程（育雏—育成—产蛋—淘汰）在同一栋鸡舍内完成；后者指育雏、育成在同一栋鸡舍，产蛋前（21周龄前）转群到另一栋或几栋产蛋舍中。

（一）一段式

种鸡周转计划比较简单，一般是在种鸡淘汰后，空舍1～2个月，之后再进第二批种鸡。为了使产蛋数量相对稳定，一般较大规模的种鸡场至少要进5批鸡，每两批间隔3个月，总有两批育雏育成，三批产蛋(分别在产蛋高峰期、产蛋中期、产蛋后期)。这种安排能使产蛋数量较为稳定。中小型鸡场可安排每4～5个月进一批鸡，那么总有一批育雏育成，两批产蛋；最长6～9个月进一批鸡，存栏1～3批鸡。总有1～2批鸡在产蛋。如果种鸡批间闲超过9个月，生产就会中断。

(二)二段式

饲养肉种鸡需要确定比较恰当的鸡合比例。一般肉种鸡21周转群，产蛋舍利用期为21～64周，加上清洗空闲1～2个月，一个生产周期48～52周。育成转群后，加上清洗、空闲、消毒4～6周，一个生产周期24～26周。这样一栋育雏舍可供两栋产蛋舍的需要。两种鸡舍的比例确定后，它们之间就会一环套一环，流水作业式的生产。整个生产要有条不紊地进行，某一环节上的周转失灵，都会打乱全场的生产秩序。

四、产蛋和孵化计划的制订

(一)制订产蛋计划

首先要确定年初和年末种鸡饲养套数、全年平均套数、正常死亡率、淘汰率及各批鸡利用期限等参数，按照肉种鸡产蛋曲线及产蛋高峰预测值、产蛋率下降预测幅度等来计算。具体地参照以下参数：

①育成率92%，平均周死亡率0.33%(一般要求0.25%)。

②产蛋期周死亡率平均为0.25%，64周淘汰前存栏率82%。

③产蛋高峰在30～31周龄，64周鸡只入舍母鸡产种蛋175枚，合格种蛋165枚，雏鸡140只。

(二)制订孵化计划

首先要确定是以现有孵化、出雏设备的能力为依据，还是以自己种

鸡场所产蛋数量为依据。前者，就要根据孵化量、出雏数确定每周入孵、出雏批次，每一批次所需种蛋量和产出雏鸡数，据此就需要确定种蛋来源，保证种蛋质量可靠，蛋源稳定非常重要；后者，根据本场的产蛋计划和相应的技术参数合理安排入孵、出孵计划。具体应遵循的原则有：

①种蛋储存，最好不超1周，以3～5天为宜。先存蛋后入孵。

②孵化时间18.5天，出雏2.5天。一般1周入孵两批（整批孵化）或3～5天入孵一批（分批孵化）。入孵时间在16:00～17:00，一般可望在白天大量出雏。

③种蛋来源不同，要分别孵化；做好各种记录（入孵日期、品种、数量、批次、入孵台号等）。

④种蛋合格率按94%～95%，入孵蛋孵化率按85%～86%，受精蛋孵化率按90%～92%。

⑤孵化器容量。出雏器容量=4∶1。

五、肉仔鸡群饲养周转计划的制订

尽量充分利用鸡舍，提高鸡舍利用率，降低折旧费用。出栏体重符合屠宰加工的要求。

按生产方式的不同分以下两种：

(1)一段式饲养肉仔鸡 全场各栋鸡舍都按“全进全出”方式安排进鸡。如果出栏体重在2千克左右，那么每批饲养及空闲期为8周(1～2周清洗消毒空间)，每年可养6.5批。该方式每批饲养后全场有一个空闲期，以便对全场的彻底消毒，安全系数高，一般均能获得良好的饲养成绩，成活率不低于95%～98%。全场一批进鸡或出栏时间越短越好，一般要求不超过1周。

(2)二段式饲养仔鸡 目前，公母混养肉仔鸡增重速度是6周龄达2.145千克，3周龄为0.735千克。如果以育成体重2.145千克为目标，需饲养42天，可分育雏21天，育成21天。在普通开放式鸡舍，鸡群密度一般不超过每平方米22千克(按每平方米承载活毛鸡体重来衡量鸡群密度更为精确，优于以每平方米可养多少鸡只的办法)，那么育成密度为10只/米^2(22÷2.145)，育雏期密度为30只/米^2(22÷0.735)，由此可知，育雏舍的面积与育成舍的适当比例为1∶3，即一栋育雏舍所需清洗消毒的天数只要相等，就不影响这一比例。育雏、育成舍使用时间短，便于清洗消毒。如果育雏、育成舍的清洗消毒都是1周，那么一年可养13批[365÷(21+7)]。

如上可知同样的饲养面积，两段式饲养的批次比一段式饲养高一倍，相当于投资相同，饲养数量却相差一倍。但二段式饲养的缺点是场内不易做到彻底的消毒，易于使病源微生物在场内绵延不绝，循环传播。要清醒地认识到一批鸡的成败(如因传染病导致大批死淘鸡)，其损失会将几批鸡的盈利消耗掉。如果饲养环境偏僻，远离村庄人群，不曾也不易受到污染，且饲养管理和卫生防疫水平有保障，可以采用二阶段饲养。

另外，如果生产出的肉仔鸡直接进入市场销售，那就要在充分掌握市场信息的基础上，随时对活毛鸡和鸡产品价格走势有一个分析和预测，同时考虑季节对饲养效果的影响，以及各地的疫情控制情况，及时修正生产计划，使出栏时间适应市场需要，取得更高的利润。尽可能避免出栏时赶到市场的波谷。

第三节　鸡场的生产管理

生产管理是按照自身所制定生产目标，对生产活动进行计划、组织、指挥、协调和控制等一系列工作，保证生产顺利进行，并取得好的效益。

一、建立必要的组织机构

为保证肉鸡场生产有秩序的进行，需建立一个统一的指挥系统，行使决策权，来有效地组织生产，协调各部门有序的工作。商品肉鸡场一般为场长负责制，由场长通过技术人员和各个栋舍的负责人直接管理鸡群和经营工作。对于规模较大的肉鸡场，还要有专门的人负责各个方面的科室，如财务室、兽医室等，各个科室直接对场长负责。

二、确定养殖方向

所谓确定养殖方向，也就是确定是养殖快大型肉仔鸡，还是优质黄羽肉鸡或者进行放养鸡生产。具体要选择哪个方向，要进行充分的市场调查之后才能作出。选择时主要考虑当地的消费水平、消费喜好、饲料资源状况、交通状况、社会情况等因素。比如说，如果当地消费水平较低，而肉鸡场所生产肉鸡又打算主要以当地消费为主，这种情况下最好进行快大型肉仔鸡生产；如果当地消费水平较高，交通状况较好，可以考虑进行优质黄羽肉鸡与放养鸡的生产。

值得注意的是，随着人民生活水平的提高和保健意识的增强，高蛋白质、低脂肪、低胆固醇含量的鸡肉，特别是黄羽肉鸡，将越来越受到广大消费者的青睐。从对我国南、北方肉鸡市场的调查资料表明，鸡肉消费的地域差异显著。在南方，尤其是广东、广西、福建、浙江、江苏、上海等省、市、自治区，对优质黄羽肉鸡十分偏爱。其中浙江省、江苏省和上海市消费黄羽肉鸡有一定的季节性，广东、广西和福建等地则是长年消费，而且还排斥快大型肉用仔鸡；在北方则以消费快大型白羽肉用仔鸡为主。据有关资料显示，国内鸡肉消费量的50%来自优质黄羽肉鸡和肉质独特的土种鸡。这说明了充分利用我国地方鸡种是具有很大发展潜力的。地方鸡种资源优势转变为商品优势，是具有中国特色肉鸡业的发展道路。

三、合理确定肉鸡场的养殖规模

新建的肉鸡场，究竟办多大规模，养多少只鸡合适，这就要从饲养能力、资源及市场销售能力等方面综合考虑。专业户可以充分利用现有的旧房、闲房进行改建，以减少投资。每批饲养几百只到几千只，经过几批的饲养获得一定的经验，积累了资金，再逐步扩大生产规模，切忌只追求数量，造成饲养密度高，鸡群拥挤，环境难以控制，鸡体发育差，残疾多，鸡场的经济效益差。另外，在生产投资过程中，也应全面考虑，若投资过多，资金回收年限太长；若投资太少，鸡舍比较简易，势必使鸡舍使用年限短，维修费用高，鸡舍内环境和卫生状况恶化，鸡体整齐度差，死亡率高，严重影响经济效益。

养鸡效益在通常情况下随着饲养数量的增加而增加，在市场经济的发展过程中，往往由于多种因素的制约，在实际饲养过程中表现出来的数量与效益之间的关系并非成正比。对一些刚开始养鸡的饲养户，开始投资规模不宜过大，有空余房屋可以利用的最好用空余房改造成鸡舍，或用塑料大棚养鸡，这样投资少，收回成本快。即使需兴建鸡舍的也应该全盘规划，分步实施，逐步上规模。将有限的资金用于生产，而不能盲目用于建设，更不能过多的负债经营。一般来说，刚开始养鸡的专业户比较适合从每批 1 000～2 000 只开始，一年上市 5 000～8 000 只，饲养管理得当，行情好的年份也可获得万元左右。这样既解决了自家剩余劳力的出路，又不需要雇用他人，市场风险小，反而效益好。等积累足够的经验后再扩大规模，切忌贪图大规模、高效益，盲目攀比。对于资金条件较好，有一定技术优势的专业户或养殖场可以适当扩大饲养规模，毕竟养殖肉鸡追求的还是规模效益。

四、确定合理的饲养方式

采用厚垫料饲养虽说节省投资，但是厚垫料饲养肉鸡需要较多的

劳动力去更换添置垫料，球虫病也不容易控制，因此，不建议使用厚垫料养殖肉鸡的方式。对肉鸡采用网上平养可减少球虫病的发生，提高了饲养密度，增加了单位面积的经济效益，投资相对也较低，所以推荐使用网上平养的饲养方式。不过，从长远观点来看，肉仔鸡笼养是发展的必然趋势，但从目前来说，对资金实力一般的养殖户来说，还不太适合，这是因为肉鸡笼养需要较高的投资。

五、劳动力的组织与安排

肉鸡场所制定各项规章制度的最终贯彻执行，要靠人来完成。合理安排和使用劳动力是提高劳动效率，降低生产成本的关键。因此，在生产的组织上必要发挥每个工作人员的特长，因人制宜，安排合适的岗位，并把劳动者的经济收入与劳动效果挂勾，奖勤罚懒，多劳多得，最大限度地调动每个行动者的积极性。

实行岗位责任制，分清楚岗位责、权、利。在什么岗位，就应该负什么责任，就有什么权利，相应得到恰当的报酬。激发大家的责任感，把场里的事当成自己的事，落到实处。加强各环节的合作意识，协调人力、物力、财力资源的分配。

具体应对饲养人员、班组长、技术人员、后勤人员(包括饲料、运输、维修人员)、门卫、场长等各类人员分别建立岗位职责，以便分工协作，各司其职，搞好工作。

六、制定生产计划

(一)鸡群周转计划

具体包括何时进鸡、何时转群、何时出栏、进多少鸡、出栏多少鸡等，这些事先都要有具体的计划，以便于组织人力实施；另外，鸡群周转计划也是制定其他计划的依据。只有订出鸡群周转计划，才能制定出饲料计划、产品销售计划和财务开支计划等。

(二)饲料计划

根据每只肉仔鸡上市日龄内的采食总量以及每批鸡的饲养只数，一年饲养几批，制订出所需要的饲料数量和各种饲料所占的比例的详细计划：饲料计划是肉鸡场正常运行的基本要求，肉鸡场可以根据饲料计划有序的购买各种饲料、防止因为饲料短缺等问题而影响生产的正常进行，制定饲料计划时可根据当地饲料资源情况灵活掌握，例如，有些地方胡麻粕、棉籽粕丰富，骨肉粉价格较鱼粉便宜，可以调整饲料配方。饲料配方一旦确定后，按配方比例纳入饲料购入计划。饲料计划一旦制订，一般不要随便变动，以确保全年的饲料配方稳定和正常的生产。

(三)产品销售计划

主要包括肉仔鸡的出栏和淘汰鸡的销售计划及鸡粪的处理计划等；为确定产品的销售，必须认真研究市场规律。最好与外贸部门或屠宰场签订协议，使商品肉仔鸡产品有明确的销售方向。另外，根据我国传统节日销售习惯，每年的中秋节、元旦、春节等，与厂矿企业签订协议：淘汰鸡的处理也要纳入计划，只要发现鸡只无饲养价值便可以提前淘汰。

肉仔鸡 8 周龄出栏每万只鸡约排出粪便 30 吨，在肉鸡出栏后，应及时将粪便清扫出场，并提前与购买鸡粪者约定好，必要时还可以签订协议，以防鸡粪在场内贮存时间过长。污染场内环境。

(四)财务开支计划

鸡场的开支包括饲料、工资、水费、电费、取暖费(给鸡、人供暖所产生的费用)、维修费，约占整个饲养成本的 70%～80%，其次是鸡苗费、药物费、购买网上平养所需要的塑料网的费用、垫料费等。这些开支需要根据生产规模和实际情况详细制定。一方面要求节约；另一方面要

保证生产的正常运行,做到有计划合理的使用资金。

七、建立健全规章制度

为了不断提高经营管理水平,充分调动职工的积极性,肉鸡场必须建立一套简明扼要的规章制度。

(1)考勤制度　对员工出勤情况,如迟到、早退、旷工、休假等进行登记,并作为发放工资、奖金的重要依据。

(2)劳动纪律　劳动纪律应根据各工种劳动特点加以制定。凡影响到安全生产和产品质量的一切行为,都应制定出详细奖惩办法。

(3)医疗保健制度　全场职工定期进行职业病检查,对患病者进行及时治疗,并按规定发给保健费。

(4)饲养管理制度　对肉鸡生产的各个环节,提出基本要求,制定技术操作规程,要求职工共同遵守执行。

(5)学习制度　为了提高职工的技术水平,肉鸡场应有学习制度,定期组织培训、交流经验或派出学习。

第四节　鸡场的财务管理

肉鸡场的财务管理制度是一项复杂而政策性很强的工作,财务管理的具体内容是指对资金、成本和利润进行管理,重点是搞好经济核算。

要分析增收节支的重点,挖掘潜力。饲养品种应该良种化,提高产品的生产率;要充分利用鸡粪资源,实行种养结合;开展综合经营,广开增收渠道,降低经营风险。对规模较小的鸡场与专业户来说,尤其是不要把经营费用与生活费用混为一谈,可以结合岗位责任制实行工资制,防止财务混乱和利益分配矛盾。

一、固定资金的管理

固定资金是用在固定资产上的资金。管好、用好固定资金与管好、用好固定资产密切相关。固定资金一次支付使用以后,需要分次逐渐收回,循环一次的时间较长。这就形成了对固定资金的管理特点,即研究固定资金管理必须从研究固定资产的管理入手。

1.固定资产的特点

①价值较大,多是一次性投资的。

②使用时间较长,可长期反复地参加生产过程。

③固定资产在生产过程中有磨损,但它的实物形态没有明显改变。

2.固定资金的特点

固定资产的特点决定了固定资金的特点。

①固定资金的循环周期长。因为固定资金的周期不是由产品的生产周期决定的,而是由固定资产的使用年限决定的。

②固定资金的价值补偿和实物更新是分别进行的,即价值补偿是随着固定资产的折旧逐渐完成。而实物更新是在固定资产不能使用或不宜使用的时候,用平时积累的折旧基金进行更新或重置。

③在改造和购置固定资产的时候,需要支付相当数量的货币资本,这种投资是一次性的。但投资的回收是通过折旧基金分期进行的。周转一次的时间较长,具有相对的固定性质。

3.对固定资金管理的要求

①要正确地核定固定资产需要的数量,对固定资产的需要量,要本着节约的原则核定,以减少对资金的过多占用,充分发挥固定资产的作用,防止资金积压。

②要建立健全固定资产管理制度,管好用好固定资产,提高固定资产的利用率。要正确地计算和提取固定资产折旧费,并管好、用好折旧基金,使固定资产的损耗及时得到补偿,保证固定资产能适时得到更新。

③固定资产因使用而转移到产品成本中去的那部分价值称为折旧费。折旧费数额占固定资产原值的比例为折旧率。其计算公式如下：

$$折旧率=\frac{固定资产原值-净残值}{固定资产原值\times 预计使用年限}\times 100\%$$

二、流动资金的管理

流动资金是养鸡场在生产领域所需的资金，支付工资和支付其他费用的资金，一次地或全部地把价值转移到产品成本中去，随着产品的销售而收回，并重新用于支出，以保证再生产的继续进行。

(一)流动资金的特点

流动资金与固定资金相比，在资金运用中的特点不同：

1. 实物形态转化方式不同

生产领域的流动资金，如储备资金中的兽药、饲料等，有显著的流动性和连续性。肉鸡场的生产周期较短，资金周转速度较快，但仍是由货币形态转为实物形态，通过销售又转为货币形态。固定资金在生产经营中并不经常改变其实物形态。

2. 周转期不同

流动资金一般只经过一个生产周期周转一次。固定资金要经过许多年才周转一次。

3. 价值转移和补偿方式不同

流动资金在生产中的消耗是一次性的，如饲料、兽药等费用一次全部转移到产品成本中去，并在产品销售后全部得到补偿。固定资金则是从提取折旧基金中分期得到补偿，到规定的使用期才能全部补偿更新。

(二)流动资金的管理要求

鸡场的流动资金管理即要保证生产经营的需要，又要减少占用，并节约使用。

1.储备资金的管理

储备资金是流动资金中占用量较大的一项资金。管好、用好储备资金涉及物资的采购、运输、储存、保管等。

要加强物资采购的计划性，依据供应环节计算采购量，既要做到按时供应，保证生产需要，又要防止盲目采购，造成积压。加强仓库管理，建立健全管理制度。加强材料的计量、验收、入库、领取工作，做到日清、月结、季清点、年终全面盘点核实。

2.生产资金的管理

生产资金是从投入生产到产品产出以前占用在生产过程中的资金。肉鸡要适时出栏，及时做好防病治病工作，提高产品生产率。

(三)流动资金的利用效果

1.流动资金周转率

流动资金的周转次数是指在一定时期内流动资金周转的次数。流动资金的周转天数表示流动资金周转一次所需要的天数。

计算公式为：

$$\text{全部或定额流动资金(年)周转次数}=\frac{\text{全年销售收入总额}}{\text{全年全部或定额流动资金平均余额}}$$

$$\text{流动资金周转天数}=\frac{360\text{ 天}}{\text{年周转次数}}$$

2.流动资金产值率

资金产值率表明每生产 100 元所占用的流动资金数和每 100 元流动资金提供的产值数。具体计算公式为：

$$\text{每 100 元产值占用全部或定额流动资金}=\frac{\text{全年全部或定额流动资金平均余额}}{\text{全年总产值}}\times 100\%$$

$$\text{每 100 元全部或定额流动资金提供产值}=\frac{\text{全年总产值}}{\text{全年全部或定额流动资金平均占用额}}\times 100\%$$

3.流动资金利润率

流动资金利润率是指肉鸡场在一定时期内所实现的产品销售利润与流动资企占用额的比率。其计算公式为：

$$\text{全部或定额流动资金利润率}=\frac{\text{全年利润总额}}{\text{全年全部或定额流动资金平均余额}}\times 100\%$$

三、加强成本核算

肉鸡场要正常地生产以创造更大的效益，必须要有科学的生产流程，配套的人、财、物管理制度以及严格的产品质量和成本管理，目的是保质、保量地完成生产任务。生产管理的目的是加强企业内部的建设，在一切生产活动中始终强调要抓质量和成本，要对市场进行调查，研究品种、销售、价格等一系列外部环境和内部因素与成本的关系，搞好成本的预测。在以提高企业经济效益为中心的基础上，考虑企业内部条件与外部经营环境的协调发展，实事求是地制定降低成本的具体措施，通过有效的成本控制，及时发现和改进生产过程中效率低、消耗高的不理想现象，使之增加产出，降低投入，以提高成本管理水平。

在完成生产计划和各项指标的前提下，加强成本核算，努力降低成本，是经济管理的一个重要方面。通过成本核算，可以及时发现一些问题。例如，通过对肉鸡耗料量与增长速度及饲料价格、肉鸡销售价格的比较，衡量适时出栏的时间。又如，饲料费用的上升和医药费用的上升，而饲料费用的上升，一种可能是饲料价格上涨，另一种可能是浪费饲料引起的；而医药费用的上升，可能就是饲养管理不当，给疾病发生创造了机会引起的。这样分析可以寻根究底，并及时分情况采取措施予以解决。

这里重点谈一下生产成本的核算及其分析。生产成本是衡量生产设备的利用程度、劳动组织的合理性、饲养管理水平的好坏，直接反映一个养鸡场或养鸡企业的经营管理水平。

(一)成本费用

按照国家颁布的企业财务通则规定,成本费用是指企业在生产经营过程中发生的各种耗费,包括直接材料、直接工资、制造费用、进货原价、进货费用、业务支出、销售(货)费用、管理费用、财务费用等。而在会计处理上,把企业的直接材料、直接工资、制造费用、进货原价、进货费用和业务支出,直接计入成本。企业发生的销售(货)费用、管理费用和财务费用,直接计入当期损益。

销售(货)费用包括销售活动中所发生的由企业负担的运输费、装卸费、包装费、保险费、差旅费、广告费,以及专设的销售机构人员工资和其他经费等。

管理费用包括由企业统一负担的工会经费、咨询费、诉讼费、房产税、技术转让费、无形资产摊销、职工教育经费、研究开发费、提取的职工福利基金等。

财务费用包括企业经营期发生的利息净支出、汇兑净损失、银行手续费及因筹集资金而发生的其他费用。贷款的利息也包括在内。

把销售费用、管理费用和财务费用不直接计入成本,这是我国为了使企业财务管理与国际接轨而采取的改革措施。不管如何计算,企业的总利润都是总收入减去总支出。

(二)成本的分类

(1)固定成本　一个养鸡企业必须有固定资产,如房屋、鸡舍、饲养设备、运输工具、动力机械,以及生活设施和研究设备等。固定资产在账面上以货币形式表现出来称为固定资金。固定资产的特点是:使用年限长,以完整的实物形态参加多次生产过程,并可以保持其固有的物质形态,只是随着它们本身的损耗,其价值逐渐转移到畜产品中,以折旧费方式支付,这部分费用和土地税、基建货款的利息、职工基本工资、退休金、管理费用等,组成固定成本。组成固定资本的各项费用都必须按时支付,即使停工不养鸡仍然要支付。

(2)可变成本　是可变投入的货币表现形式，在成本管理中也称为流动资金。是指生产单位在生产和流通过程中使用的资金。其特性是只参加一次生产过程就被消耗掉，例如，饲料、兽药、燃料、能源、临时工工资等。之所以叫可变成本就是因为它随生产规模、产品的产量而变。

(三)支出项目的内容

(1)工资　指直接从事养鸡生产人员的工资、奖金、津贴、补贴。

(2)饲料费　指饲养过程中耗用的自产和外购的混合饲料及各种动植物饲料、矿物质饲料、维生素、氨基酸、抗氧化剂等，运杂费也列入饲料费中。

(3)疫病防治费　指用于鸡病防治的疫苗、药品、消毒剂及检疫费、化验费、专家咨询费等。

(4)燃料及动力费　指直接用于养鸡生产过程的外购燃料、动力费，水电费和水资源费也包括在本项目内。

(5)固定资产折旧费　指鸡舍和专用机械设备的固定资产基本折旧费。建筑物使用年限较长，15～20年，专用机械设备使用年限较短，7～10年，新会计法规定加速折旧。

(6)种鸡摊销费　鸡场计算每千克蛋或每千克活重成本时，要摊销种鸡费用，其计算公式为：

$$种鸡摊销费(元/千克蛋)=\frac{种鸡原值-残值}{每只鸡产蛋重量}$$

(7)低值易耗品费　指价值低的工具、器材、劳保用品、垫料等易耗品的费用。

(8)共同生产费　也称其他直接费，指除上述七点以外而能直接判明成本对象的各种费用加固定资产维修费，职工的福利费等。

(9)企业管理费和销售费　企业管理费指场一级所消耗的一切间接生产费，销售科属场部机构，所以过去都把销售费用列入企业管理费。

(10)利息　指以贷款建场应每年交纳的利息。新的会计制度,企业管理费、销售费和财务费不能进入成本。一个养鸡场进行成本核算对内为了便于承包,每群鸡都进行成本核算,对外进行横向比较时,都是以场为单位把各种成本费用都打进去,计算出单位产品成本。

四、利润分析

(一)利润的构成

肉鸡的收入主要是活鸡重和副产品鸡粪的收入构成。将收入部分减去饲料、鸡苗、药费、固定资产折旧、维修等成本费以后为肉鸡的利润。

(二)利润分析

对肉鸡的收入、起决定性作用的是平均体重的大小和出栏率的高低及肉鸡售价的多少。残鸡、淘汰鸡、鸡粪的收入很少,但要精打细算,增加收入。成本支出占比例最大的是饲料,对支出起决定作用的,一是饲料报酬,二是饲料价格,药费的开支也不可轻视。因此,提高活重、价格和降低成本支出都能增加利润。

(三)增加利润的主要途径

①降低成本,在价格稳定的情况下,成本越低,利润就越高,降低成本是增加利润的主要途径。

②增加市场适销产品的产量,产品销售量的增加,可增加销售收入,从而增加利润。提高产品质量,有利于扩大销售,优质优价,达到增加利润的目的。

③减少资金占用,加速资金周转,增加利润。

思考题

1.养鸡产业化经营主要有哪几种模式？

2.产前决策主要包括哪些主要内容？

3.规模化生态养鸡制订计划的依据是什么？

4.规模化生态养鸡生产计划包括哪些基本内容？

5.规模化生态养鸡鸡场的生产管理包含哪些主要内容？

6.规模化生态养鸡鸡场的财务管理包含哪些主要内容？

参考文献

[1] 李东.中华优质精品肉鸡.北京:中国农业科学技术出版社,1998.
[2] 秦长川,李亚福.肉鸡饲养技术指南.北京:中国农业大学出版社,2003.
[3] 黄仁录,李新民.肉鸡无公害标准化养殖技术.石家庄:河北科学技术出版社,2004.
[4] 席克奇.肉鸡生产指导手册.北京:中国农业出版社 1997.
[5] 杨志田.肉鸡标准化养殖技术.北京:金盾出版社,2006.
[6] 席克奇.鸡配合饲料.北京:科学技术文献出版社,2000.
[7] 张晓萍.饲料与营养学.成都:西南交通大学,2005.
[8] 傅玉祥.标准化养鸡新技术.北京:中国农业出版社,2002.
[9] 李铮生,陈锡山,张岫云.养鸡场建筑设计.上海:同济大学出版社,1990.
[10] 王进香.动物疫病实验室检验技术.银川:宁夏人民出版社,2008.
[11] 张宏伟.动物疫病.北京:中国农业出版社,2001.
[12] 陈溥言.兽医传染病学.北京:中国农业出版社,2006.
[13] 陆承平.兽医微生物学.北京:中国农业出版社,2001.
[14] 莫伯格.动物应激生物学:动物福利的本质和基本原理.北京:中国农业出版社,2005.
[15] 宋伟.善待生灵——英国动物福利法律概要.合肥:中国科学技术大学出版社,2001.
[16] 吴耀明.大型鸡场肉鸡饲养管理.上海:上海科学技术出版社,1999.
[17] 李铮生.养鸡场建筑设计.上海:同济大学出版社,1990.
[18] 康相涛.养优质肉鸡.郑州:中原农民出版社,2008.